电子工程师入门·实践·提高系列丛书

电路设计
工程计算基础

武晔卿 李东伟 石小兵／著

U0281486

电子工业出版社·
Publishing House of Electronics Industry
北京·BEIJING

内 容 简 介

本书以数学为工具，以器件数据手册里的参数为基础，从电路故障的本质机理（电压容限、过渡过程等）、成因（高频特性、分布参数等）、参数计算公式等方面展开讲解。全书共分为 5 章，分别是电子工程数学基础、系统设计通用计算技术、分立元器件应用计算、集成元器件应用计算和电子产品统计过程控制（SPC）。

本书的特点是理论与实践有机结合，适合从事电子产品设计的各类工程、科研、教学等专业技术人才学习。

图书在版编目（CIP）数据

电路设计工程计算基础/武晔卿，李东伟，石小兵著. —北京：电子工业出版社，2018.7
（电子工程师入门·实践·提高系列丛书）
ISBN 978-7-121-34371-1

Ⅰ. ①电… Ⅱ. ①武… ②李… ③石… Ⅲ. ①电路设计－工程计算 Ⅳ. ①TM02

中国版本图书馆 CIP 数据核字（2018）第 122927 号

责任编辑：牛平月
印　　刷：三河市良远印务有限公司
装　　订：三河市良远印务有限公司
出版发行：电子工业出版社
　　　　　北京市海淀区万寿路 173 信箱　邮编 100036
开　　本：787×1 092　1/16　印张：14.75　字数：377.6 千字
版　　次：2018 年 7 月第 1 版
印　　次：2024 年 4 月第 20 次印刷
定　　价：59.00 元

序　言

这本书的写作角度很有意思！

专业类书籍，大多数要么偏重于理论，要么偏重于工程，而本书融合了数学、信号处理、物理、电路相关的知识，把理论具体化，把工程模型化，讲工程的时候化繁为简，讲理论的时候化难为易，是一本非常不错的电子类专业书！

我在电子行业工作了三十多年，加入洪泰智造后，不像之前在摩托罗拉、锤子科技那样带着团队"all in"一个项目从头做到尾，而更多的是以裁判、教练，甚至医生的角色，对项目进行投资前的技术性评估；投资后给创业团队在技术上进行指导和把脉。因此，接触了更多的硬件类创业公司和硬件类技术创业者。

对于硬件类创业公司，我始终认为只有那些拥有扎实的理论功底、丰富的工程经验、知其然知其所以然的技术团队，才具备把公司做成"独角兽"的潜力。遗憾的是，符合这种标准的创业团队少之又少。事实也证明了这一点，据统计，硬件类创业项目"死亡率"位列高风险创业项目之首，高达 98.17%。究其原因，大都是在概念—样品—产品—商品的推进过程中技术犯了"不能承受之重"的错误。因此，我建议，对于工作五年左右的工程技术人员，在"向前走"的过程中，通过这本书，进行一次"回头看"，或许可以让自己的技术理论和工程经验得到更好的融合，让自己的专业技能得到一次温故而知新式的飞跃。

本书第一部分（第 1 章）从数学理论开始展开阐述，但是作者并没有长篇大论地"炫技"，而是点到为止，只讲了三角函数和傅里叶变换等基础内容，这些恰恰对于工程数据来说已完全够用。接着本书的第二部分（第 2、3、4 章）进入了元器件的模型介绍，包括电阻降额、分立元器件散热设计等，这些很理论也很具体。上大学的时候，我们读懂了第一部分；参加工作后，我们在工程中读懂了第二部分，但最大的问题在于，90%以上的工程技术人员无法把工程和理论融会贯通。工程上的问题如果回不到书本，不能回归理论，工程就无法化繁为简。比如，在工程中经常用到电容，面对钽电容、纸电容、瓷电容等众多品种，应该如何选择呢？本书则告诉读者，在选择电容时几个关键参数是什么，这几个参数对应的理论是什么，对应的物理模型是什么。

又如在电阻选型计算时，本书告诉读者不要认为电阻就是个纯电阻，这个恰恰是在做工程时经常忽略的东西。其实电阻不是纯电阻，而是"电阻+电容+电感"。读者只有理解了这个重要的模型，才会理解为什么有虚部和实部，才会自然而然地理解电阻为什么有频响问题，为什么在不同的频带时会表现出不同的特性。基于这个模型，读者就会很容易理解电阻在不同的情况下表现出的高频特性、中频特性及低频特性。如果工程师不会分析这个模型，就会造成只会用电阻，不会选电阻，而这种"选"的能力，恰恰是衡量工程师水平的重要标准。

本书的最后一部分（第 5 章）是统计过程控制（SPC）相关的内容，SPC 是六西格玛的管理工具。道德经有言，"道生一，一生二，二生三，三生万物"，这里的道即客观规律。在电子产品从硅与金属，到元器件，再到系统的诞生过程中，各种潜在的规律无处不在，而这些规律隐藏在一个个冷冰冰的参数下面。通过研究其规律，可以发现参数选型、布线问题、生产工艺的变更、供应商质量控制，甚至是运输方法、用户环境条件等方面的隐藏问题。外在的表象是可以靠人为伪装改变的，但内在的规律是一种刚性的客观存在，伪装不了。作者在这一部分并没有深入展开，而是仅探讨了电子行业常用的正态分布规律，便足以帮助我们解决工作中的诸多问题。很多五年以内的工程师，如果没有经历过系统的训练，是不了解这些的。它不仅仅是一个电子产品的 SPC，更是一个通用的工具和思想。因此，书写到这里其实是给读者扩展了一个工业的方法论，从理论到元器件再到统计工具，是一个由点到面的过程。

在人工智能、智能制造、物联网等相关技术蓬勃发展的今天，世界正在向智能化、个性化方向突飞猛进，硬件作为每个智能化、个性化应用场景下的终端末梢和节点，市场空间不可限量。作为工程技术人员，不仅需要具备把需求转化为功能，把功能转化为系统的能力，还要有把系统进行技术分解并最终整合成一个优质产品的能力。优秀的工程师应该把扎实的技术理论和工程经验通过一个个创新产品融会贯通，既能大巧不工，化繁为简，又能追根溯源，知其所以然。建议读者以此书为契机，不只学习本书的技术内容，更能举一反三借鉴其思路，避免成为技术领域的"差不多"先生，我想这也是武晔卿先生写作本书的初衷吧。

洪泰智造常务副总裁兼 CTO　钱晨博士

前　　言

　　数学是自然界最为美丽且精练的语言，对于电路系统的设计，它是最为基础、最为精巧的表达工具。元器件参数的选择由数学方法来确定，元器件随环境及频率的参数特性变化可通过元器件的参数漂移和高频特性计算来表达，元器件的偏差影响可通过数学计算知道，批量生产的故障发生概率也可通过数学推理得出……

　　从小学到中学，到大学，再到研究生，学过的数学知识类别里，从基础的加减乘除、不等式、线性代数、三角函数、解析几何、复变函数里的拉氏变换和 Z 变换、概率论数理统计的各种分布、微积分、极限与傅里叶变换等，每一个知识点，都与电路设计息息相关。如果还未能信手拈来地将这些数学知识用于我们的电路设计，则不可妄言是一位成熟的电路工程师。超越经验设计的量化设计，是工程师对电路设计的认知从必然王国向自由王国过渡的必经之路。

　　电路设计工程计算，无论是模拟电路还是数字电路，实现量化设计的概念基础关键词——电压容限。

　　对于数字电路（见图 1），输出元器件的信号分别为高电平（用 U_{OH} 表示）和低电平（用 U_{OL} 表示），这两个电平的电压都是一个允许的电压范围，只要是在 U_{OH} 范围内的输出电平，都认为是合理可接受的高电平；只要是在 U_{OL} 范围内的输出电平，都认为是合理可接受的低电平。同理，接收端能接受的高、低电平也是一个范围，分别用 U_{IH} 和 U_{IL} 表示。不同的是，U_{OH} 和 U_{IH}、U_{OL} 和 U_{IL} 不是相等的电平，而有一个电位差Δ，这里的Δ就是电压容限。在数字电路的设计里，无论是元器件参数选型带来的偏差，还是环境温度带来的参数漂移、EMC 引入的干扰、信号完整性带来的波形变异等，都会叠加进传输波形里，最终到达接收元器件输入引脚且叠加了干扰的波形，其有效电平均不得超过接收引脚所允许的电压容限范围。只要在Δ的范围内，高电平仍然是高电平，低电平仍然是低电平，即使有外来的干扰破坏，电路仍能照常工作。在数字电路的所有工程计算里，最终控制的也不过是集中在这一点上。

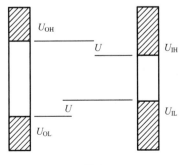

图 1

而对于模拟电路，也有一个电压容限值±Δ%（见图 2），设计中所要控制的，就是在任何波动干扰下，模拟输出量都不能超出±Δ%的范围。

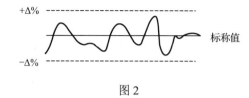

图 2

在所有的设计中，无论遇到的是哪类技术问题，如放大电路的阻抗匹配、EMC 干扰、参数漂移与容差、信号完整性等，最终都反映在信号电平是否在合理的允许容差范围之内。就如腹痛、咳嗽、发烧等症状，最终都可以通过化验血来判断是病毒感染还是细菌感染。

对于电路设计的数学计算，憧憬的人不少，但如何下手是最大的难题，本书还是以解决这一问题为出发点而编写的。即使数学基础不够扎实的电路工程师也不必担心，电子工程应用中的数学不会涉及数学分支里特别高深的内容。

本书所讲授的仅仅是一种如何将数学与电路设计进行结合的方法，在这两者之间架起一座桥梁。不过，任何大桥，都会有很长的引桥，要跨过这座大桥，走完引桥也是会费那么一点点气力和精力的。做好思想准备，未来很光明，道路也并不是那么崎岖难行，但它是个上坡路，为了进步，汗还是要流一点的。

本书适合已经学完大学数学的基础课程并有电路设计方面专业课程基础的人士使用，如高年级本科生、研究生、设计工程师，也可作为电子专业的设计教材。书中仅列出较常用的基础公式，复杂公式均可由这些基础公式引申推导得出，这些推导方法都是电子技术学习者的必备基础技能，因此，掌握这些公式的推导过程和中学时学过的基础公式是用好本书的前提。

编著者
2018 年 5 月

目　　录

第 1 章

电子工程数学基础

1.1 基础代数应用

在电路设计中，常用到基础代数中的比较常用到的求极值计算，一般有以下情况：

$$x + y \geqslant 2 \times \sqrt{x \times y} \tag{1.1}$$

$$x \times y \leqslant \frac{x^2 + y^2}{2} \tag{1.2}$$

$$y = (x - a)^2 + b \tag{1.3}$$

$$y = A_m \times \sin(\omega \times x + \theta) + k \tag{1.4}$$

这些公式的含义和推导并不复杂，其推导和应用解释如下。

1）和求极值计算

公式（1.1）的推导过程：

因为
$$(a-b)^2 \geqslant 0$$
$$(a-b)^2 = a^2 - 2ab + b^2 \geqslant 0$$

所以
$$a^2 + b^2 \geqslant 2ab$$

令
$$a^2 = x, \ b^2 = y$$

则
$$a = \sqrt{x}, \ b = \sqrt{y}$$

将 a 和 b 代入 $a^2 + b^2 \geqslant 2ab$，得出：

$$x + y \geqslant 2 \times \sqrt{x \times y}$$

x、y 为正数，且当 $x=y$ 时等号成立，即当 $x=y$ 时，$x+y$ 有最小值 $2 \times \sqrt{x \times y}$。

同理，公式（1.2）亦可推导求出。

2）平方求极值计算

至于公式（1.3），由式子可看出，$(x-a)^2 \geqslant 0$，当 $x=a$ 时取等于 0。所以

$$y_{min} = b$$

3）三角函数求极值计算

而公式（1.4），因为任何正弦计算式的最大值都在[-1，+1]之间，再结合物理量和计算

式的物理含义，可以得知 $\sin(\omega \times x + \theta)$ 的极值。由此，可得出公式（1.4）的极值为：

$$y_{\max} = A_{\mathrm{m}} + b$$
$$y_{\min} = -A_{\mathrm{m}} + b$$

若 $\sin(\omega \times x + \theta)$ 的物理含义上不可能为负，则 $y_{\min} = 0 + b = b$。

由公式（1.4）可以求出 y 的极值，因此，在实际计算中，要通过数学的技巧，将计算式化成类似公式（1.4）的结构形式。例如：

$$y = a \times \sin\alpha + b \times \cos\alpha \qquad (1.5)$$

设定一个数 $A_{\mathrm{m}} = \sqrt{a^2 + b^2}$，将公式（1.5）化成

$$y = A_{\mathrm{m}} \times \frac{a \times \sin\alpha}{A_{\mathrm{m}}} + A_{\mathrm{m}} \times \frac{b \times \cos\alpha}{A_{\mathrm{m}}}$$

$$= \sqrt{a^2 + b^2} \times \left(\frac{a \times \sin\alpha}{\sqrt{a^2 + b^2}} + \frac{b \times \cos\alpha}{\sqrt{a^2 + b^2}} \right)$$

$$= \sqrt{a^2 + b^2} \times \left(\frac{a}{\sqrt{a^2 + b^2}} \times \sin\alpha + \frac{b}{\sqrt{a^2 + b^2}} \times \cos\alpha \right)$$

式中，$\dfrac{a}{\sqrt{a^2 + b^2}}$ 和 $\dfrac{b}{\sqrt{a^2 + b^2}}$ 正好符合 $\sin\theta$ 和 $\cos\theta$ 的特征，都小于 1，且二者的平方相加为 1。则：

令 $$\cos\theta = \frac{a}{\sqrt{a^2 + b^2}}, \qquad \sin\theta = \frac{b}{\sqrt{a^2 + b^2}}$$

$$y = \sqrt{a^2 + b^2} \times \sin(\alpha + \theta)$$

可求出：

$$y_{\max} = \sqrt{a^2 + b^2}$$

在电路的物理计算式求解中，只要能将物理计算式变为以上几种类型的形式，便可求出其极值。

1.2　三角函数应用

三角函数的计算公式很多，看似很复杂，但只要掌握了三角函数的本质及内部规律，就会发现三角函数的各个计算公式之间有很深的联系。较为基础且应用较多的公式如下，其他的公式均可由这些公式推导得到。

万能公式：

$$\sin\alpha = \frac{2\tan\dfrac{\alpha}{2}}{1 + \tan^2\dfrac{\alpha}{2}}$$

$$\cos\alpha = \frac{1 - \tan^2\dfrac{\alpha}{2}}{1 + \tan^2\dfrac{\alpha}{2}}$$

平方和公式：

$$\sin^2 \alpha + \cos^2 \alpha = 1$$

二倍角公式：

$$\sin 2\alpha = 2 \times \sin \alpha \times \cos \alpha$$
$$\cos 2\alpha = 1 - 2\sin^2 \alpha$$

和差化积公式：

$$\sin a + \sin b = 2\sin \frac{a+b}{2} \cos \frac{a-b}{2}$$
$$\cos a + \cos b = 2\cos \frac{a+b}{2} \cos \frac{a-b}{2}$$

角和化解公式：

$$\sin(a+b) = \sin a \times \cos b + \cos a \times \sin b$$
$$\cos(a+b) = \cos a \times \cos b - \sin a \times \sin b$$

积化和差公式

$$\sin a \times \sin b = \frac{\cos(a+b) - \cos(a-b)}{2}$$

正负角公式：

$$\sin(-a) = -\sin a$$
$$\cos(-a) = \cos a$$

1.3　微积分应用

微积分是微分和积分的总称。基础代数研究的对象为常量，以静止的观点研究问题；而微积分的研究对象为变量，将运动变化引入了数学研究。

微积分的发展是由数百位数学家经过了几百年的钻研、争吵甚至打斗，逐步完善发展起来的，这一过程中为后世留下了一系列璀璨的名字，法国的费马、笛卡尔、罗伯瓦、笛沙格、拉格朗日、科西，英国的巴罗、瓦里士，德国的开普勒，意大利的卡瓦列利，瑞士的雅各布·伯努利和他的兄弟约翰·伯努利、欧拉……

在这些基础积累之后，英国的牛顿（就是那位发明了惯性定律的物理学家）和德国的莱布尼茨做出了最后的冲刺，正式构建了微分和积分。但此时的微积分理论尚不完善，因此导致了欧洲大陆和英国的数学界长期的争执（都为了证明自己是微积分的鼻祖）。

19 世纪初，以法国科学家柯西为首，对微积分的理论进行了认真的研究，建立了极限理论，后来又经过德国数学家维尔斯特拉斯进一步的严格化，使极限理论成为微积分的坚定基础，才使微积分进一步发展开来。

微积分是真正的变量数学，工作中变化波动的物理量的有关计算，均会用到这门数学。通过微积分，可以解决不少工程问题，如在电学里面的运算误差，就是在常量基础上的变量；又如，电机控制运动学、电容和电感上的电压和电流变化、模拟信号数字化的离散化过程，都是微积分思想的一种运用。

微分学的主要内容包括极限理论、导数、微分等；积分学的主要内容包括定积分、不定积分等。

下面先用两个比较常见的简单示例来说明极限与微积分的物理含义，这不是电学的例子，仅仅为了便于理解微积分的物理概念。

求一段曲线（见图 1-1）某一点 M 上切线的斜率 $k=\tan\alpha$，计算式为：

$$k = \tan\alpha = \lim_{x \to x_0}\frac{f(x) - f(x_0)}{x - x_0}$$

当 x 无限趋近于 x_0 时，MN 这条线越来越接近于 M 点的切线，当 $x=x_0$ 时，两线完全重合，斜率相等。这就是微分的基本物理含义，即当运动量无限小时，其结果与起始点的状态无限接近，当偏差小到可以忽略，不影响实际结果时，在运算上就可以用这个近似值来替代物理上不可能测量或计算出来的实际参数值。这也是今天数字化控制的理论基础，如 A/D 转换器的位数选择、图像的分辨率选择、传感器的指标参数选择，都是基于极限的思维的。

另一个是积分的例子，求曲边梯形（见图 1-2）的面积 S，计算公式为：

$$S = \lim_{\lambda \to 0}\sum_{i=1}^{n}f(\xi_i)\Delta x_i$$

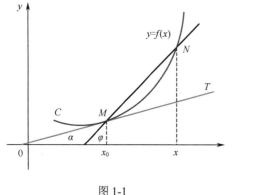

图 1-1

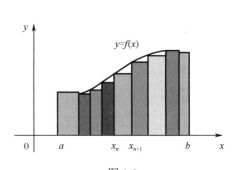

图 1-2

与微分物理含义同理，x_n 与 x_{n+1} 的面积可按照矩形面积计算得出，但实际面积是曲边梯形，实际面积与计算面积会有一定误差，当 $\Delta x=x_{n+1}-x_n$ 无限小时，ΔS 的误差影响也趋近于 0，其面积的计算结果与理想面积无限接近。当偏差小到不影响实际结果，甚至可以忽略时，在运算上就可以用这个近似值来替代物理上不可能测量或计算出来的实际参数值。

另一个是无穷级数的示例（见图 1-3），计算公式为：

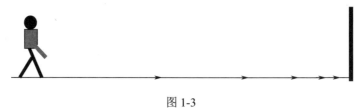

图 1-3

$$L = \frac{1}{2} + \frac{1}{4} + \cdots + \frac{1}{2^n} = \lim_{n \to \infty}\left(\frac{1}{2} + \frac{1}{4} + \cdots + \frac{1}{2^n}\right)$$

根据等比数列求和公式可得

$$L = \lim_{n \to \infty} \frac{\frac{1}{2} \times \left(1 - \frac{1}{2^n}\right)}{1 - \frac{1}{2}} = \lim_{n \to \infty}\left(1 - \frac{1}{2^n}\right) = 1$$

上面几个例子解释了微积分的历史和物理含义，下面开始探讨微积分在电子领域的应用。在电路设计里，微积分的最基础是分析电感和电容的工作特性。

对于电感，其两边的感生电动势大小、方向与通过电感电流的瞬时变化率有关，如公式（1.6）。

$$U = L \times \frac{\mathrm{d}i}{\mathrm{d}t} \tag{1.6}$$

对于电容，其上通过的电流大小、方向与其两端电压的瞬时变化率有关，如公式（1.7）。

$$i = C \times \frac{\mathrm{d}U}{\mathrm{d}t} \tag{1.7}$$

$$U = \frac{1}{C}\int_0^T i \times \mathrm{d}t$$

例如图 1-4 所示的电路

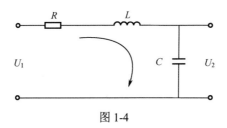

图 1-4

根据电工学的基尔霍夫定律可知

$$U_1 = R \times i + L \times \frac{\mathrm{d}i}{\mathrm{d}t} + \frac{1}{C}\int i \times \mathrm{d}t$$

$$U_2 = \frac{1}{C}\int i \times \mathrm{d}t$$

消去 i，可得：

$$LC\frac{\mathrm{d}^2 U_2}{\mathrm{d}t^2} + RC\frac{\mathrm{d}U_2}{\mathrm{d}t} + U_2 = U_1$$

式中，L、C、R 为常数，该电路的方程为二阶线性常系数微分方程。两边除以 $1/LC$，可得：

$$\frac{\mathrm{d}^2 U_2}{\mathrm{d}t^2} + \frac{R}{L} \times \frac{\mathrm{d}U_2}{\mathrm{d}t} + \frac{1}{LC} \times U_2 = \frac{1}{LC}U_1$$

$$U_2'' + \frac{R}{L}U_2' + \frac{1}{LC} \times U_2 = 0$$

可以很直观地看出非齐次线性方程的一个特解为 $U_2^* = U_1$。

其次，线性方程的特征方程为：

$$r^2 + \frac{R}{L} \times r + \frac{1}{LC} = 0$$

令 $p = \dfrac{R}{L}$，$q = \dfrac{1}{LC}$，可得

$$K = p^2 - 4 \times q = \frac{R^2}{L^2} - \frac{4}{LC}$$

当 $K>0$ 时，有

$$r_1 = \frac{-\dfrac{R}{L} + \sqrt{\dfrac{R^2}{L^2} - \dfrac{4}{LC}}}{2}，\quad r_2 = \frac{-\dfrac{R}{L} - \sqrt{\dfrac{R^2}{L^2} - \dfrac{4}{LC}}}{2}$$

当 $K=0$ 时，有

$$r_1 = r_2 = -\frac{p}{2} = -\frac{R}{2 \times L}$$

当 $K<0$ 时，有

$$r_1 = \alpha + \mathrm{j}\beta，\quad r_2 = \alpha + \mathrm{j}\beta$$

式中，$\alpha = -\dfrac{p}{2} = -\dfrac{R}{2 \times L}$，$\beta = \dfrac{\sqrt{\dfrac{4}{LC} - \dfrac{R^2}{L^2}}}{2}$。

线性方程的通解为：

$$\overline{U_2} = C_1 \mathrm{e}^{r_1 \times t} + C_2 \mathrm{e}^{r_2 \times t}$$

$$U_2 = \overline{U_2} + U_2^{*} = C_1 \mathrm{e}^{r_1 \times t} + C_2 \mathrm{e}^{r_2 \times t} + U_1 \tag{1.8}$$

则由此推导出 U_2 电压波形与 U_1、电感、电容、电阻及时间的关系。

　　上面的计算过程看起来较为复杂，仅仅为了 1 个电感、1 个电容和 1 个电阻的选型，进行这么复杂的计算貌似得不偿失，远不如通过多凑几次元器件参数做出实物，再通过实验测试来得快，但实际上后者需要花费很多时间、金钱和精力，得到的结果还未必是最优的。

　　这里另推荐一种方法——电子仿真，可以简单地用仿真软件在计算机上进行多次模拟实验，快速地得出合理的元器件参数。较常用的仿真软件有很多，如 Multisim 仿真软件，各个仿真软件的功能都差不多，其后台运算也是基于上面的理论基础的，不过是用计算机代替了人工计算。

　　用实例仿真波形说明如下图 1-5 所示为仿真原理图，图 1-6 所示为信号源设置参数，图 1-7 所示为仿真波形。

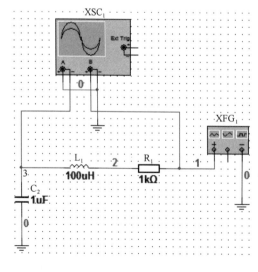

图 1-5

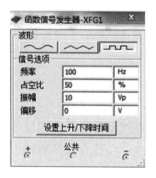

图 1-6

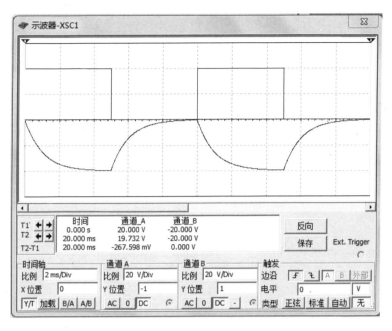

图 1-7

有兴趣的读者可以将仿真出来的结果与公式（1.8）进行比对。

在微积分的计算中，有一些常用的求导基础公式，其他的计算均可以通过这些基础公式推导得出，表 1-1 罗列了一些求导师基础公式，供实际计算时查询和参考。

表 1-1

序　号	求导基础公式
1	$(u \pm v)' = u' \pm v'$
2	$(uv)' = uv' + u'v$
3	$\left(\dfrac{u}{v}\right)' = \dfrac{u'v - uv'}{v^2}$
4	$c' = 0$　（c 为常数）
5	$(x^a)' = ax^{a-1}$　（a 为常数）
6	$(\sin x)' = \cos x$
7	$(\cos x)' = -\sin x$
8	$(\mathrm{e}^x)' = \mathrm{e}^x$
9	$(a^x)' = a^x \ln a$　（a 为常数）
10	$(\ln x)' = \dfrac{1}{x}$
11	$(\arcsin x)' = \dfrac{1}{\sqrt{1-x^2}}$
12	$(\arccos x)' = -\dfrac{1}{\sqrt{1-x^2}}$

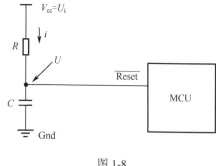

图 1-8

微积分应用案例：图 1-8 为 MCU 的上电复位电路图，通过电阻对电容充电会需要一定的时间，而复位电路是低电平有效的，试计算从 V_{cc} 加电到 $\overline{\text{Reset}}$ 解除复位所需要的时间 t。

解

$$U_i = i \times R + U \qquad (1.9)$$

$\overline{\text{Reset}}$ 端的输入电流很小，可以忽略，假设 i 电流全部流入电容，则电容上的电流大小与电容上的电压变化关系为

$$i = C \times \frac{\mathrm{d}U}{\mathrm{d}t}$$

将 i 代入公式（1.9），得

$$U_i = RC \times \frac{\mathrm{d}U}{\mathrm{d}t} + U$$

求解微分方程如下：

$$\frac{1}{RC} \times U_i = \frac{\mathrm{d}U}{\mathrm{d}t} + \frac{1}{RC} \times U$$

$$U = C_1 \mathrm{e}^{-\int \frac{1}{RC}\mathrm{d}t} + \mathrm{e}^{-\int \frac{1}{RC}\mathrm{d}t} \int \mathrm{e}^{\int \frac{1}{RC}\mathrm{d}t} \frac{1}{RC} U_i \mathrm{d}t$$

$$= C_1 \mathrm{e}^{-\frac{t}{RC}} + \mathrm{e}^{-\frac{t}{RC}} \int \mathrm{e}^{\frac{t}{RC}} \frac{1}{RC} U_i \mathrm{d}t$$

$$= C_1 \mathrm{e}^{-\frac{t}{RC}} + \mathrm{e}^{-\frac{t}{RC}} \times U_i \times \mathrm{e}^{\frac{t}{RC}}$$

$$= C_1 \mathrm{e}^{-\frac{t}{RC}} + U_i$$

RC 被称为积分时间常数，记为 T，有

$$U = C_1 \mathrm{e}^{-\frac{t}{T}} + U_i \qquad (1.10)$$

当 $t=0$ 时，电容从无电荷情况下的初始状态开始进入充电状态，近似于两端短路，此时 $U=0$，将特征值 $t=0$ 和 $U=0$ 代入公式（1.10），求得

$$0 = C_1 \times \mathrm{e}^{-\frac{0}{T}} + U_i$$

得出：

$$C_1 = -U_i$$

公式（1.10）可转化为

$$U = U_i - U_i \mathrm{e}^{-\frac{t}{RC}}$$

式中，e=2.71828，则

当 $t=T$ 时，

$$U = U_i - U_i \mathrm{e}^{-\frac{t}{RC}} = U_i - U_i \mathrm{e}^{-1} = 0.632 U_i$$

当 $t=2T$ 时，

$$U = U_i - U_i \mathrm{e}^{-\frac{t}{RC}} = U_i - U_i \mathrm{e}^{-2} = 0.865 U_i$$

当 $t=3T$ 时，

$$U = U_i - U_i \mathrm{e}^{-\frac{t}{RC}} = U_i - U_i \mathrm{e}^{-3} = 0.95 U_i \qquad (1.11)$$

由公式（1.10）可以看出，只有当 t 趋近于无穷大时，电容才可能充满，但这种情况在现实中是不能容忍的。由公式（1.11）计算结果看出，在 3 倍的时间常数 RC 的情况下，电容电压可以达到预期满电压的 95%，这在工程上是可以接受的。因此在电路设计中，无论充电还是放电，都以 $3RC$ 作为充电、放电完毕的计算值，这个数值在任何的充电、放电电路中都有可能会用到。

1.4　复 变 函 数

复变函数是以复数为自变量的函数，其概念起源于求方程的根，在二次、三次代数方程的求根中就出现了负数开平方的情况。1774 年前后，瑞士数学家欧拉和法国数学家达朗贝尔在研究流体力学时，开始了复变函数的研究。

复变函数的全面发展是在 19 世纪，法国数学家柯西、庞加莱、阿达玛，德国数学家黎曼、维尔斯特拉斯，瑞典数学家列夫勒（维尔斯特拉斯的学生）等都做了大量的研究工作，开拓了复变函数更为广阔的研究和应用领域。

复变函数的应用面很广，如在物理学上有很多不同的稳定平面场，所谓场就是每点对应有物理量的一个区域，对它们的计算就是通过复变函数来进行的。这门学科的起步初期，在流体力学、空气动力学、曲面结构方面应用较多，随着工程技术研究的发展，扩展到了更为广泛的领域，并解决了不少工程实际问题，这其中也包括电学领域。

在电学领域，复数表示为 $Z=x+\mathrm{j}y$，其中 j 为虚数单位（在电学领域，虚数单位多用 j 表示，以便与电学领域的物理量符号明显区别开，而在其他领域，虚数单位多用 i 表示）。

复数 Z 的实部 $\mathrm{Re}(Z)=x$，虚部 $\mathrm{Im}(Z)=y$，复数的模 $|Z|=\sqrt{x^2+y^2}\geq 0$，任意两个复数都不能比较大小。

复数常用的表达形式有以下三种。

常规表达形式：
$$Z=x+\mathrm{j}y$$

三角函数表达形式：
$$Z = r(\cos\theta + \mathrm{j}\sin\theta) = r\cos\theta + \mathrm{j}r\sin\theta$$

自然数 e 的表达形式：
$$Z = r\mathrm{e}^{\mathrm{j}\theta} = r(\cos\theta + \mathrm{j}\sin\theta)$$

$$\cos\theta = \frac{\mathrm{e}^{\mathrm{j}\theta} + \mathrm{e}^{-\mathrm{j}\theta}}{2}, \quad \sin\theta = \frac{\mathrm{e}^{\mathrm{j}\theta} - \mathrm{e}^{-\mathrm{j}\theta}}{2\mathrm{j}}$$

常用的复数运算公式如下。

设定两个复数：
$$Z_1 = x_1 + \mathrm{j}y_1 = r_1\mathrm{e}^{\mathrm{j}\theta_1} = r_1(\cos\theta_1 + \mathrm{j}\sin\theta_1)$$
$$Z_2 = x_2 + \mathrm{j}y_2 = r_2\mathrm{e}^{\mathrm{j}\theta_2} = r_2(\cos\theta_2 + \mathrm{j}\sin\theta_2)$$

表 1-2 列出了复数常用的计算公式。

表 1-2

序　号	公　式
1	$Z_1 \pm Z_2 = (x_1 \pm x_2) + \mathrm{j}(y_1 \pm y_2)$
2	$Z_1 Z_2 = (x_1 + \mathrm{j}y_1)(x_2 + \mathrm{j}y_2) = (x_1 x_2 - y_1 y_2) + \mathrm{j}(x_2 y_1 + x_1 y_2)$

续表

序　号	公　式
3	$Z = x + \mathrm{j}y$，$\bar{Z} = x - \mathrm{j}y$，$\bar{Z}$ 是 Z 的共轭复数
4	$Z_1 \times Z_2 = r_1 \mathrm{e}^{\mathrm{j}\theta_1} \times r_2 \mathrm{e}^{\mathrm{j}\theta_2} = r_1 r_2 \mathrm{e}^{\mathrm{j}(\theta_1 + \theta_2)}$

1.4.1　拉氏变换

拉氏变换是复变函数中一个重要的内容，英文名为 Laplace Transform，由法国著名数学家拉普拉斯创立，主要运用于现代控制领域，和傅氏变换并称为控制理论中的两大变换，它是为简化计算而在实变量函数和复变量函数间建立的一种函数变换。

计算过程是先对一个实变量函数进行拉氏变换，并在复数域中进行各种运算，最后对运算结果进行拉氏反变换，从而求得实数域中的相应结果，这往往比直接在实数域中求解要容易得多。拉氏变换对求解线性微分方程尤为有效，可把微分方程化为容易求解的代数方程来处理。

另外，可以将拉氏变换中的 s 理解为架在时域和频域之间的一座桥梁，如果进行频域分析，则 $s = \mathrm{j}\omega$，$\omega = 2\pi f$；如进行时域分析，则 $s = \dfrac{\mathrm{d}}{\mathrm{d}t}$，也称为微分算子。拉氏变换的物理意义是将时间函数 $f(t)$ 变换为复变函数 $F(s)$，或相反变换。对时域 $f(t)$ 来说，其变量 t 是实数，而对复频域 $F(s)$ 来说，其变量 s 是复数。变量 s 又称为复频率。拉氏变换建立起了时域与复频域（s 域）之间的联系。

通俗的方法是，将电路中的电感和电容均看成电阻，其阻值分别为 $x = \mathrm{j}\omega L$（电感）、$x = \dfrac{1}{\mathrm{j}\omega C}$（电容），然后将电路按照普通的电阻串并联计算即可。

拉氏变换的标准计算表达式为

$$L[f(x)] = \int_0^\infty f(x) \mathrm{e}^{-st} \mathrm{d}t = F(s)$$

拉氏反变换的标准计算表达式为

$$f(t) = \frac{1}{2\pi \mathrm{j}} \int_{\beta - \mathrm{j}\infty}^{\beta + \mathrm{j}\infty} F(p) \mathrm{e}^{st} \mathrm{d}s$$

几个重要的拉氏变换及逆变换如表 1-3 所示。

表 1-3

拉　氏　变　换	拉　氏　反　变　换	备　　注
$L[H(t)] = \dfrac{1}{s}$	$L^{-1}\left[\dfrac{1}{s}\right] = H(t)$	阶跃信号 $H(t) = \begin{cases} 0 & t = 0 \\ 1 & t \neq 0 \end{cases}$
$L[\mathrm{e}^{\pm \alpha t}] = \dfrac{1}{s \mp \alpha}$	$L^{-1}\left[\dfrac{1}{s \pm \alpha}\right] = \mathrm{e}^{\mp \alpha t}$	
$L[\cos \alpha t] = {s}\big/{(s^2 + \alpha^2)}$	$L^{-1}\left[\dfrac{s}{s^2 + \alpha^2}\right] = \cos \alpha t$	
$L[\sin \alpha t] = {\alpha}\big/{s^2 + \alpha^2}$	$L^{-1}\left[\dfrac{\alpha}{s^2 + \alpha^2}\right] = \sin \alpha t$	
$L[\delta(t)] = 1$	$L^{-1}[1] = \delta(t)$	冲激信号 $\delta(t) = \begin{cases} 1 & t = 0 \\ 0 & t \neq 0 \end{cases}$

1.4.2　Z 变换

Z 变换可将离散时域信号变换为复频域的表达式，它在离散时间信号处理中的地位，如同拉普拉斯变换在连续时间信号处理中的地位。离散时间信号的 Z 变换是分析线性时不变离散时间系统问题的重要工具，在数字信号处理、计算机控制系统等领域有着广泛的应用。

离散时间序列 $x[n]$ 的 Z 变换定义为

$$X(Z) = Z\{x[n]\} = \sum_{n=-\infty}^{+\infty} x[n]Z^{-n} \tag{1.12}$$

$$Z = e^{\alpha + j\omega} = e^{\alpha}(\cos\omega + j\sin\omega)$$

式中，α 为实变数，ω 为实变量，所以 Z 是一个幅度为 e^{α}、相位为 ω 的复变量。$x[n]$ 和 $X(Z)$ 构成一个 Z 变换对。

公式（1.12）的 Z 变换指双边 Z 变换，双边 Z 变换对左边序列（$n<0$）和右边序列（$n \geq$ 0 部分）进行 Z 变换，单边 Z 变换只对右边序列（$n \geq 0$ 部分）进行 Z 变换。单边 Z 变换可以看成双边 Z 变换的一种特例，对于因果序列，双边 Z 变换与单边 Z 变换相同。

单边 Z 变换定义为

$$X(Z) = Z\{x[n]\} = \sum_{n=0}^{+\infty} x[n]Z^{-n} \tag{1.13}$$

Z 变换有线性、序列移位、时域卷积、频移、频域微分等性质，这些性质对于解决实际问题非常有用，其性质均可由正反 Z 变换的定义式直接推导得到。常用的 Z 变换性质计算公式见表 1-4。

表 1-4

	序　列	Z 变换	收　敛　域	备　注
1	$x[n]$	$X(Z)$	$R_{X-} <\| Z \|< R_{X+}$	
2	$y[n]$	$Y(Z)$	$R_{Y-} <\| Z \|< R_{Y+}$	
3	$ax[n]+by[n]$	$aX(Z)+bY(Z)$	$\max[R_{X-},\ R_{Y-}] <\| Z \|< \min[R_{X+},\ R_{Y+}]$	线性性
4	$x[-n]$	$X\left(\dfrac{1}{Z}\right)$	$\dfrac{1}{R_{X-}} <\| Z \|< \dfrac{1}{R_{X+}}$	时域反转
5	$x[n] \times y[n]$	$X(Z)Y(Z)$	$\max[R_{X-},\ R_{Y-}] <\| Z \|< \min[R_{X+},\ R_{Y+}]$	序列卷积
6	$x^*[n]$	$X^*(Z^*)$	$R_{X-} <\| Z \|< R_{X+}$	序列共轭
7	$nx[n]$	$-Z\dfrac{\mathrm{d}X(Z)}{Z}$	$R_{X-} <\| Z \|< R_{X+}$	频域微分
8	$nx[n+n_0]$	$Z^{n_0}X(Z)$	$R_{X-} <\| Z \|< R_{X+}$	序列移位

常用 Z 变换对见表 1-5。

表 1-5

序　号	信号 $x[n]$	Z 变换 $X(Z)$	收　敛　域
1	$\delta[n]$	1	所有 Z
2	$\delta[n-n_0]$	Z^{-n_0}	$Z \neq 0$
3	$a^n \delta(n)$	$\dfrac{1}{1-aZ^{-1}}$	$|Z| > a$

已知 Z 变换 $X(Z)$，求对应的离散时间序列 $x[n]$ 称为 Z 变换的反变换。Z 仅变换的定义式为：

$$x[n] = \frac{1}{2\pi j} \int_C X(Z) Z^{n-1} \mathrm{d}Z \qquad C \in (R_{X-}, R_{X+})$$

Z 反变换是一个对 Z 进行的围线积分，积分路径 C 是一条在 $X(Z)$ 收敛环域（R_{x-}，R_{x+}）以内逆时针方向绕原点一周的单围线。

1.5　泰 勒 级 数

泰勒级数与下一节要讨论的傅里叶级数是两种不同用途的展开级数，泰勒级数主要用于函数的近似计算；傅里叶级数主要用于分析一个信号函数，将时域信号分解成一系列的周期频率信号的叠加。

如果函数 $f(z)$ 在圆域 $|z-b| < R$ 内解析，那么在此圆域内 $f(z)$ 可展开成泰勒级数。

$$f(z) = \sum_{n=0}^{\infty} a_n (z-b)^n = \sum_{n=0}^{\infty} \frac{f^n(b)}{n!} (z-b)^n$$

常见函数的泰勒级数展开式如下。

$$\frac{1}{1-z} = \sum_{n=0}^{\infty} z^n$$

$$e^z = \sum_{n=0}^{\infty} \frac{z^n}{n!}$$

$$\sin z = \sum_{n=0}^{\infty} \frac{(-1)^n}{(2n+1)!} z^{(2n+1)}$$

$$\cos z = \sum_{n=0}^{\infty} \frac{(-1)^n}{(2n)!} z^{2n}$$

1.6　傅里叶级数与傅里叶变换

傅里叶（Fourier）是一位法国数学家和物理学家，他于 1807 年在法国科学学会上提交了一篇论文，论文论述运用正弦曲线来描述温度分布的方法，论文里有个在当时具有争议性的结论：任何连续周期信号都可以由一组适当的正弦曲线组合而成。

当时审查这篇论文的拉格朗日坚决反对此论文的发表，认为傅里叶论文中的方法无法表示带有棱角的信号，比如在方波中出现非连续变化的斜率的情况。

从学术的严谨角度来说，拉格朗日是对的，正弦曲线确实无法组合成一个带有棱角的信号（即斜率变化非连续的状况）。但如果用正弦曲线的叠加来无限地逼近这个带棱角信号，一直达到两种表示方法的差别远小于我们所允许的误差的话，那这种方法也还是可以用的。因此，傅里叶的描述在工程上是具有实用价值的。

为什么要用正弦/余弦曲线来叠加表示原来的曲线呢？除了可以近似相等，就没有别的考虑吗？这里为什么不用方波或三角波啊？实际上正弦/余弦信号还是具有自己独特的优势的。

正弦/余弦拥有其他类型信号所不具有的特性：曲线保真度。也就是说，一个正弦/余弦曲线信号输入后，输出的仍是正余弦曲线，只有幅度和相位可能会发生变化，但是频率和波的形状仍是一样的，而且只有正弦/余弦曲线才拥有这样的性质，其他曲线都不能保证这一点。那为什么会有曲线保真度呢？请读者自行查阅相关教学资料。

电子信号源有四种不同的信号，分别是非周期性连续信号、周期性连续信号、非周期性离散信号、周期性离散信号。与这四种信号类型相对应，就产生了四种傅里叶变换形式，如表 1-6 所示。

表 1-6

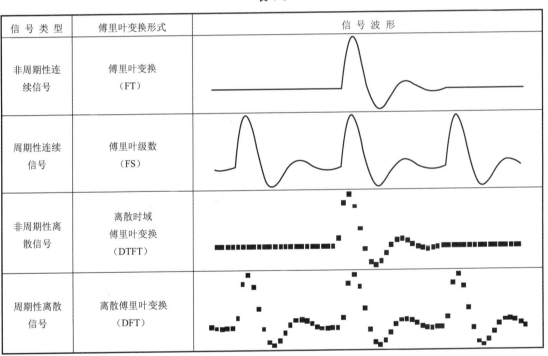

信 号 类 型	傅里叶变换形式	信 号 波 形
非周期性连续信号	傅里叶变换（FT）	
周期性连续信号	傅里叶级数（FS）	
非周期性离散信号	离散时域傅里叶变换（DTFT）	
周期性离散信号	离散傅里叶变换（DFT）	

这四种傅里叶变换都是针对正无穷大和负无穷大的信号，即信号的长度是无限的，但这对于计算机处理实际问题来说是不可能的，所以在设计上必须首先将有限的实际信号转换成无限长的信号。

但方法总比问题多，例如，把信号无限地从左到右进行延伸，延伸出去的部分用 0 表示，这个信号就可看成非周期性离散信号，就可以用到离散时域傅里叶变换（DTFT）的方法。

如果把信号以"复制""粘贴"的方式延伸，就变成了周期性离散信号，可以用离散傅里叶变换方法（DFT）进行变换。

计算机时代的到来，设计师在软件的信号处理方面，面对的都是离散信号，而且计算机只能处理离散的、有限长度的数据。因此，只有离散傅里叶变换（DFT）才适合离散信号的变换，本书中的傅里叶变换的中心也将放在DFT的应用上。

1.6.1 傅里叶级数

对于周期函数，其傅里叶级数总是存在的。

$$f(x) = \sum_{n=-\infty}^{\infty} F_n e^{inx}$$

F_n 是复幅度，对于实值函数，傅里叶级数可以写成

$$f(x) = a_0 + \sum_{n=1}^{\infty} [a_n \cos(nx) + b_n \sin(nx)]$$

1.6.2 傅里叶变换

连续形式的傅里叶变换其实是傅里叶级数（Fourier Series）的推广，因为积分其实是一种极限形式的求和算子而已。对于周期函数，其傅里叶级数总是存在的。

傅里叶变换是一种线性的积分变换，如果不加修饰定语的话，一般默认指的是连续傅里叶变换。傅里叶变换的基本思想是由法国数学家傅里叶首先系统地提出，并以其名字来命名的。连续傅里叶变换可将平方可积的函数 $f(t)$ 表示成复指数函数的积分或级数形式。

傅里叶变换本质上是一种从时间到频率的变化或两者的相互转化，其展开式如下

$$F(\omega) = \int_{-\infty}^{\infty} f(x) e^{-j\omega t} dt$$

$$f(x) = \frac{1}{2\pi} \int_{-\infty}^{\infty} F(\omega) e^{j\omega t} d\omega$$

δ 函数的傅里叶变换为

$$F[\delta(x)] = \int_{-\infty}^{\infty} \delta(x) e^{-j\omega x} dx = 1$$

$$\frac{1}{2\pi} \int_{-\infty}^{\infty} e^{j\omega x} d\omega = \delta(x)$$

一些傅里叶变换及逆变换公式如下

$$[H(x)] = \frac{1}{i\omega} + \pi\delta(\omega)$$

$$F^{-1}\left[\frac{1}{i\omega}\right] = H(x) - \frac{1}{2}$$

傅里叶变换的性质如下，这里 $F[f(x)] = F(\omega)$。

（1）相似性质：

$$F[f(ax)] = \frac{1}{a} F\left(\frac{\omega}{a}\right) (a \neq 0)$$

（2）延迟性质：

$$F[f(x \pm x_0)] = e^{\pm j\omega x_0} F(\omega)$$

（3）位移性质：

$$F[e^{\mp j\omega_0 x} f(x)] = F(\omega \pm \omega_0)$$

（4）微分性质：

$$F[f'(x)] = j\omega F(\omega) \qquad F[-jxf(x)] = F'(\omega)$$

$$F[f^{(n)}(x)] = (j\omega)^n F(\omega) \qquad F[(j - x^n) f(x)] = \frac{d^n F(\omega)}{d\omega^n}$$

（5）积分性质：

$$F\left[\int_{x_0}^{x} f(x) dx \right] = \frac{1}{j\omega} F(\omega)$$

我们可以利用傅里叶变换的微分和积分性质求解微积分方程。

1.6.3　傅里叶变换与工程应用

给定一个周期为 T 的函数 $x(t)$，那么它可以表示为无穷级数

$$x(t) = \sum_{k=-\infty}^{+\infty} a_k e^{jk\left(\frac{2\pi}{T}\right)t} \tag{1.14}$$

式中，j 为虚数单位，a_k 可以按下式计算。

$$a_k = \frac{1}{T} \int_0^T x(t) \times e^{-jk\left(\frac{2\pi}{T}\right)t} dt$$

设

$$f_k(t) = e^{jk\left(\frac{2\pi}{T}\right)t}$$

它是周期为 T 的函数，故 k 取不同值时的周期信号具有谐波关系（即它们都具有一个共同周期 T）。

- $k=0$ 时，公式（1.14）中对应的项称为直流分量；
- $k=1$ 时，具有 $\omega_0 = \dfrac{2\pi}{T}$ 的基波频率，称为一次谐波或基波；

以此类推，类似的还有二次谐波、三次谐波等。

傅里叶变换的工程应用是对信号先做傅里叶变换，将时域信号转化为频域信号相叠加的形式，然后将其中不要的频率分量给滤除掉，最后进行傅里叶逆变换，就可得到想要的时域信号。这就是数字滤波器的根本操作原理。

1.7　统计过程控制与正态分布

统计经验表明，一个随机变量，如果是众多的、互不相干的、不分主次的偶然因素作用的结果之和，它就服从或近似服从正态分布（见图 1-9），例如，在电子行业中，正常生产条件下各种电子产品的质量指标（如电容量、元器件的寿命等）就服从正态分布，它广泛应用于电子领域，作为分析问题的依据和方法。1733 年，法国数学家棣莫弗就用 $n!$ 的近似公式得到了正态分布。后来德国数学家高斯在研究测量误差时从另一个角度推导出了它，并研究了它的性质，因此，人们也将正态分布称为高斯分布。

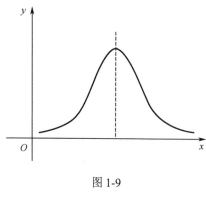

图 1-9

观察正态分布的总体密度曲线（见图 1-9）的形状，具有"两头低，中间高，左右对称"的特征，具有这种特征的总体密度曲线一般可用下面函数的图像来表示或近似表示：

$$\varphi_{\mu,\sigma}(x) = \frac{1}{\sqrt{2\pi}\times\sigma}e^{-\frac{(x-\mu)^2}{2\sigma^2}}, \quad x\in(-\infty,+\infty)$$

式中，实数 μ、$\sigma(\sigma>0)$ 是参数，分别表示总体的平均数与标准差，$\varphi_{\mu,\sigma}(x)$ 的图像为正态分布密度曲线，简称正态曲线（图 1-9）。

一般地，如果对于任何实数 $a<b$，随机变量 X 满足

$$P(a<X\leqslant b) = \int_a^b \varphi_{\mu,\sigma}(x)\mathrm{d}x$$

则称 X 的分布为正态分布（见图 1-10）。正态分布完全由参数 μ 和 σ 确定，因此正态分布常记为 $N(\mu,\sigma^2)$。如果随机变量 X 服从正态分布，则记为 $X\sim N(\mu,\sigma^2)$。

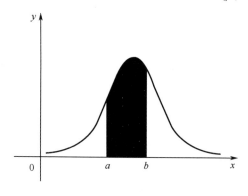

图 1-10

参数 μ 是反映随机变量取值的平均水平的特征数，可以用样本均值去佑计；σ 是衡量随机变量总体波动大小的特征数，可以用样本标准差去估计。

正态分布 $N(\mu,\sigma^2)$ 是由均值 μ 和标准差 σ 唯一决定的分布，通过固定其中一个值，可以分析均值与标准差对于正态曲线的影响。

正态分布曲线的性质有：

● 曲线在 x 轴的上方，与 x 轴不相交。

● 曲线关于直线 $x=\mu$ 对称。

● 当 $x=\mu$ 时，曲线位于最高点。

当 $x<\mu$ 时，曲线上升（增函数）；当 $x>\mu$ 时，曲线下降（减函数），并且当曲线向左、右两边无限延伸时，以 x 轴为渐近线，向它无限靠近。

μ 一定时，曲线的形状由 σ 确定，σ 越大，曲线越"矮胖"，总体分布越分散；σ 越小，曲线越"瘦高"，总体分布越集中。

当 $\mu=0$、$\sigma=1$ 时，正态分布称为标准正态分布，其相应的函数表达式是

$$f(x) = \frac{1}{\sqrt{2\pi}} e^{-\frac{x^2}{2}}, \quad -\infty < x < +\infty$$

其相应的曲线称为标准正态曲线。标准正态总体 $N(0,1)$ 在正态总体的研究中占有重要地位，任何正态分布的概率问题均可转化成标准正态分布的概率问题。

通过三组正态分布曲线（见图 1-11、图 1-12、图 1-13），可知正态分布曲线具有"两头低、中间高、左右对称"的基本特征。由于正态分布是由其平均数 μ 和标准差 σ 唯一决定的，因此从某种意义上说，正态分布就有很多，给深入研究带来一定的困难，许多正态分布中，重点研究 $N(0,1)$，其他的正态分布都可以通过

$$F(x) = \varPhi\left(\frac{x-\mu}{\sigma}\right)$$

转化为 $N(0,1)$，把 $N(0,1)$ 称为标准正态分布，其密度函数为

$$F(x) = \frac{1}{\sqrt{2\pi}} e^{-\frac{1}{2}x^2}, \quad x \in (-\infty, +\infty)$$

从而使正态分布的研究得以简化。结合正态分布曲线的图形特征，可归纳正态分布曲线的性质。

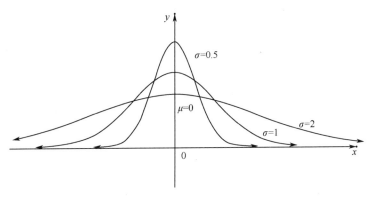

图 1-11

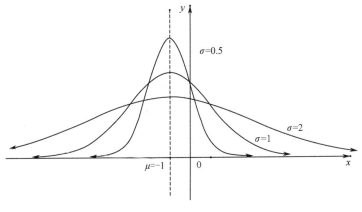

图 1-12

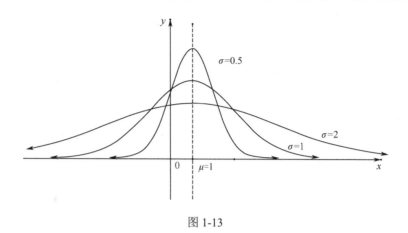

图 1-13

例 1：求标准正态总体在（-1，2）内取值的概率。

解：对于标准正态分布曲线，标准正态总体 $N(0,1)$，$\Phi(x_0)$ 是总体取值小于 x_0 的概率，即 $\Phi(x_0) = P(x < x_0)$，其中 $x_0 > 0$，图 1-14 中阴影部分的面积表示为概率 $P(x < x_0)$，只要查询标准正态分布表即可解决。从图 1-14 中不难发现，当 $x_0 < 0$ 时，$\Phi(x_0) = 1 - \Phi(-x_0)$；而当 $x_0 = 0$ 时，$\Phi(0)=0.5$。

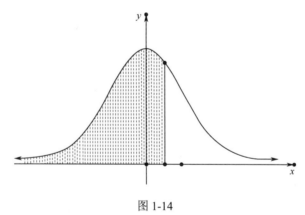

图 1-14

标准正态总体正态分布 $N(0,1)$在正态总体的研究中具有非常重要的地位，为此本书专门给出了标准正态分布表（见表 1-7）。在这个表中，对应于 x_0 的值 $\Phi(x_0)$ 是指总体取值小于 x_0 的概率，即 $\Phi(x_0) = P(x < x_0)$，$x_0 \geq 0$。

表 1-7

$$\Phi(x) = \int_{-\infty}^{x} \frac{1}{\sqrt{2\pi}} e^{-\frac{t^2}{2}} \mathrm{d}t = P(X \leq x)$$

x	0.00	0.01	0.02	0.03	0.04	0.05	0.06	0.07	0.08	0.09
0.0	0.5000	0.5040	0.5080	0.5120	0.5160	0.5199	0.5239	0.5279	0.5319	0.5359
0.1	0.5398	0.5438	0.5478	0.5517	0.5557	0.5596	0.5636	0.5675	0.5714	0.5753
0.2	0.5793	0.5832	0.5871	0.5910	0.5948	0.5987	0.6026	0.6064	0.6103	0.6141
0.3	0.6179	0.6217	0.6255	0.6293	0.6331	0.6368	0.6404	0.6443	0.6480	0.6517
0.4	0.6554	0.6591	0.6628	0.6664	0.6700	0.6736	0.6772	0.6808	0.6844	0.6879
0.5	0.6915	0.6950	0.6985	0.7019	0.7054	0.7088	0.7123	0.7157	0.7190	0.7224

续表

x	0.00	0.01	0.02	0.03	0.04	0.05	0.06	0.07	0.08	0.09
0.6	0.7257	0.7291	0.7324	0.7357	0.7389	0.7422	0.7454	0.7486	0.7517	0.7549
0.7	0.7580	0.7611	0.7642	0.7673	0.7703	0.7734	0.7764	0.7794	0.7823	0.7852
0.8	0.7881	0.7910	0.7939	0.7967	0.7995	0.8023	0.8051	0.8078	0.8106	0.8133
0.9	0.8159	0.8186	0.8212	0.8238	0.8264	0.8289	0.8355	0.8340	0.8365	0.8389
1.0	0.8413	0.8438	0.8461	0.8485	0.8508	0.8531	0.8554	0.8577	0.8599	0.8621
1.1	0.8643	0.8665	0.8686	0.8708	0.8729	0.8749	0.8770	0.8790	0.8810	0.8830
1.2	0.8849	0.8869	0.8888	0.8907	0.8925	0.8944	0.8962	0.8980	0.8997	0.9015
1.3	0.9032	0.9049	0.9066	0.9082	0.9099	0.9115	0.9131	0.9147	0.9162	0.9177
1.4	0.9192	0.9207	0.9222	0.9236	0.9251	0.9265	0.9279	0.9292	0.9306	0.9319
1.5	0.9332	0.9345	0.9357	0.9370	0.9382	0.9394	0.9406	0.9418	0.9430	0.9441
1.6	0.9452	0.9463	0.9474	0.9484	0.9495	0.9505	0.9515	0.9525	0.9535	0.9535
1.7	0.9554	0.9564	0.9573	0.9582	0.9591	0.9599	0.9608	0.9616	0.9625	0.9633
1.8	0.9641	0.9648	0.9656	0.9664	0.9672	0.9678	0.9686	0.9693	0.9700	0.9706
1.9	0.9713	0.9719	0.9726	0.9732	0.9738	0.9744	0.9750	0.9756	0.9762	0.9767
2.0	0.9772	0.9778	0.9783	0.9788	0.9793	0.9798	0.9803	0.9808	0.9812	0.9817
2.1	0.9821	0.9826	0.9830	0.9834	0.9838	0.9842	0.9846	0.9850	0.9854	0.9857
2.2	0.9861	0.9864	0.9868	0.9871	0.9874	0.9878	0.9881	0.9884	0.9887	0.9890
2.3	0.9893	0.9896	0.9898	0.9901	0.9904	0.9906	0.9909	0.9911	0.9913	0.9916
2.4	0.9918	0.9920	0.9922	0.9925	0.9927	0.9929	0.9931	0.9932	0.9934	0.9936
2.5	0.9938	0.9940	0.9941	0.9943	0.9945	0.9946	0.9948	0.9949	0.9951	0.9952
2.6	0.9953	0.9955	0.9956	0.9957	0.9959	0.9960	0.9961	0.9962	0.9963	0.9964
2.7	0.9965	0.9966	0.9967	0.9968	0.9969	0.9970	0.9971	0.9972	0.9973	0.9974
2.8	0.9974	0.9975	0.9976	0.9977	0.9977	0.9978	0.9979	0.9979	0.9980	0.9981
2.9	0.9981	0.9982	0.9982	0.9983	0.9984	0.9984	0.9985	0.9985	0.9986	0.9986
x	0.0	0.1	0.2	0.3	0.4	0.5	0.6	0.7	0.8	0.9
3	0.9987	0.9990	0.9993	0.9995	0.9997	0.9998	0.9998	0.9999	0.9999	1.0000

$$p = \Phi(x_2) - \Phi(x_1)$$
$$\Phi(2) - \Phi(-1) = \Phi(2) - \{1 - \Phi[-(-1)]\}$$
$$= \Phi(2) + \Phi(1) - 1 = 0.9772 + 0.8413 - 1 = 0.8151$$

利用标准正态分布表（表 1-7），可以求出标准正态总体在任意区间 (x_1, x_2) 内取值的概率，即直线 $x = x_1$、$x = x_2$ 与正态曲线、x 轴所围成的曲边梯形的面积，即

$$P(x_1 < x < x_2) = \Phi(x_2) - \Phi(x_1)$$

非标准正态总体在某区间内取值的概率，可以通过 $F(x) = \Phi\left(\dfrac{x-\mu}{\sigma}\right)$ 转化成标准正态总体，然后查标准正态分布表即可。在这里应重点掌握如何进行转化，首先要掌握正态总体的均值和标准差，然后进行相应的转化。

在电子行业中，将发生概率不超过 5% 的事件，即事件在一次试验中几乎不可能发生，定义为小概率事件。这也是很多行业产品可靠性系统分析中，都是采用单一故障（Single Fault Condition，SFC）分析的原因，因为两个不关联故障同时发生的概率远小于 5%，因此定义为小概率事件。对于产品隐患的设计分析基础是 RPN=$S×O×D$（DFMEA 里的风险隐患

量化评价方法，S 是危害度、O 是发生概率、D 是可探测度），既然 O 很小，RPN 很小，属于不考虑分析范围。就好像在选购住宅楼房时，没有人会将楼房必须能耐得住飞机撞击作为楼房质量指标一样，飞机撞击住宅楼是小概率事件，因此不予考虑；而一辆普通家用轿车撞击而导致楼塌的风险则必须考虑了。

例 2：利用标准正态分布表求标准正态总体在下面区间取值的概率。

（1）在 $N(1,4)$ 下，求 $F(3)$。

（2）在 $N(\mu,\sigma^2)$ 下，求 $F(\mu-\sigma,\mu+\sigma)$；

解：（1）$F(3) = \Phi\left(\dfrac{3-1}{2}\right) = \Phi(1) = 0.8413$。

（2）$F(\mu+\sigma) = \Phi\left(\dfrac{\mu+\sigma-\mu}{\sigma}\right) = \Phi(1) = 0.8413$。

$F(\mu-\sigma) = \Phi\left(\dfrac{\mu-\sigma-\mu}{\sigma}\right) = \Phi(-1) = 1-\Phi(1) = 1-0.8413 = 0.1587$。

$F(\mu-\sigma, \ \mu+\sigma) = F(\mu+\sigma) - F(\mu-\sigma) = 0.8413 - 0.1587 = 0.6826$。

正态总体 $N(\mu,\sigma^2)$ 取值的概率如图 1-15 所示。

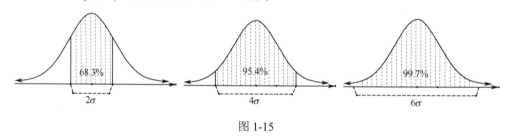

图 1-15

在区间 $(\mu-\sigma,\mu+\sigma)$、$(\mu-2\sigma,\mu+2\sigma)$、$(\mu-3\sigma,\mu+3\sigma)$ 内取值的概率分别为 68.3%、95.4%、99.7%，因此我们通常只在区间 $(\mu-3\sigma,\mu+3\sigma)$ 内研究正态总体的分布情况，而忽略其他很小的一部分。但如果确定的质量目标是按照 4σ、5σ、6σ 所确定的，则相关要求就会更高。

1.8　PID 控制数学基础

PID 调节是控制领域里很常用的一个基础性控制调节方法。调节中有很多的经验值可以参考运用，也有工程师总结了如下调节口诀。

参数整定找最佳，从小到大顺序查。先是比例后积分，最后再把微分加。

曲线振荡很频繁，比例度盘要放大。曲线漂浮绕大弯，比例度盘往小扳。

曲线偏离恢复慢，积分时间往下降。曲线波动周期长，积分时间再加长。

曲线振荡频率快，先把微分降下来。动差大来波动慢，微分时间应加长。

理想曲线两个波，前高后低 4 比 1。一看二调多分析，调节质量不会低。

但透彻理解 PID 调节，最好了解一下其理论的来龙去脉。首先限定讨论范围为线性时不变系统，虽然它在现实中并不存在，但是可以在一定条件下近似为线性时不变系统，或者等价为类似系统与误差项和干扰项的叠加。

看一个系统的响应速度快不快，看它的时域解是最直接的思路。例如，对于如图 1-16

和图 1-17 所示的一阶系统，其传递函数为

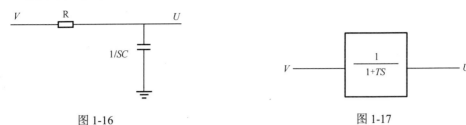

图 1-16　　　　　　　　　　　　　　　图 1-17

$$G(s) = \frac{U}{V} = \frac{V\dfrac{1\big/SC}{R + 1\big/SC}}{V} = \frac{1}{1 + SRC} = \frac{1}{TS + 1}$$

式中，$RC=T$。其单位阶跃响应的解为

$$x(t) = 1 - e^{-\frac{t}{T}}$$

可见其稳态值为 1，达到稳态的时间

$$t_s \approx 5T$$

即当 $t_s = 5T$ 时，$x(t) = e^{-\frac{5T}{T}} = e^{-5} = \dfrac{1}{2.718^5} = 0.674\%$。

由此可见，改变参数 T，就能改变响应的速度。如果能让 T 变小，那么响应时间就会变短。

如果引入反馈的比例控制，如图 1-18 所示，其闭环传递函数为：

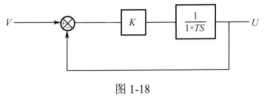

$$(V - U)K\frac{1}{TS + 1} = U$$

$$\frac{U}{V} = G_c = \frac{k}{TS + 1 + K}$$

图 1-18

其解为：

$$x(t) \approx 1 - e^{-\frac{kt}{T}}$$

响应时间为：

$$t_s \approx \frac{5T}{K}$$

可见增益越大，系统响应就越快。再看二阶系统：

$$G(s) = \frac{\omega^2}{s^2 + 2\xi\omega s + \omega^2}$$

阶跃响应的解为：

$$x(t) = 1 - \frac{1}{\sqrt{1 - \xi^2}} e^{-\xi\omega t} \sin(\omega_d t + \beta)$$

式中

$$\omega_d = \sqrt{1 - \xi^2}$$

对于标准二阶系统，其稳态值也是 1，其达到稳态的时间为：

$$t_s \approx \frac{3.5}{\xi\omega}$$

由上式可以看出，如果改变二阶系统的参数，系统的响应时间也会随之改变。

控制器的任务一是稳定系统，二是提升系统动态性能，可用频域法分析来完成这两个目标。假定输入是频率和幅值变化的周期性信号，由傅里叶变换可知，周期信号均可以化解成一系列的正弦波叠加的形式，所以基于正弦波来讨论系统的动态特性，会比较通用。

假定输入为 $u(t) = A\sin(\Omega t)$，如：

$$G(s) = \frac{1}{0.1s + 1}$$

如果输入信号 $u(t) = \sin t$，即幅值为 1，频率为 1 rad/s 的正弦波信号，则结果如图 1-19 所示。

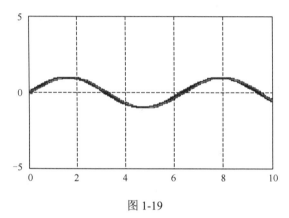

图 1-19

由图 1-19 可看出，输入和输出略有偏差，但是很接近。若输入改为 $u(t) = \sin(10t)$，则结果如图 1-20 所示，幅值变小，相位也发生了延迟。

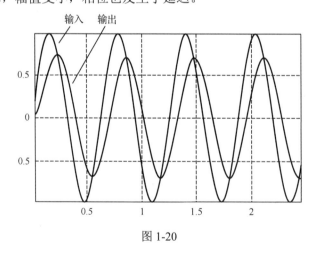

图 1-20

再将输入改为 $u(t) = \sin(50t)$，则结果如图 1-21 所示，这时输出幅值和相位会发生变化，幅值缩小，相位延迟。

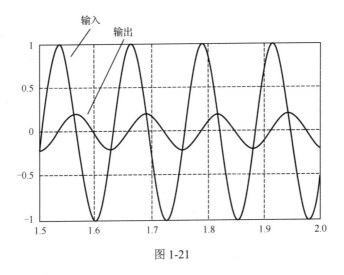

图 1-21

当输入的频率大于某个值 ω_B 之后，系统的输出小到可以忽略不计，ω_B 就称之为带宽。通俗来讲，在 ω_B 以下输入时，系统对其响应明显；大于 ω_B 的输入，系统响应就很低。

如果把输入频率从 0 开始，一直变化到无穷大，并记下每个频率上的幅值和相位的变化，那么就可得到一个频率响应图（也称为伯德图）。

以上为实验方法，还可以用拉普拉斯变换来分析此问题，即令 $s=j\omega$，$G(s)=G(j\omega)$，然后看其幅值和相位。如果令拉普拉斯变换里面的 $s=j\omega$，则拉普拉斯变换就会退化为傅里叶变换。拉普拉斯变换在复数域，不仅包含了频域的稳态信息，还包含了瞬态的信息；而傅里叶变换仅仅包含了在频域下的稳态信息，所以由 $G(j\omega)$ 即可算出 $G(s)$ 在不同频率 ω 下的幅值和相位的信息。例如，传递函数

$$G(s) = \frac{1}{s+1}$$

令 $s=j\omega$，当 $\omega=0$ 时，有

$$G(j\omega) = G(j0) = \frac{1}{j0+1}$$

在复数域下可知，$\dfrac{1}{j0+1}$ 这个数幅值为 1，相位为 0，所以在直流输入的情况下，$G(s)$ 是等于其原信号的。

再看在一个频率为 1 rad/s（等同于 $u(t)=\sin t$）的正弦波的输入下，令 $s=j1$，

$$G(j\omega) = G(j1) = \frac{1}{j+1} = 0.5 - j \times 0.5$$

在复数域下可知，0.5-0.5j 这个数幅值为 0.707，相位为-45°，与时域分析里面的仿真波形（见图 1-20）完全符合。

再使输入频率趋向于无穷大，即

$$G(i\omega) = G(j\infty) = \frac{1}{1+j\infty}$$

其幅值为

$$A(G(\text{j}\infty)) = \frac{A(1)}{A(1+\text{j}\infty)} = 0$$

相位为

$$\deg(G(\text{j}\infty)) = \deg(1) - (1+\text{j}\infty) = 0 - 90° = -90°$$

可知，对于高频的响应，其幅值趋向于 0，相位趋向于-90°。

综上所述，当输入的ω小于 $1/T$ 时，系统的输出是能大致跟随输入的；当输入的ω大于 $1/T$ 时，系统的输出是基本不能跟随输入的。在这里，系统的带宽 $\omega_\text{B} = \dfrac{1}{T}$。

二阶系统的例子与其类似，只不过其带宽是由 $G(s) = \dfrac{\omega^2}{s^2 + 2\xi\omega s + \omega^2}$ 中的ω决定的。

带宽大的系统响应速度会快，但也会带来很多副作用，首先就是会对噪声敏感。高频噪声是普遍存在的，如果系统的带宽小，那么高频噪声的放大系数就会很低，系统不会受到大的影响；而带宽大了，不仅对高频的正常激励信号有响应，对同处高频段的噪声也会有较大的响应。

其次，高带宽系统需要更高速度的传感器和控制器，一般控制器和传感器的速度应该是被控对象的 5～20 倍，不仅硬件成本高，而且要求数值计算的精度也高，对于延迟的忍耐度也更低。

以上为 PID 控制的数学基础，通过传递函数的推导，了解到可以通过比例放大系数、积分系数、微分系数的调节实现控制系统的快速响应、较轻振荡。图 1-22 所示为 PID 控制系统结构，具体的计算过程如下。

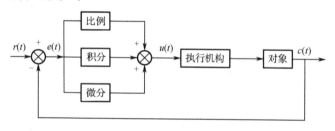

图 1-22

PID 调节器的微分方程为

$$u(t) = K_\text{P}\left[e(t) + \frac{1}{T_\text{I}}\int_0^t e(t)\text{d}t + T_\text{D}\frac{\text{d}e(t)}{\text{d}t}\right]$$

式中，$e(t)=r(t)-c(t)$。PID 调节器的传递函数为

$$D(S) = \frac{U(S)}{E(S)} = K_\text{P}\left[1 + \frac{1}{T_\text{I}S} + T_\text{D}S\right]$$

数字 PID 控制器的差分方程为

$$u(n) = K_\text{P}\left\{e(n) + \frac{T}{T_\text{I}}\sum_{i=0}^n e(i) + \frac{T_\text{D}}{T}[e(n) - e(n-1)]\right\} + u_0$$

$$= u_\text{P}(n) + u_\text{I}(n) + u_\text{D}(n) + u_0$$

式中，$u_P(n) = K_P e(n)$，为比例项；$u_I(n) = K_P \dfrac{T}{T_I} \sum_{i=0}^{n} e(i)$，为积分项；$u_D(n) = K_P \dfrac{T_D}{T}[e(n) - e(n-1)]$，为微分项。剩下的就是通过电路或编程实现上面的差分方程了。

1.9 　电路设计机理

1.9.1 　电子工程数学应用机理

掌握了基本的数学公式，但它如何与电子电路的具体实践相结合，如何应用于电子电路设计的工程实践呢？也就是如何定量化设计。总结起来有三个途径，即数学计算、仿真、波形测试及诊断。

在工作中，几乎每位工程师都曾遇到过电子产品在用户现场偶尔发生故障，如死机、复位、数据传输错误等状况。维修工程师在现场跟踪排查时，故障不会再现，拿回实验室，怎么试验都是好的，使人陷入一种无从下手的窘境。找到通用方法作为此类问题的解决思路，成了电子设计行业共同考虑的问题。

面对偶发故障的问题，一个解决它的方法或许就是类聚原理。

在日常生活中，有一种说法是"物以类聚，人以群分"，意思是指不是一类人不进一家门。如果一个人很上进，那么他朋友圈里的亲密朋友基本也都是上进类型的。因此推断一个陌生人是否上进，看他周围亲密朋友的状态就可以了。如果他周围的亲密朋友都很成功，那他即使现在不成功，离成功也不远了，起码他的成功潜质很大，绝对是"潜力股"。

当然，根据一个人的历史推断他的将来，也是有迹可循的，古人讲"三岁看大，七岁看老"，从现在看过去，从现在看未来，都是有一定道理的。虽然不敢肯定全对，但也差不到哪儿去。

同理，一个电子产品，它偶尔会发生故障，那么它不发生故障时，就会完全正常吗？正如一个说谎的人，表面装得再若无其事，测谎器根据其生理状态的波动，也是能够发现异常的蛛丝马迹的。测谎仪的测量指标是人的生理参数，那针对一台曾经发生过故障但现在正常的设备，"测谎"的指标则是波形。一是这台设备正常工作时的波形质量会有信号隐患的特征；二是同类设备也很可能会有信号波形或数据隐患被测量和分析出来。

有隐患的机器，即使从性能上看暂时没事，但其波形也一定会有所偏差，或波动或异常，只不过波形变异暂未超出导致设备工作异常的参数范围而已。我们去测隐患机器未发生故障时的工作波形，分析波形里隐藏的信息密码，即波形与芯片元器件工作限值的差异，就可以发现存在的隐患和问题的缘由。数学计算的目的也在于此，即通过元器件选型工程计算，确保电路确定后的工作电压不超出芯片允许的电压容限范围。

在介绍波形异常及隐患分析之前，需要先说清楚一个专业名词——电压容限，这是信号异常与否的关键。

对于数字电路（见图 1-23），输出元器件的信号分别为高电平（用 U_{oH} 表示）和低电平（用 U_{oL} 表示），这两个电平的电压都是一个允许的电压范围。只要在 U_{oH} 范围内的输出电平，都认为是合理可接受的高电平；只要在 U_{oL} 范围内的输出电平，都认为是合理可接受的低电平。同理，接收端能接受的高、低电平也是一个范围，分别为 U_{IH} 和 U_{IL}，不同的是，U_{oH} 和 U_{IH}、U_{oL} 和 U_{IL} 并不是相等的电平，而是有一个电位差Δ，这里的Δ就是电压容限。

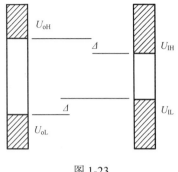

图 1-23

在数字电路里，我们所研究的元器件参数选型计算、EMC、SI 等技术措施，都是为了让从输出端发送出的电平信号，在经历一系列的传输线缆衰减、空间辐射干扰耦合叠加、传输线信号反射、外界环境导致的元器件参数漂移、电源地线波动引起的相对电平变化等问题后，接收端所接到的信号电平，相对于输出端电平，不超过Δ的允许波动范围。满足了这点，即使有些外来干扰破坏，电路仍能照常工作。

对于模拟电路，也有一个电路精度要求，即电压容限值±Δ%（见图 1-24），设计中所要控制的，就是在任何的波动干扰下，模拟输出量都不能超出±Δ%的范围。

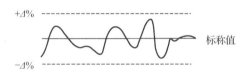

图 1-24

基于以上的理论基础，下面列举的是几种常见的信号波动和作用机理。

1. 电源或地线的电平波动严重

U_{cc} 波动低时，大部分时候并没有超出 U_{cc} 的允差范围 U_{ccmin}，但在现场条件组合应力严重的时候，如果超出了范围就可能造成误触发，如刷寄存器或触发不期望的功能。这时通过测量 U_{cc} 波形，就可能发现如图 1-25 所示的波形，即使没低到足以触发问题的地步，但只要有类似的"症状"，就有隐患，就必须在电源的稳定性上做文章了，必须确保电源的最大波动范围距离临界值很远才有把握。

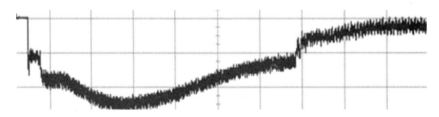

图 1-25

地线波动同理，可以通过测量地线上任意两点之间的波形，正常情况应该是一条基本接近于 0 V 的平直线（见图 1-26 中直线），如果出现了向上的尖峰（见图 1-26 圆圈），则可能带来风险，因为地线上升，带来的就是片选信号、reset 信号等敏感信号的电位差下降，$V_{reset} - V_{gnd}$ 小于了某个临界值，芯片就会当成一个复位低电平输入信号了。较常见的是给设备接+6000 V 静电接触放电时，低电平上被耦合或传导进去，极易引起复位就是类似的道理。

图 1-26

2. 数据传输速率与传输线元器件特性参数匹配不良导致波形变异

正常情况下，因为数据线过长、线间电容、接收端输入电容较大、导线上串入电阻较大、接收端输入端口防护元器件结电容等的影响，会导致形成如图 1-27 所示的黑色波形。在速率比较低的时候，数据传输的正确率是能保证的。但当软件工程师不管不顾地加快数据传输速率时，会导致上升沿还未到达接收端的电压容限值下端 U_{Hmin} 时，就不得不因为周期问题而走下坡路了，形成如图 1-27 所示的类似三角波数据波形，上升沿、下降沿均带有一定弧度，最高点低于 U_{Hmin} 值时，接收端自然就读不到数据了。如果数据波形远离高电平临界点，数据传输表现不正常，反而容易查找出现的问题，最担心的是处于导致波形在正常与不正常之间的传输速率临界点，就可能在现场偶发传输数据错误了。把导线剪短点，或者换个阻值小点的电阻，或者拆掉一个电容，或者减少一个终端，数据传输就会正常了。

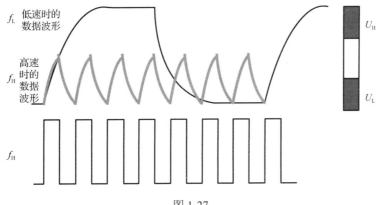

图 1-27

3. 波形出现回勾

回勾的波形如图 1-28 所示，它的形成是因为导线有高频特性，可理解为小电感和小电阻的串联，而数字电路输入端口，又可以理解成一个引脚-地（Pin-Gnd）的对地电容，以及一个输入跟随器特性。走线的特性和元器件的输入等效特性合并在一起，就会形成如图 1-28 所示的电路特性图。V4 给出 10 MHz 方波信号，图 1-28（a）中点 5 就可以测得接收图 1-28（b）中回勾变异波形。

本实例虽然有回勾，但回勾部分在上升沿时并未穿越 V_{Hmin} 限值，下降沿时也未触发 V_{Lmax} 限值，因此不至于引起信号质量问题。但如果导线特性参数和元器件输入特征参数有变，导致回勾特性的上升沿上移了，或下降沿的回勾下降了，故障就在所难免了。

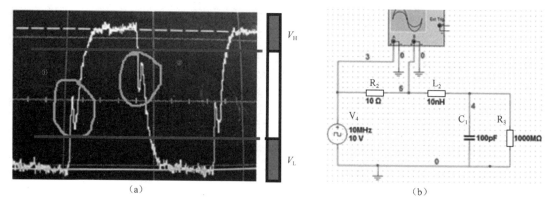

图 1-28

4. 波形出现台阶（见图 1-29）

有时，我们会测量到如图 1-29 或图 1-30（b）所示的波形，这是由容性负载与布线联合作用引起的。这种波形的危害在于，在接收到信号后，有的接收元器件判别上升沿的方式是通过对上升沿做微分，然后根据微分后的尖峰阈值判别是否上升沿。如果中间出现了平台，则会导致微分电路出现两个有一点时间间隔的尖峰。如果两个尖峰都很高，则会导致出现重复误触发；如果两上尖峰都很低，则会无触发；这两种情况都会导致错误发生。

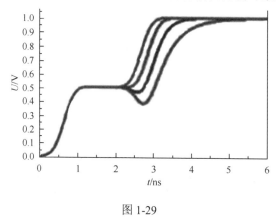

图 1-29

图 1-30（a）为源端输出波形，是标准的方波；图 1-30（c）为导致图 1-30（b）所示平台波形的电路结构，该图为仿真效果。

5. 波形有过冲

波形里常有过冲现象，如图 1-31 所示。如果振荡幅度不够大，不会超过 V_{Hmin} 和 V_{Lmax} 的限值，则一切正常；但如果振荡的幅度超出了 V_{Hmin} 和 V_{Lmax} 的临界值，则可能会产生误触发，因为很多芯片是以上升沿中过 V_{Hmin} 的电平跃变作为上升沿触发信号的，如果越界了，则有造成两次上升沿触发的风险。

导致这条曲线特征的是信号线或地线的走线感性特性与线间电容、元器件输入电容、PN 结电容等相互作用的结果。地线上的类似衰减性振荡波动的术语称为"地弹"。

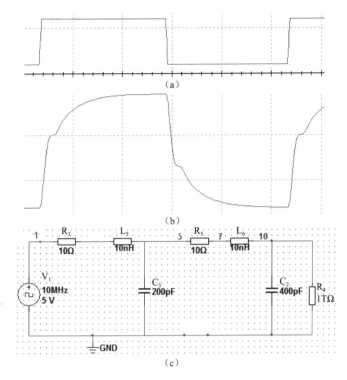

图 1-30

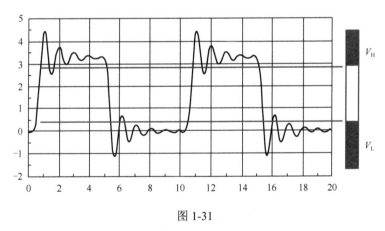

图 1-31

6. 电压跌落

电源线主供电线上串入电感或大的容性负载时，在电源启动或负载突然启停的瞬间，由于电感的反向电动势或者容性负载电流变化较大，就会有电源瞬间跌落的风险，如图 1-32 所示。这个波形在负载突然启动或突然掉电马上又上电的时候可能会发生。如果幅度大了，掉电的时间长了，极可能就有复位、刷 E2PROM 存储器、误触发等风险了。

以上描述了几种常见的可能导致电路工作异常的变异波形，理解其故障作用机理仅仅是改善的第一步，下一步还需要

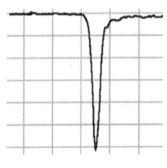

图 1-32

理解导致这些波形产生的问题，是哪些特性参数影响到了变异波形？通过设计改善哪一点才能使这些变异不再发生或不至于导致显性故障？这些都是本书中讨论的问题，即通过参数的计算，确保电路中的波形不会发生本节所描述的类似异常波形。

简单总结一下，在遇到偶发故障问题产品时，即使手头没有该故障产品，或者有故障产品但激发不出问题时，可以找设计完全相同的产品，查找怀疑元器件的信号波形。如果都是标准波形，那就先暂时放过；如果稍有异常，就把异常记录下来。随后仔细分析这些异常有没有可能触发现场的偶发故障，如果有可能，那就针对这个异常波形进行改进设计，让波形远离激发故障的电平临界值，这样的偶发故障基本上就可以被根除。这种分析和计算方法就是波形诊断法。

1.9.2 工程设计判据

电路设计的判据是"单一故障下，输出必须保证是安全的"。

单一故障指的是根源性单一的故障，比如元器件损坏、短路、过流、过热、非阻燃材料起火等，这里的后续故障都是由短路引发的，因此，本节就研究元器件短路发生后，可能产生的后果和防护措施。

系统输出指的是三个方面：功能输出、信息输出、报警输出。

安全也包括三个方面：人的安全（操作者、被作用对象及旁边的闲杂人等），设备自身的安全，互连设备的安全（周边相连或不相连的设备）。

通俗的解释就是故障发生了，系统必须有必要的设计措施，保证继续工作时的功能、工作状态显示或者报警信息；必能能及时切断危险、转化危险、防护危险，以保证人、设备自身、周边互连设备都不会产生任何恶性后果。

案例 1 某款热水器，测水温的传感器用的是负温度系数的热敏电阻，温度上升时阻值下降，经过放大器放大后，量化数据进入 MCU，软件读到的温度 $T \leqslant 75℃$ 时，就输出控制信号，让继电器开关 K 导通，通过交流电 220 V 给电热丝加热，如图 1-33 所示。

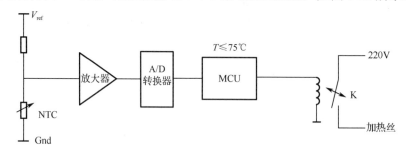

图 1-33

如果系统所有的元器件都处于理想状态，那什么问题都不会发生，余下的讨论也就没有必要了。但是，元器件不可能不会坏，如果热敏电阻（NTC）损坏了，系统会怎样呢？首先要确认 NTC 损坏后的症状，如果是开路，则 NTC 表现为很高的阻值，电阻值变得很大，表示被测温度很低，MCU 认为此温度很低，低于 75℃，势必就会让继电器导通并持续加热，在加热过程中不断地检查温度，测到的总是低温，然后继续加热，直到将水加热成水蒸气，最终压强过大导致热水器爆裂。

按照 SFC OUTPUT SAFE 的判据标准，在"NTC 坏掉开路"故障下，"加热功能"的输出，就不能保证加热器自身的安全。

如果换成 PTC 电阻，开路后，等效为电阻值变得很大，其含义表征为被测温度很高，系统是不是就可以将加热继电器断电关上呢？

或者在 MCU 里，增加对加热过程中的温度变化检测，判断 $\Delta T/\Delta t$，如果在加热过程中，温度一直没有升高，则自动判为系统故障，停机、报警后，是否可避免此类事故？

当然，如果有的传感器在损坏后的故障特征是短路的话，大家可自行分析。

案例 2　导线断开或脱落是常见的故障现象之一，尤其是在工作中，有振动（振动疲劳导致断裂）或拉伸应力时，更容易出现断开。那么针对断开的单一故障，就需要有具体的系统分析设计措施。

如图 1-34 所示，主机与从机按照一般的上/下位机连接方式安装，主机的工作程序流程如图 1-35 所示。当电缆连接都正常时，主机的程序流程执行是没有问题的，但当 T_x 断开时，从机将接收不到握手信号，自然也就不会回传握手成功的"OK"信号，主机 $R_x \neq OK$，则返回继续执行"T_x 发握手信号"，此时主机程序会陷入死循环。

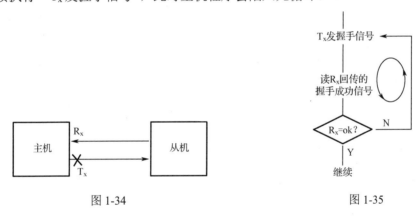

图 1-34　　　　　　　　　　　　　　　　图 1-35

单一故障下（如导线脱落），输出（主程序功能输出）安全（死循环）就保证不了。

本章总结了电路及嵌入式软件设计中会用到的一些数学基础知识，涉及的数学知识较为庞杂，而且写法上做了高度概括，主要是为了阐明数学与电子工程的结合点，如果未能清晰理解，请翻阅大学的课本自行补充。古人赵普半部《论语》治天下，今天的电子工程师用"半本数学"知识亦可纵横电子江湖。

掌握数学知识不是什么难题，电路设计也不是什么难题，如何把数学运用于电路设计，用哪些参数计算，怎么计算，计算什么内容，才是本书要解决的关键问题。

第 2 章

系统设计通用计算技术

实际电路中的波动和干扰无处不在，也不可能根除。就好像日常生活中喝的水一样，一瓶矿泉水，放在高倍显微镜下，蠕动的细菌将会让人大为反胃，但实际上是可以饮用的，是有国家颁发的安全生产许可证的。水里有病菌（类比于干扰电压/电流），人体也有一定的抗菌能力，只要细菌的负面致病作用没有超过普通人（类比于被干扰电路）的抗菌能力的程度（类比于电路的允许偏差范围），这瓶水就算是合格的。但是一杯野外的水坑里的脏水，人喝了就可能会生病，这就让人不能接受。但长期生活在野外的动物（类比于对波动不敏感的电路）喝了就没事，对它们来说就是可以接受的。

电路设计同理。什么样的电路是好的？一个 0.5 V 的波动是否有问题？要看接收端的容差范围，如果接收端容许±1 V 的波动，那这个设计下的波动就是可接受的；如果接收端的允许误差范围为±0.1 V，那么这个设计就是不可以接受的。脱离开导致误差的源偏差电压幅度和接收端允许波动的偏差电压幅度这两个指标来谈电路工程计算，是没有意义的。而在电路设计中，干扰源和抗波动能力这两个指标的差值就是第 1 章中讲到的电压容限。

电路参数容差计算中最常用的方法是最坏电路情况分析（Worst Circuit Condition Analysis，WCCA）。顾名思义，就是将电路中元器件参数的偏移量，按照对结果可能会产生最坏影响的偏移考虑而进行参数计算，如果各种最坏的组合都不会导致电路的最终结果超标，那在范围以内的各种元器件参数组合就会更为稳妥可靠。

例如，两个等值电阻并联分流，按照标称值计算，应该各分 1/2 的电流，但实际上选用的两个电阻的值会是 $R+\Delta$ 和 $R-\Delta$ 之间随机的一个随机值（Δ 是 R 的偏移），当一个支路的阻值最大，而另一个支路的阻值恰恰最小时，小电阻的支路上被分来的电流就会大于 1/2，因此电阻的耐流能力就需要按照这个最坏的情况来进行确定。这个计算方式就是最坏电路情况分析。

另外一种方法就是偏微分法。一个电路的波动结果，会受到多个参数的偏差影响，要确定所有元器件的综合影响，就可以用到偏微分法。一个系统的输出结果 $F(x_1, x_2, x_3 \cdots)$ 是一个受多变量变动影响的函数，当其中某一个变量 x_i 变化时，其他参数看成稳态参数 K_i，可以求出该函数随该单一变量变化波动而波动的变化量 $K_i \times \Delta F_i$，将所有变量的单一波动（将其他参数看成稳态参数）影响函数的结果累加求和 $\sum_{i=1}^{n} K_i \times \Delta F_i$，则可得出系统总偏差量与各分量的关系式（详见本章 2.4 节）。

对于较大的系统，影响因素比较多，如果按照最坏电路情况分析的做法，会对元器件的参数提出很高的要求，这时候可以利用参数的正态分布特性来分析。用一个生活中的例子来类比说明，我们都有赶飞机的经历，假如乘坐出租车去机场，从出发到登机需要经历叫车等待、路上用时、安检用时三个阶段的耗时，如果三部分我们都按照最坏情况预留时间，假设在用车高峰期叫车时间预留 1 小时、路上拥堵预留 2 小时、机场安检预留 1 小时，每个环节都留出最大的时间裕量，三部分时间求和，则要提前 4 小时出发。这类似于最坏电路情况分析法。

事实上，按照常规经验，提前 20 分钟能叫到车的概率为 80%，路上花 1.5 小时赶到机场的概率为 70%， 20 分钟完成机场安检的概率为 60%，这样提前 130 分钟出发，赶到机场不会误机的概率就可以计算出来。如果这个概率可以接受，那么提前 130 分钟出发，就比上面最坏情况分析所得出的 4 小时的预留时间要实用。这种做法就是蒙特卡罗分析法，实际上现实生活中，我们也在有意无意地应用这种方法做着一些生活中的一些决策。

因此，设计绝不是跟着感觉走，一个是元器件的参数会随着环境条件的波动而波动，而且元器件参数的一致性也没那么好。以上三种方法就是针对的这些问题的解决思路。

虽然因为元器件特性并不够理想，会导致"理论计算上行得通的，工程实践上未必行得通"；但是，"理论计算上行不通的，工程实践上一定行不通"，所以容差分析还是必要的，一是在焊接电路之前预知问题，二是可以轻松排除掉肯定有问题和有潜在问题的元器件参数。

在日本，可靠性技术专家把一个系统的设计划分成了三个部分，系统设计、功能和参数设计、容差设计。容差设计在嵌入式硬件系统里可理解为最坏电路情况分析（Worst Circuit Condition Analysis，WCCA），是指将电路中元器件参数精度误差和漂移后的最坏情况组合出来，通过工程计算的方式，审查在极端边缘参数值的情况下，设计是否能满足要求。并且这部分问题是无法通过后期的模拟测试发现的，在批量生产的时候还具有随机性，只能通过容差分析的方法发现和解决。容差计算是发现电路设计问题的一个重要而基础的手段。

而系统设计计算，则是在进行整机设计模块与模块匹配时所需要做的一些工程计算内容，它不单纯局限于某个具体的元器件或传感器的选型参数计算，而是主要研究部件、组件之间的相互关联影响。

影响系统及计算的关键因素是环境应力、各部件之间相互作用的影响应力。

需要进行计算的主要内容有：

● 环境应力的作用，如温度、大气压等；

● 模块-模块互连的阻抗匹配；

● 误差累积评估。

过渡过程及突发应力，如上电过程的冲击电流和冲击电压，负载快速启动时克服惯性所需要的较大驱动电流，非阻性负载突然断开或闭合带来的电流或电压冲击等。

电路设计中的计算需要考虑两部分因素，一是电压，二是电流。对于后端被驱动电路，电平不够不足以完成激发动作，电流不够动作起来力不从心。如图 2-1 所示，V_{cc} 电压需求为 3.3 V，经过 R_{130} 和 R_{131} 电压分压后，V_{cc} 的电压理论值为

$$V_{cc} = 5 \times \frac{R_{131}}{R_{130} + R_{131}} = 5 \times \frac{3.3}{1.7 + 3.3} = 3.3 \text{ V}$$

但实际上，芯片的 V_{cc} 端不可能没有输入电流，也即有一个对地的等效输入阻抗 R_{in}，R_{in} 与 R_{131} 并联后的阻值会小于 $3.3 \text{ k}\Omega$，所以 V_{cc} 的实际工作电压是达不到所期望的 3.3 V 的。本书所有章节的计算都要同时考虑这两部分因素。

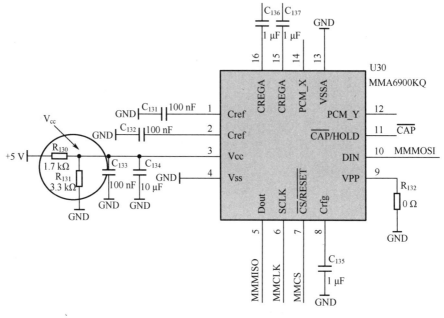

图 2-1

在所有电路里面通用的工程计算项目，包括过渡过程应力、降额、热设计、热计算、精度分配、阻抗匹配、统计分析、导线衰减等，都是本章的核心内容。逐项讲解后，算是一个铺垫，为后面章节中实际元器件的选型计算和电路分析打好基础。如果做个定义，第 1 章属于理论基础课，第 2 章属于专业基础课，后面的章节就属于专业课了。

2.1 应 力 计 算

2.1.1 过渡过程应力

我们可以在生活中做一个实验，将照明用的普通钨丝灯泡接上 220 V 电源，并在通路上串入一个开关，然后以尽可能高的频率多次快速开合开关，开合中对开关的次数进行计数，注意观察灯泡，没一会儿，钨丝就会烧断，记录下此灯泡钨丝烧断时的开关开合次数。

取同样规格的另一只灯泡，做同样的实验，只是将开关频率降低，若想对比明显，频率降低的幅度可以大一点（如降低到 0.1 Hz 或更低），同样达到钨丝烧断的结果，记录下此项实验的开关开合次数，并将两次实验的计数次数进行对比。会发现，第一次快速开合方式下的开关开合次数明显较低。

按照我们的普通理解，开合过程中，灯丝上的电流应该如图 2-2 所示，闭合后，灯丝上的电流为额定工作电流 I_R，断开后灯丝电流为 0 A。如果事实真是如此的话，那灯丝一直没有过流，怎么会很快断掉？如果在通路上串入电流采样电阻，并通过示波器对采样电阻的导通电流进行监测，就会发现，在每次开关闭合的瞬间，灯丝电流并不是 I_R，而是一个比 I_R 高很多的冲击电流；在开关快速开合中，每次闭合产生一个过流脉冲，多个过流脉冲之后，会导致在一段时间内，通过灯丝的平均电流远超过灯丝所能承受的最大电流，最终因为灯丝会因过流过热而烧毁。这个导通瞬间的冲击电流就是过渡过程所产生的电流应力。在电学的很多方面都存在同样的问题。

还有一种现象，在产品制造场地的现场测试，一点问题也没有出现，可是一到用户现场，就故障频频；在开机、关机、电网波动、负载波动的应用场合，设备的故障率就会偏高。引起这些问题的原因之一就是过渡过程。这是技术思维方法论里的一个关键概念。

任何事物都有稳态和动态两种情况，在从一个稳态跳变到另一个稳态的过程中，并不是如图 2-3 所示一下子直接跳变完成的，而是都要经历一个变化的过程，这个道理从定性上容易理解。这个过程就是过渡过程，那么这个过渡过程的变化状态是什么样的呢？其过程波形如图 2-4 所示，这条曲线的规律与自动控制系统里的二阶系统阶跃响应曲线相似，在这条曲线上，上升时间 t_r 和超调量 δ 是一对矛盾，t_r 越小，则 δ 越大；反之，t_r 越大，则 δ 越小。超调 δ 和波谷 k 也是一对矛盾，δ 越高则 k 就会越低；反之，δ 越低则 k 就会越高，即波动越小。

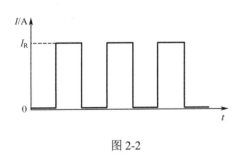

图 2-2

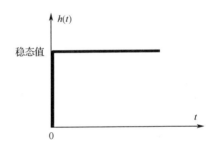

图 2-3　阶跃跳变曲线

对电子产品来说，在上电的过渡过程中，相当于在电路系统的电源端加入了一个阶跃输入，在近似二阶的系统中，设备工作的响应曲线如图 2-4 所示，电源回路中就会有一个浪涌电流或超调电压，这取决于系统后面所接元器件或电路的性质。

如果是纯阻性，则电流和电压成比例线性关系，就不会出现明显的过渡过程的特征。但实际中纯阻性系统几乎不存在，因为所有的导线、开关、电机、IC、开关管、电容等，除了基本参数外，都还有寄生参数，表现为比较复杂的感性、容性、阻性的叠加。

如果是感性，电感抑制电流突变的特征会很明

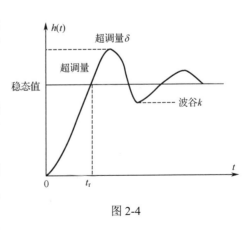

图 2-4

显，所以它会造成电压的较大波动；而如果是容性，电容抑制电压突变的特征会很明显，但它会造成电流的巨大冲击。

因此，在元器件的选型和电路的安全性设计上，元器件参数的指标就不能以稳态参数的指标为标准来进行选取。

例如，控制板卡电源接插件输入端储能电容的耐压值选取，如果前端电源输出为 12 V，取Ⅲ级降额，电容直流耐压降额系数为 0.75，电容耐压值应选 12/0.75=16 V。但在实际工程设计中，若选这个参数值，就容易导致元器件损坏而引起产品的可靠性问题，因为前端电源模块突然导通供电时，输出超调电压的最大电压不会是标准的 12 V，而是更高的电压，高到多少取决于电路系统的阻尼，严重时此超调电压会接近甚至超过 16 V，这时电容直流耐压指标裕量不足，失效的出现就是不可避免的。即使不出现问题，此耐压值也因为预留裕量不足，存在很大隐患。

除了上电过程，端口输出的阶跃信号波形、电磁阀继电器的开合电流、电机的启动过程、气动元器件/液态流体控制元器件的启停过程等都会面临这个问题。因此在设计中，元器件的失效应力、元器件参数的选型、电路防护措施、嵌入式软件的开关控制信号、实验室样机测试的测试用例设计都必须以过渡过程的最坏应力情况为基准，而不是仅仅考虑稳态参数。只要是在实验室稳态状态下能工作的产品，参数设计一般都是没有问题的，而到了用户现场才出问题，往往是由比实验室环境复杂得多的现场过渡过程激发系统故障所致的。

但在具体设计中，不建议设计师去进行精确严密的理论推导计算，因为这个超调不仅取决于上一级输出端的输出阻抗特性，还取决于下一级的输入端阻抗特性，以及这二者之间的配合作用的影响。较可行的方式是做出模拟样机来之后，对端口做一个过渡过程的参数测试，根据测试的结果来调整端口元器件的参数。具体内容在第 3 章的元器件选型计算中会有详细介绍。

2.1.2 温度应力

温度应力是电路板工作中最常遇到的环境应力，这个应力对元器件的影响程度是由温度系数（Temperature Coefficient）指标决定的，单位是 ppm/℃，即 $\times 10^{-6}$ /℃ 。以图 2-5 中的 ERJ1G 电阻参数为例，如果选定了 10 kΩ 的电阻，电阻额定值的隐含含义则是指其在室温 25℃时的阻值，表示为 10kΩ @ 25℃，但如果所设计的产品中，电阻的实际运行环境温度为 50℃的话，其阻值的变化值 $\Delta R=10\text{k}\Omega\times(50-25)℃\times200\times10^{-6}=50\ \Omega$。实际计算中，按照最坏电路情况分析法（Worst Circuit Condition Analysis，WCCA），就需要把电阻值的误差和温度引起的漂移累加后的最大偏移求导得出，即：

$$R_{\min} = R - 1\% \times R - \Delta R = 10\ \text{k}\Omega - 100 - 50 = 9850\ \Omega$$

$$R_{\max} = R + 1\% \times R + \Delta R = 10\ \text{k}\Omega + 100 + 50 = 10150\ \Omega$$

类型/英寸	额定功率 @ 70℃/W	最大工作电压/V	最大过载电压/V	精度/%	阻值范围/Ω	温度系数/ppm/℃	工作温度范围/℃
ERJ1G (0201)	0.05	15	30	±1	10～1M	±200	−55～+125

最大工作电压=$\sqrt{额定功耗\times阻值}$

图 2-5

电容的温度系数、二极管的漏电流会随着温度的升高而变大，运放的输入偏置电流会随着温度的升高而变大，几乎所有的元器件，都有随着温度变化而变化的参数，在运行环境较宽的场合下的设备，在设计时必须考虑温度导致参数漂移后对电路工作状态的影响。

2.1.3　基础元器件隐含特性分析

我们常用到的电子元器件，基础的参数既是常用的，也是众所周知的。但又有那么一部分元器件，其参数很常用，但又容易被忽视。常见元器件及参数如下：

- 电阻：10 kΩ@25℃。
- 电容：0.22 μF@25℃。
- 二极管：2 A@1 μs。
- 保险丝：2 A@25℃。
- 磁珠：600 Ω@100 MHz。
- 电感：100 μH@1 kHz。
- 电源滤波器：I_L=23 dB@＿＿Hz，R_s=50 Ω / R_L=50 Ω。
- 导线的走线电感和走线电阻。

日常工作中技术交流口语所提到的电阻值是指室温 25℃状态下的阻值，但当元器件不在这个标称温度下工作时，其参数就会变化。对于较精密的电路，这个影响不容忽视。电容与此同理。

二极管的 2A@1μs 指标，类似于人体的爆发力，如同在瞬间爆发，一个人可以提起超出其常规能够提起的重物，但提起来后坚持不住，很快就要扔掉。元器件特性同理，因为元器件的本质损伤机理是热损伤，而不是电流损伤，因此即使元器件偶尔短暂过流，只要没有造成过热烧毁元器件，就不会损坏。

1. 电容特性

电容是电路设计中最常见的元器件之一，但其参数较多，而且其应用范围也广。电容的参数包括容值、耐压、精度、温度、大气压、等效串联电阻（ESR）、自谐振频率点（f_0）、温度系数、漏电流 I_{leak}、最大纹波电流等。

电容的完全等效特性如图 2-6 所示，在图中，除了其理想电容的功能外，还有引线电感、漏电流、等效串联电阻 ESR、绝缘阻抗 R 等参数被表示出来。

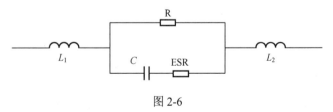

图 2-6

绝缘阻抗指的是在电容两端施加直流电压时，理想电容 C 上不会有电流通过，但在实际的电容直流应用中，其上又确实会有一个漏电流流过，图 2-6 中的 R 即通过漏电流的等效阻抗。但在电容上流过交流电流时，又因为电容"隔直流、通交流"的特性，以及电流优先流过低阻抗路径的特点，交流电流会优先选择通过 C 和 ESR 的通路。如果研究电容的交流特性，则可以将绝缘阻抗 R 忽略掉，同时，两边的引线电感因为是串联关系，可以合并为一个电感值 $L=L_1+L_2$。综合考虑了以上特性后的等效电路图如图 2-7 所示。

计算这个电容的容抗特性为

$$R_c = \text{ESR} + j\omega L + \frac{1}{j\omega C}$$

$$= \text{ESR} + j\omega L - j\frac{1}{\omega C} = \text{ESR} + j\left(\omega L - \frac{1}{\omega C}\right) \qquad (2.1)$$

当脉动的电流信号通过电容时，电容的容抗特性既会通过阻抗-频率特性阻碍电流的通过，又会改变电流的相位-频率特性。

公式（2.1）可写为

$$R_c = |R_c|e^{j\theta}$$

其中

$$|R_c| = \sqrt{\text{ESR}^2 + \left(\omega L - \frac{1}{\omega C}\right)^2} \qquad (2.2)$$

$$\theta = \arctan\left(\frac{\omega L - \dfrac{1}{\omega C}}{\text{ESR}}\right) \qquad (2.3)$$

当 $\omega L = \dfrac{1}{\omega C}$，即 $\omega = \dfrac{1}{\sqrt{LC}} = 2\pi f$ 时，$|R_c|_{\min} = \text{ESR}$，此时 $f = \dfrac{1}{2\pi\sqrt{LC}}$，称为自谐振频率，通常用 f_0 表示。

其电学的物理含义是指对一个具体的电容，在纹波电流的频率等于 f_0 时，其容抗值越小，表现为 ESR，这个频率的纹波通过电容的能力就越强（见图 2-8）。在数字电路里，数字元器件的 V_{cc} 引脚端经常接的退耦电容，就是利用了电容的这个特性。

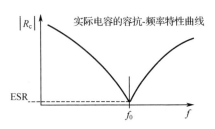

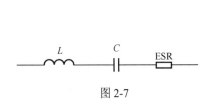

图 2-7　　　　　　　　　　　　图 2-8　电容的频率-容抗曲线

数字元器件 Vcc 引脚的退耦电容通常用两个，一般一个是瓷片电容，容值较小，紧贴着元器件的 Vcc 引脚布置；另一个是电解电容，容值较大，布置在元器件外侧。

瓷片电容所对应的自谐振频率点较高，与芯片的工作主振频率相当。元器件的脉动电流需求快速响应就靠瓷片电容完成，在此谐振频率点上，瓷片电容的内阻最小，供给电流的能力最强；芯片工作频率所导致的纹波，遇到此谐振频率的瓷片电容，就会有一个很小的对地阻抗，即可完成对地的较好泄放，以避免耦合到前面的电源线路中。

而对开关电源模块端的开关频率，一般在数十 kHz 到数百 kHz 之间，电解电容的自谐振频率点 f_0 与电源模块的开关频率重叠，则电源开关频率所导致的纹波，遇到此谐振频率的电解电容，就会有一个很小的对地阻抗，即可完成对地的较好泄放，以避免耦合到后面的芯片电源中。

由以上高频等效电路分析可以看出，引线电感的存在影响了电容的通流能力，但并不是所有电容引脚的引线电感都起到负面作用，最常见的三端电容，恰恰是利用了引线电感，由引线电感和电容本身组成了一个 T 型滤波器（见图 2-9），滤波效果反而增强。

电容的应用类型有储能、退耦滤波、安全、运算四种主要模式，在这四种不同的应用模式中，起主导作用的参数是不同的，详细计算方法请见第 3 章。

2. 导线特性

导线看似最普通的元器件，但设计时需要考虑的知识点也不少。

- 在大电流运行时，导线有烧断的风险；
- 在高频的时候，导线的趋肤效应会导致走线总阻抗随着频率的增加而增加，直接导致高频导通特性变差而影响信号质量；
- 导线和周围的导体之间因为有分布电容的存在，在导线上有电流和电压的时候，会产生相互之间的耦合串扰。

因此，导线不应被简单对待，尤其是在大电流、大电压、高频、弱信号等状态的时候。

导线的趋肤效应如图 2-10 所示。

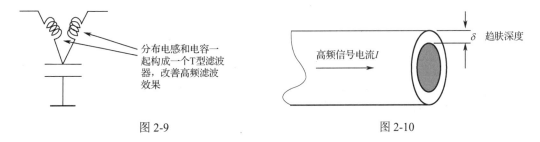

图 2-9　　　　　　　　　　　　　　　图 2-10

高频脉动电流在导线上流过的时候，并不是整个导线的截面都会导电，而只是靠近导线边缘的一圈导体能导电，如图 2-10 所示的导线截面的白色区域，灰色区域是不能导电的，从导线外表皮到导电区域的内层临界点之间的厚度称为趋肤深度，用 δ 表示，而且频率越高，趋肤深度 δ 越小，即能导电的区域越小。导线阻抗的计算公式为

$$R = \rho \times \frac{L}{S}$$

式中，R 为电阻，ρ 为电阻率，L 为导线长度，S 为导线截面积。在材料固定的情况下，$R \propto 1/S$，则最终形成"频率 $f\uparrow$→趋肤深度 $\delta\downarrow$→导电面积 $S\downarrow$→电阻 $R\uparrow$"，即 $R \propto f$。

R 随频率变化的特性可以等效为一个电感效应，当导线上通过直流电流的时候，导线也会有个小电阻的特性显现出来，等效为一个小电阻，导线对周围导体的耦合特性等效为一个分布电容，由此可以画出导线的高频等效特性图，如图 2-11 所示。

由图可以得出，导线的总阻抗 $R_{总} = R_{ac} + R_{dc}$。

因此，在有些需要导线高频阻抗较低的场合，一般就不选用圆导线了，而是选用扁平电缆，如图 2-12 所示。

图 2-11   图 2-12

图 2-13 所示的是宽扁平电缆等效特性图。扁平电缆的厚度 $d < 2 \times \delta$（δ 为对应频率 f 的趋肤深度），则电流在不高于 f 的频率内波动的时候，导线的整个截面积就都可以被用来导电，即 S 是固定的，R 也就是稳定的数值，感抗 ESL 的作用就没有了。此时只剩下一个很小的直流电阻 R_{dc}。导线工作中，虽然并不一定十分关注此特性，但它的影响却无处不在，比如射频电路的 PCB 板卡布线，如果不考虑此特性，就会引起信号失真问题；如果静电泄放通路的接地线不考虑高频对地泄放阻抗问题，就会导致设备通不过静电测试。

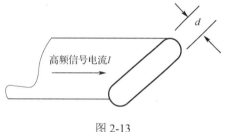

高频信号电流 I

图 2-13

案例：电子设备如图 2-14 所示，这是一台驱动压电陶瓷的电源，压电陶瓷工作在谐振状态，频率为 55 kHz，谐振电压为 AC 300～500 V，整机功率为 20～50 W。

设备外接线有 3 个端口，其一是交流供电输入，其二是控制开关接口，其三是压电陶瓷接口，此外无其他外接端口。

机器内部有辅助的显示控制部分、喇叭声音提示部分和散热风扇。

从交流输入到压电陶瓷输出有 4 次振荡能量变换。

① 第一次是 APFC，工作频率为 100 kHz；

② 第二次是 AC-DC，工作频率为 65 kHz，输出直流为 DC 24 V；

③ 第三次是 DCDC-BUCK，工作频率为 150 kHz，输出可控的 DC 1～20 V；

④ 第四次是 DC-AC，推挽正激，工作频率 55 kHz，输出电压约 AC 70 V，通过串联电感谐振驱动压电陶瓷工作。55 kHz 电源的地通过一只安规电容跨接到 70 V 的 Gnd 与机箱外壳之间（机箱外壳接到了交流 220 V 输入电源的保护接地线上）。

传导干扰测试结果如图 2-15 所示，最高处为 90 dBμV。在电源端口更换多种不同型号的滤波器，只能改变超标尖峰的频率，在 6～10 MHz 范围内变化，但其幅度没有明显改善。

试验用其他开关电源和线性电源替换原有 24 V 开关电源，传导特性测试结果保持不变。进一步尝试拔掉压电陶瓷输出线和控制开关线后，传导特性有明显改善。确定该干扰的来源是 55 kHz 压电陶瓷晶振振荡频率中的高次谐波。

如上案例，就是因为高频接地阻抗高引起传导发射超标的典型范例。55 kHz 的 70 V 所对应的地线通过外壳接到了设备的电源接地导线上，但三芯电源的接地线为圆的黄绿电缆，走线电感值大，导致高频时，55 kHz 的高次谐波泄放不掉，因此形成了 7～8 MHz 之间的频谱尖峰。

图 2-14

CLASS A Scan of LISN ENV4200

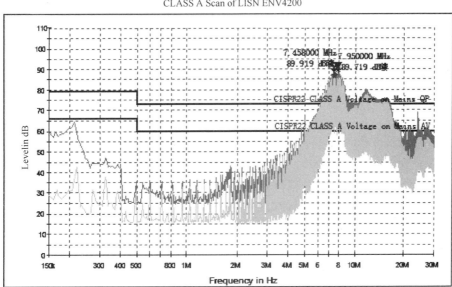

图 2-15

　　整改措施：在机箱后壳的铝板上，装一条如图 2-12 所示的扁平电缆，然后将扁平电缆的另一端可靠地通过面接触接到保护大地 PE 的接地板上，再次测量，2～8 MHz 之间逐渐上升的尖峰趋于平缓，低于限值，达到传导骚扰的限值要求。

3．电阻特性

　　电阻有两个比较显著的特性，一个是高频特性，另一个是温度特性。

　　基于前面对电容等效特性和导线等效特性的介绍，电阻的高频等效特性就很好理解了，如图 2-16 所示。

其中，R 为电阻的本体阻值部分，L 为引线电感和电阻内部构造上的寄生电感，直插电阻的引线电感大于表贴电阻的引线电感，线绕电阻的寄生电感大于膜式电阻的寄生电感，C 为电阻两端的分布电容。

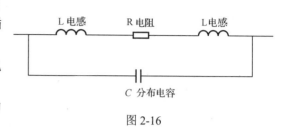

图 2-16

如果引线电感大了，高频信号通过时的阻抗就会较大，而且随频率的波动而变化，在高频电路上优先选择表贴电阻就是这个道理。在高频电路上工作时，随着频率的升高，测量出的阻抗值变小，就是由于分布电容的影响。

电阻的另一个特性是温度特性，即电阻的阻值随温度的变化而发生变化，这种变化有两种，一种是随温度的升高阻值变小，这种电阻是负温度系数电阻；另一种是随温度的升高阻值变大，这种电阻是正温度系数电阻。在精密电路和功率电路的设计计算里，需要把这个变化的影响考虑进去。体现这个变化特性的参数是温度系数指标，一般用 ppm/℃ 表示。

$$1\,\mathrm{ppm} = \frac{1}{10^6}$$

如果一个电阻的温度系数为 1 ppm，其阻值为 1 MΩ，则温度相对于标称温度（25℃）变化 1℃时，其阻值的变化为：

$$\Delta R = 1\,\mathrm{M\Omega} \times 1℃ \times \frac{1}{10^6} \times \frac{1}{℃} = 1\,\Omega$$

4. 磁珠特性

磁珠是电路设计中常用来解决电磁兼容（EMC）问题的一类元器件。它的制作是在一根金属导线上紧密结合了一圈导磁材料，磁珠芯线导线上的脉动电流会对外耦合产生涡流，遵循的是"变化的电流产生磁场"的原理，涡流在包裹芯线的一圈磁性材料里流动，导磁材料有磁阻，磁场经过磁阻，就会转化成热量，同"电流通过电阻会产生热量"是同类道理。磁珠虽然看似很小的一个东西，但其工作过程却经历了电能—磁能—热能的复杂转化过程。

因为磁珠工作后，最终的效果是将高频脉动干扰变成热量散发出去，所以其本质是耗能元件，这相当于一个电阻特性，且不同于电感元件的储能特性，储能的结果是削峰填谷，电感的工作特点是能量多了吸收能量，能量少的时候再释放能量。因此干扰经过电感后，表现为由高频脉动输入转变为低频脉动的波形。而磁珠作为耗能元件，对于其能吸收消耗的那部分干扰频率所对应的能量，它采取的是吸收的方式，因此干扰经过磁珠后，磁珠会将高频脉动输入吸收消耗成热量，输出较为平滑干净的波形。实际上经过磁珠的干扰频率会比较复杂，磁珠并不是对所有频率的干扰都能吸收得很好，因为磁性材料导磁率的特性，其对不同频率的脉动耦合的吸收效果差异也会较大。这也恰恰是磁珠选型时需要注意的主要问题。

因此，磁珠的本质是一个随频率变化的电阻，其高频等效特性如图 2-17 所示。

5. 电感特性

电感是常用来储能和滤波的储能元器件，它是在一个磁环上缠绕铜线制作而成的。作为储能元件，其核心工作方式是削峰填谷，在电路中，电流大了吸收一点电荷，电流小了释

放一点电荷，通过这种方式实现抑制电流波动的目的。但毕竟其绕制铜线上会有阻抗，因此电感也不会纯粹表现为储能特性，工作时它也会有一定的能量消耗，被铜线上的电阻消耗而产生热量，俗称铜损。其高频等效特性图如图 2-18 所示。

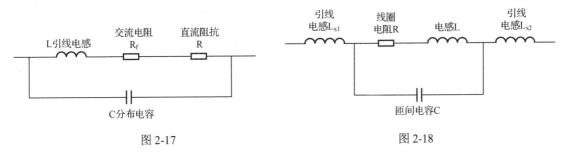

图 2-17　　　　　　　　　　　　　图 2-18

引线电感 L_x 相对于主电感值 L 要小得多，在低频段，L 为主要矛盾，L、R 串联后与匝间电容 C 构成并联谐振电路。

但当频率较高时，主电感的感抗 ωL 会变得很大，而电容支路的容抗 $1/\omega C$ 会变得很小，此时脉动电流主要流经引线电感与匝间电容形成的串联通路，又会发生串联谐振。

2.2　降　额

在电子产品设计阶段，避免元器件被激发失效机理、模拟测试、降额设计是提升电子产品可靠性的三个基础手段。其中，降额设计是最有效、简单、低成本的一种。本节将介绍电路系统中常用元器件的降额参数、降额系数、降额中常见的技术误区，以及与降额使用有关的设计规范。

降额后，即使应力适当超标，因为参数裕量较大，元器件也能承受。

降额设计已经成为、也应该成为电子工程师的一个设计习惯。但貌似简单的降额，却常会发生一些熟视无睹的错误，主要体现在如下方面。

① 降额参数选择得不对，该降的参数没降或降得不够，比如对功率元器件，结温是降额的关键点，而不是电压；同一类元器件，用在不同的电路里，起主导作用的参数可能是不一样的，如电容，用在储能时主导参数是容值和最大纹波电流，用在退耦时主导参数是自谐振频率点，用在安规时则是耐压。

② 同一个电路系统中，各元器件的降额不协调，如对所有元器件都取降额系数为0.5，薄膜电阻功率降额系数取 0.5，属 I 级降额；而线绕电位器功率降额系数取 0.5，则属于 III 级降额，因而会造成线绕电位器的降额裕量不足，薄膜电阻又降额过度。

③ 一个系统中的不同部分，根据安全性、可靠性、重要程度要求的不同，可以采用不同的降额等级，常规民用地面设备一般推荐选择 III 级降额；而地面设备中的高可靠性元器件、组件、模块的降额可以取 II 级降额。

④ 可调元器件降额幅度应大于定值元器件，如薄膜定值电阻功率 III 级降额系数为0.7，相同工艺类型的薄膜电位器功率 III 级降额系数为 0.6。

⑤ 相同规格的单根金属导线，多匝应用场合时的降额幅度应大于单匝应用场合。

⑥ 对开关元器件，所带的负载属于不同类型时，降额参数和降额系数也会有所不同。如继电器的触点电流，在带电感负载时，继电器触点额定电流指标取Ⅲ级的降额系数为0.9；带电阻负载时，继电器触点额定电流指标取Ⅲ级的降额系数为 0.5；带电机负载时，继电器触点额定电流Ⅲ级降额系数为0.9。

⑦ 对于 MOSFET（或 IGBT）功率开关管，当为感性负载时，因为断开瞬间电感反向电动势的作用，会导致在 MOSFET 开关管的 DS 两端（IGBT 的 CE 两端）形成较高尖峰电压，因此感性负载时 MOSFET 的 V_{DS}（IGBT 的 V_{CE}）电压需要重点降额，以避免高压击穿的风险；而当为容性负载的时候，在刚刚导通的瞬间，对电容近乎短路电流的充电，该电流会经过开关管，则需要重点关注功率开关管的导通电流指标进行降额。

⑧ 功能相同、但生产工艺不同的元器件，对同一参数指标的降额幅度也会不同，如钽电解电容和铝电解电容，其直流耐压指标的Ⅲ级降额系数分别为 0.75（铝电解电容）和 0.7（钽电解电容）；膜式电阻与线绕电阻的功率指标Ⅲ级降额系数分别是 0.7（膜式电阻）和 0.6（精密型线绕电阻）。

⑨ 对大规模 IC 和高集成度元器件，主要降额系数为结温。

⑩ 另外有些元器件的参数还不能降额，比如继电器的驱动线圈电流，如果降额，则导致驱动电流产生的电磁力下降，从而使继电器触点的吸合力度不够，抗振抗冲击性能变差；光学元器件降额后，会导致发光强度减弱，影响显示效果。

⑪ 元器件负载特性曲线也需要降额。

降额等级的分类为系统设计和设计管理提供了思路，在项目设计开始，针对系统整机的降额系数、各部分的组成，确定出适宜的降额等级，然后根据相关标准查找对应的降额系数。如果系统应用于特定行业，在设计上有特殊要求，如对煤矿井下设备的防爆要求，对手持设备的低功耗要求，对医疗设备的低漏电流要求，还有一些特殊要求的安规指标等，可以根据专标要求单独确定；对通用元器件没有专门安规技术要求的，推荐参考《GJB/Z 35 元器件降额准则》标准的规定进行降额，尤其是关键部件、功率元器件、驱动执行机构元器件、易坏部件，其降额系数一定要给出明确的等级要求和参考值，不可仅仅依据经验来选择。

2.2.1　降额总则

1. 定义

额定值：元器件允许的最大使用应力值。

应力：影响元器件失效率的电、热、机械、环境条件等负载。

降额因子：元器件工作应力与额定应力之比，又称为应力比。

电应力：元器件外加的电压、电流及功率等。

温度应力：指元器件所处工作环境的温度。

机械应力：指元器件所承受的直接负荷、压力、冲击、振动、碰撞和跌落等。

环境应力：指元器件所处工作环境条件下，温度以外的其他外界因素，如灰尘、温度、气压、盐雾、腐蚀等。

时间应力：指元器件承受应力时间的长短（承受应力时间越长，越易老化或失效）。

2. 降额等级

通过降额设计，使元器件工作中所承受的应力低于其额定值，可达到延缓参数退化，增加工作寿命，提高使用可靠性的目的。降额设计有两大问题，一是分级，二是合理选择降额参数。

降额分三个等级（见表 2-1），对于一台整机或一个独立的系统，其各组成部分的降额等级可以是不一样的。例如整机降额等级确定为Ⅲ级，对其中的重要关键部分及易失效部分，可以采用一个稍高的降额等级Ⅱ级，而其他部分为Ⅲ级。如小区监控系统，户内设备因为其工作环境条件较好，可以采用Ⅲ级降额，而户外摄像头中的电路可以采用Ⅱ级降额。

表 2-1　降额等级分类和确定标准

降额等级	危害程度	新技术新工艺	可维修性	尺寸重量限制
Ⅰ级降额	失效将导致人员伤亡或设备及保护措施严重破坏	高可靠性要求，采用了新技术新工艺	失效了不能维修	系统对尺寸重量有苛刻限制
Ⅱ级降额	设备失效将导致设备与保障设备损坏	高可靠性要求，有专门的设计	较高的维修费用	设备尺寸重量无大的限制
Ⅲ级降额	设备失效不会造成人员和设备的伤亡破坏	成熟的标准设计	故障设备可迅速、经济地得以修复	设备尺寸重量无大的限制

Ⅲ级降额最小，适用于故障对任务的完成影响很小的情况以及少量的维修。

降额的等级应按设备可靠性要求、设计的成熟性、维修费用和难易程度、安全性要求，及对设备重量和尺寸的限制因素，综合权衡，确定其降额等级。常规地面民用设备一般推荐选取Ⅲ级降额即可。

元器件环境应力大小直接影响元器件的失效率，虽然降额考虑的主要因素是电应力和温度，但并不仅仅是主要性能指标才需要降额，需要结合使用条件环境进行分析，确定受应力条件影响最大的指标要素。如 220V 电源输入端的对地电容，耐压是降额的重点指标，但用在潮湿环境条件下，漏电流也是安规的一个关键指标。因此总结起来，降额要关注的主要技术点如下：

● 降额参数的基准要考虑电路稳态工作、瞬时过载、动态电应力等条件下的综合应力叠加；

● 电阻类主要是功率降额，对高压应用环境还需电压降额；

● 电容类主要是电压和功耗降额，有时考虑工作频率降额；

● 数字 IC 对带负载能力、应用频率降额；

● 线性与混合集成电路对工作电流或工作电压降额；

● 微波 IC 对功率和频率降额；

● 晶体管对工作电流、工作电压、功耗、频率降额；

● 普通二极管频率降额、开关二极管的工作峰值反向电压降额，变容二极管的击穿电压降额、可控硅的工作浪涌电流及正向工作电流降额；

● 继电器触点电流，按容性负载、感性负载及阻性负载等不同负载的性质，做出不同比例的降额，对容性负载要按电路接通时峰值电流进行降额；

- 电连接器对工作电流降额和工作电压降额，降额程度根据触件间隙大小及直流和交流电源而定；
- 开关元器件对开关功率和触点电流的降额；
- 电缆和导线对电流降额，高压电缆和导线对工作电压降额；
- 晶体晶振在保证功率的前提下，对驱动电压降额。

另外也有两个注意事项：

一是降额幅度并不是越大越好，各类元器件均有一个最佳降额范围（一般推荐经验值在 40%～80%之间，此范围为一般元器件常用区间，仅供参考），在此范围内应力变化对其故障率的影响较大，较小的投入即可见到较大的可靠性收益。再继续降额，可靠性的提高很微小，甚至个别元器件还会因为降额过度而引入新的失效机理。典型案例如瓷片电容的低压失效，大功率晶体管在小电流下，大大降低放大系数，参数稳定性也会降低。

二是有些指标是不允许降额的，如继电器的吸合驱动线包电流，降额后会影响被吸合触点的可靠接触力大小；发光二极管、数码管电流与亮度成比例关系，降额会影响其发光的基本功能。

案例：家用空调的各部分，室内机与室外机，如何确定降额等级？

室外机和室内机的运行环境有所不同，维修的难度也不同，按照降额级别的判定标准，室内机的备失效不会造成人员和设备的伤亡破坏，故障设备可迅速经济地加以修复，符合III级降额的要求；而室外机的环境条件较差，且室外机的工作电流大，一旦失效，设备损坏的风险和危害较大，外挂在室外，不易维修，因此宜选择II级降额。

所以，推荐室内机III级降额，室外机II级降额。

2.2.2 电阻降额

根据电阻工艺的不同，会有不同的失效机理，降额时，需要侧重考虑易导致元器件失效的参数。常用的电阻有：薄膜电阻（常用于信号电路场合）、线绕电阻（温度特性较好，常用于功率电阻、精密电阻）、电位器、电阻排、热敏电阻等。

薄膜电阻有金属氧化膜和金属膜两种，高频特性好，电流噪声和非线性都较小，阻值范围宽，温度系数小，性能稳定，是使用较广泛的一类电阻器，降额参数是电压、功率和环境温度。

线绕电阻分精密型与功率型。线绕电阻器具有可靠性高、稳定性好、无非线性，以及电流噪声、温度和电压系数小的优点，降额的主要参数是功率、电压和环境温度。

电阻网络装配密度高，各元件间的匹配性能和跟踪温度系数好，对时间、温度的稳定性好，降额参数是功率、电压和环境温度。

电位器的优点是可调，但对振动敏感。虽然可以通过在调节柱上涂抹固定胶来解决，但胶状粘接物与调节铜柱、电位器塑料外壳一起，会因对温度冲击敏感而导致粘接松动，从而在振动时引起转动位移，阻值容易漂移，振动场合下一般不推荐采用。

结合以上电阻的特点，以及最坏电路情况分析方法，在电阻设计选用计算时，需要针对不同工艺对其对应的参数进行计算，并留出余量。

案例 1：某电阻用于电源系统，140V 的电压场合，选择功耗 1/8W、精度±5%、阻值

200 kΩ 的电阻，选用时如何计算？

答：电阻工作电压 140 V，在电路启停或浪涌的时候，加在电阻上的瞬时电压极易超过 140 V。按照Ⅲ级降额的要求，电阻元器件的电压降额因子是 0.75（见本章 2.2.2 小节），则 140 V / 0.75 =186 V，选择耐压大于 186 V 的电阻才符合要求，但此耐压值较难选，单通过选高耐压元器件不好实现，可以采用两个电阻串联的形式，改用两个约 100 k 的电阻串联，这样可以将电阻上的分压减到 70 V。

因此选型 2 个电阻串联使用，1/8 W，±5%，100 kΩ，耐压值＞70 V/0.75 = 93 V。

案例 2：某电阻 100 Ω，用于电源系统，两端电压 5 V，选择 1/4 W，±5%规格，是否满足降额要求？如不满足，如何改进？

答：电阻上通过的电流 I = 5 V/100 Ω = 0.05 A，所以电阻上的电功率 P = 0.05 A×5 V = 0.25 W = 1/4 W，功率已达到电阻的临界点，此电阻的降额不满足要求。按照Ⅲ级降额的要求，功率降额系数为 0.7，所以应选择功率不小于 0.25 W/0.7 ≈ 0.358 W 的 100 Ω 的电阻。这是解决方法之一。

另有一个解决方法，就是采取两个 200 Ω 电阻并联的方式，如图 2-19 所示。

图 2-19

R_1 和 R_2 两个电阻上，各自通过的电流 I = 5 V/200 Ω = 0.025 A，每个电阻的功率 P = 0.025 A×5 V = 0.125 W = 1/8 W＜1/4 W，按照Ⅲ级降额，应选择功率 0.125 W/0.7 ≈ 0.1786 W 的两个 200 Ω 的电阻并联。

但是注意，这种计算方法是基于 R_1 和 R_2 的值均没有偏差的一种理想情况，实际上，这两个电阻的值都存在±5%范围的误差，因此最坏的情况会发生在当 R_{1max}=210 Ω，R_{2min}=190 Ω 或 R_{2max}=210 Ω，R_{1min}=190 Ω 时，以前者为例，R_1//R_2=99.75 Ω，通过并联电阻组的总电流 I = 5 V/99.75 Ω=50 mA。在 R_2 上，因为阻值不均衡的情况，通过的电流为 $I×R_{1max}$/（R_{1max}+R_{2min}）= 50 mA×210/400=26.25 mA。在 R_2 上的功率则为 P = 5 V×26.25 mA = 0.131 W，按照Ⅲ级降额准则，应选择功率不小于 0.131 W/0.7 ≈ 0.187 W 的两个 200 Ω 的电阻并联。

由对比来看，按照理想电阻计算的结果和按照最大偏差电阻计算的结果有着实质上的差异，在实际降额计算中，宜按照后者来进行估算并确定元器件降额的最终参数指标，以避免任何因应力波动或元器件参数值偏差而导致的元器件故障隐患。

1. 定值电阻降额

薄膜电阻、电阻排、线绕电阻的降额参数主要是电压、功率和温度，在Ⅰ、Ⅱ、Ⅲ级下的降额系数见表 2-2、表 2-3。

表 2-2　薄膜电阻、电阻排降额参数和系数

参　　数	降额等级		
	Ⅰ级降额	Ⅱ级降额	Ⅲ级降额
电压	0.75	0.75	0.75
功率	0.50	0.60	0.70
环境温度	按元件负荷特性曲线降额		

表2-3　线绕电阻降额参数和降额系数

参　数		降额等级		
		Ⅰ级降额	Ⅱ级降额	Ⅲ级降额
电压		0.75	0.75	0.75
功率	精密型	0.25	0.45	0.60
	功率型	0.50	0.60	0.70
环境温度		按元件负荷特性曲线降额		

在元器件选型计算中，常对单一参数进行计算，但实际元器件，经常会有相互影响的关联指标。比如人的呼吸频率快了，单次呼吸的气量就会小，想要单次气量大，就得深呼吸，频率一定会减慢。同理，电子元器件的功率与工作温度也是一对这样相互影响的参数。两个参数相互影响的表征形式是负荷特性曲线。元器件负荷特性曲线降额示例如下。

图2-20所示为一精密电阻的负荷特性曲线，横轴是电阻工作环境的额定温度，纵轴是电阻上消耗功耗的百分数。

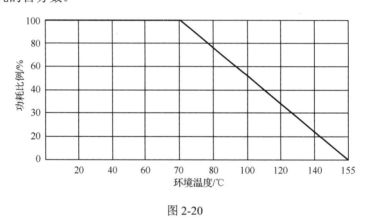

图2-20

由图2-20可以看出，在超过70℃后，电阻上消耗电功率的大小就会按照一个斜率逐步递减。这个递减的斜率取决于电阻的散热能力。即使在绝大部分元器件的数据手册里，未给出这条明确的曲线，但一般最高温度T_{max}、功率P、热阻R（单位℃/W，在热设计一章有详细讲解）的指标都会给出来，递减的斜率是热阻的倒数，由此就可以推导出这条负荷特性曲线。

负荷特性曲线的降额是先将功率降额（降额因子×元器件标称功率），然后对结温降额（按照目前国内一般采用《GJB/Z35 元器件降额准则》的标准，按照对系统所设定的降额等级，确定电阻的降额等级（Ⅰ、Ⅱ、Ⅲ级），在标准中找到对应该降额等级的结温降额因子，确定了降额之后的结温点，经过该结温点左斜向上画一条直线，该直线与原负荷特性曲线的下降段平行，最后与功率降额的水平线相交于一点，如图2-21中虚线部分。

在降额计算时，需要保证元器件长期工作状态下的静态工作点必须位于降额后负荷特性曲线的直角虚线梯形范围内（见图2-21）。

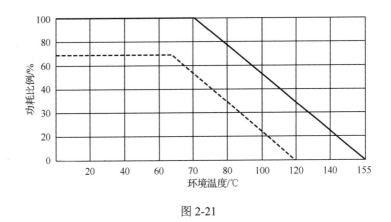

图 2-21

2. 电位器降额计算

电位器是可调元器件，其降额系数与固定不可调电阻相比有所不同，主要体现在功率的降额上，见表2-4。

表 2-4　电位器降额参数表

参　　数			降额等级		
			I 级降额	II 级降额	III 级降额
非线绕电位器	电压		0.75	0.75	0.75
	功率	合成、薄膜型	0.30	0.45	0.60
		精密塑料型	不采用	0.50	0.50
	环境温度		按元件负荷特性曲线降额		
线绕电位器	电压		0.75	0.75	0.75
	功率	普通型 微调线绕型	0.30	0.45	0.50
		非密封功率型	—	—	0.70
	环境温度		按元件负荷特性曲线降额		

电位器降额的主要参数是电压、功率和环境温度。由于电位器部分接入负载，其功率的额定值应根据作用阻值按比例进行相应降额。随着大气压的减小，电位器可承受的最高工作电压也减小，使用时应按元件相关详细规范的要求进一步降额。

虽然也有具体的计算方法，但实际使用中，笔者并不建议使用电位器，一是机械可调元器件对振动敏感，二是抗功率过流能力差。

3. 热敏电阻降额

热敏电阻的降额计算如见表2-5，环境温度的降额与其他种类电阻相比有所不同。

负温度系数型热敏电阻器，应采用限流电阻器，防止元器件热失控。

对热敏电阻，任何情况下，即使是很短的时间，也不允许超过电阻器额定最大电流和功率。

表 2-5

参　　数	降额等级		
	Ⅰ 级降额	Ⅱ 级降额	Ⅲ 级降额
功率	0.50	0.50	0.50
环境温度	$T_{AM}-15℃$		

2.2.3 电容降额

电容直流耐压降额的计算，要求电容耐压×降额因子的计算结果，不得超过电路实际最高峰时的工作电压。

在高频电路中，通过电容的电流不应超过 $I = 2/(\sqrt[4]{f})$ 计算值，I 是电流，单位为 A；f 是频率，单位为 Hz。

电容直流耐压—温度的关系曲线与电阻类、晶体管类和 IC 类有所不同，其负荷特性曲线如图 2-22 所示。

例：某陶瓷电容 1μF，两端电压 48V，是否满足降额要求？如不满足，该如何改进？

答：按照Ⅲ级降额的标准，直流工作电压降额系数 0.7，在 48V 的情况下，应选择不低于 48V/0.7 = 68.57V 耐压的电容。这是解决方法一。但一般电容的耐压规格是 63V、100V，另有一个解决方法，就是采用两个 2.2μF 电容串联的方式，如图 2-23 所示。

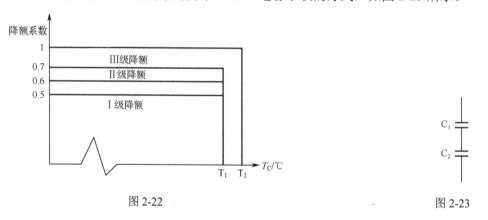

图 2-22   图 2-23

这样，每个电容上可以分压为原来单个电容的 1/2，选择 63V 耐压档就能满足要求。

但是注意，这种计算方法是基于 C_1 和 C_2 的值均没有偏差的一种理想情况，实际上，这两个电容都有 ±10% 范围的误差，因此最坏的情况会发生在如下情况：

$$C_{1max}=2.2μF+10\%=2.42μF$$

$$C_{2min}=2.2μF-10\%=1.98μF$$

这种情况下，$C_1×U_1=C_2×U_2$，则 C_2 上的分压：

$$U_2= U×C_1/（C_1+C_2）=48V×2.42/4.4 = 26.4V,$$

按照Ⅲ级降额，C_2 应选择耐压不低于 26.4V/0.7 = 37.71V 的电容。由以上计算可知，两个电容耐压选值均为 63V 就可以满足要求。

但是，还有一个需要注意的问题，有些行业，如汽车、轨道交通（如高铁、地铁）、扶梯等，业内有强制认证——功能安全 SIL。要求万一元器件发生单一故障，系统做出的反应必须保证系统安全（简单概括成一句：SFC OUTPUT SAFE）。甚至包括军工、医疗、核电等行业，虽然没有明确引入这个认证，但在实际设计质量评价中，也还是会有意地去执行这个判定标准。这里的安全包括三部分内容，即人的安全、设备自身的安全和互连设备的安全。该电容的应用场合如图 2-24 所示。

电容有一种常见的失效机理是短路，如果在两个串联电容中，有一个短路了，单靠另外一个的耐压，不足以支撑电源电压，也可能会继续发展成两个电容都出现故障。因此，这种电路情况下的电容，就应该设计成能够保证每一个电容都有独立承担电源电压的能力，而不至于在一个电容短路后，另一个也会被击穿。

另外，电容的误差一般都偏大，也因此导致电容分压的较大偏差，而电阻元器件可以做得较精密，通过并联精密电阻在电容两边（见图 2-25）的方式，确保电容分压受控在电阻的分压范围内，通过电阻的精度来实现电容两端的分压精度。

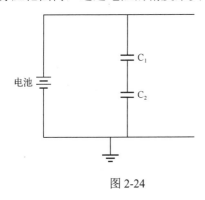

图 2-24

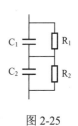

图 2-25

1. 固定电容器降额

固定电容器包括玻璃釉型、云母型、陶瓷型、纸介、塑料薄膜等类型，虽然工艺结构略有差别，但在降额要求方面具有共性，固定电容器降额系数见表 2-6。

表 2-6

参　　数	降额等级		
	Ⅰ 级降额	Ⅱ 级降额	Ⅲ 级降额
直流工作电压	0.50	0.60	0.70
最高额定环境温度 T_{AM} ℃	$T_{AM}-10$ ℃		

2. 电解电容器降额

常用的电解电容器有铝电解电容和钽电解电容，因为工艺结构的特殊性（电解液和封装形式的差别），在降额系数上与其他类型的固定值电容也有所区别，见表 2-7。

铝电解电容器不能承受低温度和低气压，因此只限于地面设备的使用。

使用中的电解电容器的直流电压与交流峰值电压之和不得超过降额后的直流工作电压，对有极性电容器，交流峰值电压应小于直流电压分量。

表 2-7

参　　数		降额等级		
		Ⅰ级降额	Ⅱ级降额	Ⅲ级降额
铝电解	直流工作电压	---	---	0.75
	最高额定环境温度 T_{AM}℃	---	---	T_{AM}-20
钽电解	直流工作电压	0.50	0.60	0.70
	最高额定环境温度 T_{AM}℃	T_{AM}-20		

　　固体钽电容器的漏电流将随着电压和温度的增高而加大。这种情况下有可能导致漏电流的"雪崩现象"，从而使电容器失效。为防止这种现象的发生，在电路设计中应有不小于 $3\Omega/V$ 的等效串联阻抗。固体钽电容器不能在反向波动条件下工作。

　　非固体钽电容器在有极性的条件下不允许加反向电压。

2.2.4 集成电路降额

　　集成电路分模拟类和数字类两类，根据制造工艺的不同，又可分为双极型、MOS（CMOS）型以及混合集成电路。

　　集成电路芯片的电路单元小，导体截面电流密度很大，因此在有源结点上会存在高温，称之为结温。高结温 T_j 是对 IC 的最大破坏性应力。集成电路降额的主要目标是降低高温集中部分的温度，避免热损伤和高温下的快速老化。

　　中、小规模集成电路降温的主要参数是电压、电流或功率，以及结温。

　　大规模集成电路主要是需要降低结温。

　　在集成电路应用设计方面，为维持较低结温，可采取以下通用措施。

- 在能满足功能的前提下，元器件运行电功率尽可能小；
- 采用去耦电路，减少瞬态电流冲击；
- 元器件的实际工作频率低于元器件的额定频率，在工作频率与元器件额定频率接近时，功耗会迅速增加；
- 采用较好的散热措施，避免选用高热阻底座，IC 与底座之间接触热阻较高的情况应加以避免。

为保证设备长期可靠的工作，对于集成电路，设计允许参数容差如下。

（1）模拟电路

- 电压增益：-25%（运算放大器），-20%（其他）
- 输入失调电压：+50%（低失调元器件可达 300%）
- 输入失调电流：+50%或+5 nA
- 输入偏置电压：±1 mV（运算放大器和比较器）
- 输出电压：±0.25%（电压调整器）
- 负载调整率：±0.20%（电压调整器）

（2）数字电路允许容差范围

- 输入反向漏电流：+100%

- 扇出：−20%
- 频率：−10%

以下为分项分类 IC 降额参数和降额因子。

1．模拟集成电路降额

模拟集成电路在选取降额系数时，需要基于三个前提条件。

（1）降额的电源电压在降额后不小于推荐的正常工作电压；

（2）输入电压在任何情况下均不得超过电源电压；

（3）电压调整器的输入电压在一般情况下即为电源电压。

1）放大器降额

放大器降额系数见表 2-8。

表 2-8

参　　数	降额等级		
	Ⅰ级降额	Ⅱ级降额	Ⅲ级降额
电源电压	0.70	0.80	0.80
输入电压	0.60	0.70	0.70
输出电流	0.70	0.80	0.80
功率	0.70	0.75	0.80
最高结温℃	80	95	105

例：某型号运算放大器，参数如下，在电路设计应用中，要求Ⅰ级降额，对其参数应如何确定？

正电源电压：$U_{CC} = +22\,\text{V}$；　　　　负电源电压：$U_{EE} = -22\,\text{V}$

输入差动电压：$U_{ID} = \pm20\,\text{V}$；　　　　输出短路电流：$I_{OS} = 20\,\text{mA}$

最高结温：$T_{jm} = 150℃$；　　　　总功率：$P_{tot} = 500\,\text{mW}$

热阻：$\theta_{JC} = 160℃/\text{W}$

答：根据表 2-8 中的Ⅰ级降额所对应的降额系数，初步计算出在元器件工作中，各参数应遵循的降额结果如下。

正电源电压：$U_{CC} = +15.4\,\text{V}$；　　　　负电源电压：$U_{EE} = -15.4\,\text{V}$

输入差动电压：$U_{ID} = \pm12\,\text{V}$；　　　　输出短路电流：$I_{OS} = 14\,\text{mA}$

最高结温：$T_{jm} = 80℃$；　　　　总功率：$P_{tot} = 350\,\text{mW}$

热阻：$\theta_{JC} = 160℃/\text{W}$

根据模拟集成电路降额需要满足的前提条件，"降额参数选择基准的要求，输入电压在任何情况下均不得超过电源电压"，因此，输入差动电压 U_{ID} 应在±15 V 范围内。

为了使结温和功率同时满足表 2-8 所列的要求，还需要做一项设计检查，检查功率、结温、工作温度是否满足Ⅰ级降额后负荷特性曲线的限制要求。由元器件的参数推导出负荷特性曲线（见图 2-26），横轴温度最高点是元器件允许的最高结温 150℃，平行于 T_c 横轴的额定功率对应于额定功率值，斜线段的斜率是元器件热阻的倒数 1/160（W/℃）。

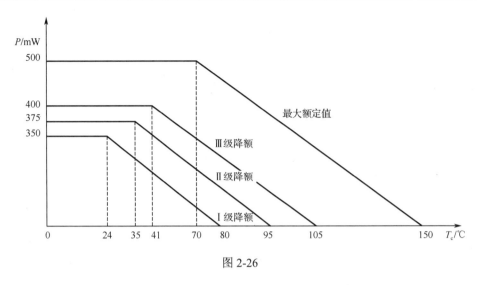

图 2-26

按照图 2-26 中结温降额的要求，Ⅰ级、Ⅱ级、Ⅲ级降额后的结温分别对应 80℃、95℃、105℃，元器件的散热特性并不会因为降额而发生变化，因此斜线段的斜率仍然保持不变，通过解析几何的计算方式，可以分别求出三个降额等级下对应的转折点分别为 24℃（Ⅰ级降额）、35℃（Ⅱ级降额）、41℃（Ⅲ级降额），在电路设计调试通过后，需要对此元器件的壳温做热测试，并根据壳温求导出结温，然后对照图 2-26，确保元器件工作在Ⅰ级降额所对应的直角梯形区域内，如果没有在此区域内，则此元器件的设计未达到指标要求，需要进行反复设计。

2）比较器降额

比较器降额系数见表 2-9。

表 2-9

参　　数	降额等级		
	Ⅰ级降额	Ⅱ级降额	Ⅲ级降额
电源电压	0.70	0.80	0.80
输入电压	0.70	0.80	0.80
输出电流	0.70	0.80	0.80
功率	0.70	0.75	0.80
最高结温℃	80	95	105

3）电压调整器降额

电压调整器降额系数见表 2-10。

4）模拟开关降额

模拟开关降额系数见表 2-11。

表 2-10

参　　数	降额等级		
	Ⅰ级降额	Ⅱ级降额	Ⅲ级降额
电源电压	0.70	0.80	0.80
输入电压	0.70	0.80	0.80
输入输出电压差	0.70	0.80	0.85
输出电流	0.70	0.75	0.80
功率	0.70	0.75	0.80
最高结温℃	80	95	105

表 2-11

参　　数	降额等级		
	Ⅰ级降额	Ⅱ级降额	Ⅲ级降额
电源电压	0.70	0.80	0.85
输入电压	0.80	0.85	0.90
输出电流	0.75	0.80	0.85
功率	0.70	0.75	0.80
最高结温℃	80	95	105

2. 数字电路降额

输出电流降额将使扇出减少，可能导致使用元器件的数量增加，反而使设备的预计可靠性下降。降额时应防止这种情况的发生。

1）双极性数字 IC

双极型数字 IC 降额参数应遵循以下准则。

（1）在元器件数据手册上，一般都会给出电源电压的额定值容差，设计时以此容差为标准即可；

（2）频率从额定值降额；

（3）输出电流从额定值降额；

（4）结温降额给出了最高允许结温。

降额系数见表 2-12。

表 2-12

参　　数	降额等级		
	Ⅰ级降额	Ⅱ级降额	Ⅲ级降额
频率	0.80	0.90	0.90
输出电流	0.80	0.90	0.90
最高结温℃	85	100	115

2）MOS 型数字电路

MOS 型数字 IC 降额参数须遵循如下准则。

（1）电源电压从额定值降额，但电源电压降额后不应小于推荐的正常工作电压，且输入电压在任何情况下不得超过电源电压；

（2）输出电流从额定值降额，仅适用于缓冲器和触发器，从 I_{OL} 的最大值降额。工作于粒子辐射环境的元器件需要进一步降额；

（3）频率从额定值降额；

（4）结温从元器件给出的最高允许结温降额。

MOS 型数字电路降额系数见表 2-13。

表 2-13

参　　　数	降额等级		
	Ⅰ级降额	Ⅱ级降额	Ⅲ级降额
电源电压	0.70	0.80	0.80
频率	0.80	0.80	0.90
输出电流	0.80	0.90	0.90
最高结温℃	85	100	115

3. 混合集成电路降额

首先，组成混合集成电路的元器件各部分，均应按本标准有关规定实施降额。

其次，混合集成电路基体上的互连线，根据工艺的不同，其功率密度及最高结温也应符合表 2-14 所列的要求。

表 2-14

参　　　数	降额等级		
	Ⅰ级降额	Ⅱ级降额	Ⅲ级降额
厚膜功率密度 W/cm²	<7.5		
薄膜功率密度 W/cm²	<6.0		
最高结温℃	85	100	115

4. 大规模集成电路

大规模集成电路由于其功能和结构的特点，内部参数通常允许的变化范围很小，因此其降额应着重于改进封装和散热方式，以降低元器件的结温。

使用大规模集成电路时，在保证功能正常的前提下，应尽可能降低其输入电平、输出电流和工作频率。

5. 集成电路通用降额准则

整个 2.2.4 小节给出了各种集成电路的降额参数、降额系数及允许的最高结温。以电参数的额定值乘以相应的降额系数，即可得到降额后的电参数值（另有说明的除外）。

得到降额参数值后，还需要计算相应电参数降额后的结温，如结温不能满足表中所示的最高结温降额要求，则需要对电参数进一步降额，以满足结温的降额要求。

2.2.5 分立半导体元件降额

1. 晶体管

晶体管有很多种类型，但无论哪种类型，降额参数都基本相同，即电压、电流和功率。只有 MOS 型场效应晶体管、功率晶体管和微波晶体管的降额有些特殊要求。

高温与电压击穿对于晶体管来说是两个主要破坏性应力，因此功耗 / 结温、电压必须降额。

而功率晶体管有二次击穿的现象，因此要对其安全工作区进行降额；在遭受由于多次开关过程所致的温度变化冲击后，会产生“热疲劳”失效，使用时要根据功率晶体管的相关详细规范要求限制壳温的最大变化值。

晶体管在不同降额等级下的降额参数和降额因子见表 2-15。

表 2-15

参数		降额等级		
		Ⅰ级降额	Ⅱ级降额	Ⅲ级降额
反向电压	一般晶体管	0.60	0.70	0.80
	功率 MOSFET 栅源电压	0.50	0.60	0.70
电流		0.60	0.70	0.80
功率		0.50	0.65	0.75
功率管安全工作区	c-e 间电压	0.70	0.80	0.90
	集电极最大允许电流	0.60	0.70	0.80
最高结温/℃	200	115	140	160
	175	100	125	145
	≤150	$T_{jm}-65$	$T_{jm}-40$	$T_{jm}-20$

在表 2-15 中，晶体管反向电压从额定反向电压开始降额，电流从额定值开始降额，功率从额定功率开始降额。按照本章 2.1.1 小节中关于过渡过程的描述，瞬间电压峰值和工作电压峰值之和不得超过降额电压的限定值。

为保证电路可以长期可靠工作，设计应允许晶体管主要参数的设计容差如下。

- 电流放大系数：±15%(适用于已经筛选的晶体管)
  ±30%（适用于未经筛选的晶体管）
- 漏电流：+200%
- 开关时间：+20%
- 饱和压降：+15%

晶体管的降额以元器件参数的最大允许值乘以表 2-15 中的降额因子，计算出降额后允许的电压、电流和功率，得到这些参数后，还需要计算结温。如结温不能满足最高结温的降额要求，则需要将参数进一步降额，满足结温降额要求。

2. 微波晶体管

微波晶体管降额系数表见表2-16。

表2-16

参　　数		降额等级		
		Ⅰ级降额	Ⅱ级降额	Ⅲ级降额
最高结温/℃	200	115	140	160
	175	100	125	145
	≤150	$T_{jm}-65$	$T_{jm}-40$	$T_{jm}-20$

3. 二极管

二极管有很多种类型，按照功能分、按照频率分、按照功率分，都可以分成好多种，但有一点是共同的，就是都对高温、高压敏感，高温是对二极管破坏性最强的应力，其次是电压击穿，因此，二极管的功率（伴随着电流降额）、结温、电压必须降额（见表2-17）。

表2-17

参　　数		降额等级		
		Ⅰ级降额	Ⅱ级降额	Ⅲ级降额
反向耐压（稳压管不适用）		0.60	0.70	0.80
电流		0.50	0.65	0.80
功率		0.50	0.65	0.80
最高结温 T_{jm}/℃	200	115	140	160
	175	100	125	145
	≤150	$T_{jm}-60$	$T_{jm}-40$	$T_{jm}-20$

上表中，反向电压从反向峰值工作电压开始降额、电流从最大正向平均电流开始降额、功率从最大允许功率开始降额。

为保证电路可以长期可靠工作，设计应允许二极管主要参数的设计容差如下。

● 正向电压：±10%

● 稳定电压：±2%（适用于稳压二极管）

● 反向漏电流：+200%

● 恢复和开关时间：+20%

与晶体管相同，二极管也是以参数的最大允许值乘以表2-17中的降额因子，计算出降额后允许的电压、电流和功率，得出这些参数后，还需要计算结温。如结温不能满足最高结温的降额要求，则需要将参数进一步降额，以满足结温降额要求。

微波二极管和基准二极管降额参数及系数见表2-18。

4. 可控硅

高温和电压击穿是对可控硅破坏性最强的两大应力，所以可控硅的额定平均通态电流、结温、电压必须降额。可控硅降额系数表见表2-19。

超过正向最大电压或反向阻断电压，会使元器件突发不应有的导通，应保证"断态"

电压与瞬态电压最大值之和不超过额定的阻断电压。

表 2-18

参　　数		降额等级		
		Ⅰ级降额	Ⅱ级降额	Ⅲ级降额
最高结温 T_{jm}/℃	200	115	140	160
	175	100	125	145
	≤150	T_{jm}-60	T_{jm}-40	T_{jm}-20

表 2-19

参　　数		降额等级		
		Ⅰ级降额	Ⅱ级降额	Ⅲ级降额
电压		0.60	0.70	0.80
电流		0.50	0.65	0.80
最高结温 T_{jm}/℃	200	115	140	160
	175	100	125	145
	≤150	T_{jm}-60	T_{jm}-40	T_{jm}-20

可控硅电压从额定值降额、电流从额定平均通态电流降额；

为保证电路可以长期可靠工作，可控硅参数的设计容差如下。

● 控制极正向电压降：±10%

● 漏电流：+200%

● 开关时间：+20%

与晶体管相同，可控硅以参数最大允许值乘以表 2-19 中的降额因子，即得到降额后的允许电压、电流值，得出这些参数值后，还需要计算结温，如结温不能满足最高结温的降额要求，还需要进一步降额，以满足结温降额要求。

5. 半导体光电元器件

半导体光电元器件有发光元器件（LED、数码管）、光敏元器件（光敏二极管、光敏三极管）、发光与光敏组合元器件（光耦）三类。

高结温和结点高电压是半导体光电元器件主要的破坏性应力，结温受结点电流或功率的影响，所以对半导体光电元器件的结温、电流或功率均需进行降额。降额系数见表 2-20。

表 2-20

参　　数		降额等级		
		Ⅰ级降额	Ⅱ级降额	Ⅲ级降额
电压		0.60	0.70	0.80
电流		0.50	0.65	0.80
最高结温 T_{jm}/℃	200	115	140	160
	175	100	125	145
	≤150	T_{jm}-60	T_{jm}-40	T_{jm}-20

发光二极管驱动一般要通过串联的电阻来限制电流。

慎用半波或全波整流后的交流正弦波电流作为发光二极管的驱动电流，如果使用，则需要保证电流峰值不超过发光二极管的最大直流允许值。

在整个寿命期内，驱动电路应允许光电耦合器电流传输比在降低 15% 的情况下仍能正常工作。

光电元器件的电压从额定值降额，电流从额定值降额，最高结温降额根据元器件规范给出的最高结温 T_{jm} 而定。

光电元器件也要以参数的最大允许值乘以表 2-20 中的降额因子，得到降额后的允许电压和电流值。得到这些参数后，还需要计算最高结温，如结温不能满足降额要求，还需要将参数进一步降额，以满足结温降额要求。

2.2.6　电感降额

电感元件包括各种线圈和变压器。电感元件降额的主要参数是热点温度，降额参数和降额系数见表 2-21。

表 2-21

参　　数	降额等级		
	I 级降额	II 级降额	III 级降额
热点温度 T_{HS}/℃	$T_{HS}-(40\sim25)$	$T_{HS}-(25\sim10)$	$T_{HS}-(15\sim0)$
工作电流	0.6～0.7	0.6～0.7	0.6～0.7
瞬态电压电流	0.90	0.90	0.90
介质耐压	0.5～0.6	0.5～0.6	0.5～0.6
扼流圈工作电压	0.70	0.70	0.70

为防止绝缘击穿，线圈的绕组电压应维持在额定值。

工作在低于其设计频率范围的电感元件会产生过热和可能的磁饱和，使元件的工作寿命缩短，甚至导致线圈缘破坏。

绕组电压和工作频率是固定的，不能降额。

电感元件的热点温度值与线圈绕组的绝缘性能、工作电流、瞬态初始电流及介质耐压有关。电感元件的热点温度确定可用下述公式。

$$T_{HS}=T_A+1.1\times\Delta T$$

式中

T_{HS} 为热点温度，单位是℃；

T_A 为环境温度，单位是℃；

ΔT 为温升，单位是℃；

ΔT 可用直接测量法或电阻变化测定法得到。电阻变化测定法可用下述公式。

$$\Delta T=((R-r)/r)(t+234.5)-(T_{AM}-t)$$

式中，

ΔT 为温升，单位是℃；

R 为温度为（$t+\Delta T$）时的线圈电阻，单位是 Ω；

r 为温度为 t 时的线圈电阻，单位是 Ω；

t 为规定的初始环境温度，单位是℃；

T_{AM} 为切断电源时的最高环境温度。

其中要求 T_{AM} 与 t 的差值不应大于 5℃。

测量状态：

● 变压器初级加额定电压，次级加额定负载。

● 线圈绕组加额定直流和交流电流。

2.2.7　继电器降额

继电器的主要参数是连续触点电流、线圈工作电压、线圈吸合/释放电压、振动和温度。降额参数和降额系数见表 2-22。

表 2-22

参　　数			降额等级		
			Ⅰ级降额	Ⅱ级降额	Ⅲ级降额
连续触点电流	小功率负荷（100 mW）		不降额		
	电阻负载		0.50	0.75	0.90
	电容负载（最大浪涌电流）		0.50	0.75	0.90
	电感负载	电感额定电流	0.50	0.75	0.90
		电阻额定电流	0.35	0.40	0.75
	电机负载	电机额定电流	0.50	0.75	0.90
		电阻额定电流	0.15	0.20	0.75
	灯丝负载	灯泡额定电流	0.50	0.75	0.90
		电阻额定电流	0.07～0.08	0.10	0.30
触点功率（舌簧水银式）			0.40	0.50	0.70
线圈吸合电压		最小维持电压	0.90	0.90	0.90
		最小线圈电压	1.10	1.10	1.10
线圈释放电压		最大允许值	1.10	1.10	1.10
		最小允许值	0.90	0.90	0.90
最高额定环境温度 T_{AM}			$T_{AM}-20$	$T_{AM}-20$	$T_{AM}-20$
振动限值			0.60	0.60	0.60
工作寿命（循环次数）			0.50		

切忌用触点并联方式来增加电流量。因为触点在吸合或释放瞬间并不同时通断，这样可能在一个触点上通过全部负载电流，使触点损坏。

电感负载断开的瞬间，电感抑制电流突变，抑制的方式是产生反向电动势，反向电动势加上源电压，会形成一个瞬间的高压，而恰在此时，继电器触点正处于断开的瞬间，在断开的两个触点之间，会产生一个很大的场强 $E=U/d$（$\dot{U}$ 为反向电动势+源电压之和，d 为触点的间距），巨大的场强会击穿触点间的绝缘层，从而产生拉弧。高温的拉弧会严重伤害触点。一般的解决方法是在继电器触点两端并联阻容吸收回路或者钳位电路。

电容和白炽灯泡负载的开/关瞬间，其瞬态脉冲电流可比稳态电流大十倍，这种瞬态脉冲电流超过继电器的额定电流时，将严重损伤触点，大大降低继电器的工作寿命。因此应采取相应的防范措施。

继电器吸合／释放瞬时的触点电弧会引起金属迁移和氧化，使触点表面变得粗糙，进而出现接触不良或释放不开的问题,使用中应有消弧电路。

环境温度的升高，将使线圈电阻加大。为使继电器正常工作，需要有更大的线圈驱动功率。

2.2.8　开关降额

开关降额的主要参数是触点电流、电压和功率，降额系数表见表 2-23。

开关触点可并联使用，但目的应仅为增加备份触点，不允许用这种方式达到增加触点电流量的目的。

在高阻抗电路中使用的开关，需要有足够大的绝缘电阻（大于 1000 MΩ）。

低温引起的湿气冷凝可能使开关触点污染或短路，应注意开关使用所处环境中气压的变化对温度和湿度的影响。

表 2-23

参　　数			降额等级		
			I 级降额	II 级降额	III 级降额
连续触点电流	小功率负荷（100mW）		不降额		
	电阻负载		0.50	0.75	0.90
	电容负载（电阻额定电流的）		0.50	0.75	0.90
	电感负载	电感额定电流	0.50	0.75	0.90
		电阻额定电流	0.35	0.40	0.50
	电机负载	电机额定电流	0.50	0.75	0.90
		电阻额定电流	0.15	0.20	0.35
	灯丝负载	灯泡额定电流	0.50	0.75	0.90
		电阻额定电流	0.07～0.08	0.10	0.15
触点电压			0.40	0.50	0.70
触点功率			0.40	0.50	0.70

案例：在某潮湿易腐蚀的场合，开关后带有电机负载，为保证触点的导通可靠性，采取了双开关机制，每个开关的触点电流为 1 A，总开关电流为 0.9 A，如图 2-27 所示，请判断下面的触点备份方式是否合理？如不合理，应如何改进？

答：本设备为恶劣条件下的执行机构驱动电路，根据其重要程度和应力条件，确定按照 II 级降额。又因为其负载为电感负载，故电感上负载电流降额系数取 0.75，因此，为保证输出的电流为 0.9 A，须保证开关能提供的总电流不小于 0.9 A/0.75 = 1.2 A。

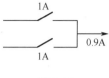

图 2-27

从并联机制上看，单独的任何一个支路都不能满足 1.2 A 电流的需求，虽然双路开关同时导通的时候可以保证大于 1.2 A 的需求，但因为开关动作在实际工作中并不能保证同时开启，因此不能期望双路开关的工作有效性和可靠性。

解决方案是选择额定电流不小于 1.2 A 的开关来代替现有开关。

2.2.9　功率开关元器件降额

在电子电路设计中的功率开关管，常用的有三种，即 MOSFET、IGBT 和功率三极管。因为其应用场合均为功率发热类环境，对热、高压击穿敏感。因此开关管需要降额的参数有耐压、电流、结温等。

不过，开关驱动类元器件的负载有感性、容性、阻性、电机负载、灯丝负载等多种，每种负载的电气特性都有很大差异。因此，开关功率元器件的降额还要受负载类型的影响。

大功率半导体开关元器件是在近些年逐渐发展起来的，在相关的降额技术标准里，还未有权威的降额数据可以作为参考。因此，宜从工程经验的角度，权衡产品所允许的故障发生概率，自行定夺给出一个降额数值来。不过，因为功率开关元器件属较高应力元器件，高温、高压、大电流，因此建议设计时的降额因子取值不大于 0.7，而且重点要根据负载的不同，有针对性地降额或加防护电路，以减轻功率开关元器件的工作压力。

元器件的标称参数值乘以降额因子（一般不大于 0.7），得到降额后的允许工作电压和电流值。尤其应注意在元器件实际工作中（导通、关断的过渡过程中），瞬间冲击电压、冲击电流不得超过元器件降额使用后的允许工作电压、电流值，以免造成对功率开关元器件的损坏。这种应力主要是导通过程中的瞬间上电冲击电流（开关管接容性负载）、断开过程中的瞬间反向电压（开关管接感性负载，由感性负载产生反向电动势）。

电流电压参数确定后，还需要计算最高结温，如结温不能满足降额要求，还需要将参数进一步降额，以满足结温降额要求。（功率开关管的降额、选型计算较为复杂，详情请参考本书第 4 章功率开关管选型计算的内容）。

2.2.10　连接器降额

电连接器包括普通线路板连接器、板—板连接器、线—线连接器和同轴电连接器等。影响电连接器可靠性的主要因素有插针/孔材料、接点电流、有源接点数目、插拔次数和工作环境条件。电连接器降额的主要参数是工作电压、工作电流和最高接触对额定温度。其降额系数见表 2-24。

表 2-24　连接器降额系数表

参　　数	降额等级		
	Ⅰ级降额	Ⅱ级降额	Ⅲ级降额
工作电压	0.50	0.70	0.80
工作电流	0.50	0.70	0.85
最高接触对额定温度 T_{AM} /℃	T_{AM}−50	T_{AM}−25	T_{AM}−20

电连接器接触对并联使用时，每个接触对按降额系数对电流降额后的基础上，需再增加 25% 余量的接触对数。

电连接器有源接点数目过大（如大于 100），应采用接点总数相同的两个电连接器，这样可以增加可靠性。

在低气压下使用的电连接器应进一步降额，防止电弧对电连接器的损伤。

例：连接器上过 2 A 电流，采用额定电流 1 A 的接触对，Ⅱ级降额时，需要用几个接触对？

答：按照表 2-24，Ⅱ级降额，电流降额系数取 0.7，2 A/0.7 = 3 个接触对，3×（1+25%）= 3.75，所以，需要在 3 个接触对的基础上再增加 1 个接触对（0.75 取整），即 4 个接触对并联。

2.2.11　导线与电缆降额

导线与电缆主要有三种类型：同轴（射频）电缆、多股电缆和导线。影响电线与电缆可靠性的主要因素是导线间的绝缘和电流所引起的温升。降额的主要参数是最大应用电压（见表 2-25）和最大应用电流。

表 2-25

参　　数	降额等级		
	Ⅰ级降额	Ⅱ级降额	Ⅲ级降额
最大应用电压	最大绝缘电压规定值的 0.50		

不同规格导线所对应的最大应用电流见表 2-26（Ⅰ、Ⅱ、Ⅲ级降额均执行此要求）。

表 2-26

线规 A_{WG}	30	28	26	24	22	20	18
单根导线电流 I_{SV}/A	1.3	1.8	2.5	3.3	4.5	6.5	9.2
线规 A_{WG}	16	14	12	10	8	6	4
单根导线电流 I_{SV}/A	13.0	17.0	23.0	33.0	44.0	60.0	81.0

本表格降额仅适用于绝缘导线的额定温度为 200℃ 的情况，对绝缘导线额定温度为 150℃、135℃ 和 105℃ 的情况，应在上表所示基础上分别再降额 0.8、0.7 和 0.5。

对成束电缆，导线间绝缘和电流容易引起升温，因此，导线成束时，每一根导线设计

I_{max} 应按公式（2.4）计算降额。

$$I_{bw}=I_{sw}\times(29-N)/28 \ (1<N\leqslant15 \ 时) \tag{2.4}$$

或

$$I_{bw}=1/2I_{sw} \quad (N>15 \ 时) \tag{2.5}$$

式中，

I_{bw} 为束导线中每根导线的最大电流，单位为 A；

I_{sw} 为单独一根导线的最大电流，单位为 A；

N 为一束导线的线数。

2.2.12 保险丝降额

保险丝有正常响应、延时、快动作和电流限制四种类型，降额的主要参数是电流额定值，见表 2-27。

电路电压不得超过保险丝的额定工作电压，以防止断路时产生电弧。

环境温度的变化会使保险丝的额定电流值发生变化，通常随着温度的增高，保险丝额定电流值降低。

强振动和冲击可能使保险丝断路。

表 2-27

参　数		降额等级		
		Ⅰ 级降额	Ⅱ 级降额	Ⅲ 级降额
电流额定值	>0.5A	0.45～0.5		
	≤0.5A	0.20～0.4		
$T>25℃$ 时，增加降额比例 1/℃		0.005		

例：当在通过 1A 电流，环境温度为 40℃ 的情况下，要求Ⅲ级降额，保险丝应选择何规格？

答：按照设计条件要求和表 2-27 中的降额系数，取电流降额系数为 0.5，另外，在 25℃ 以上时，每增加 1℃，降额的程度增加 0.005 倍，即最后的降额系数为：0.5-(40-25)× 0.005 = 0.425。

所以，1A/0.425≈2.353A，应选择最接近于 2.353A 的保险丝。

2.2.13 晶体降额

晶体的尺寸与它的工作频率有关，为了保持温度的稳定，有时晶体备有恒温槽，称之为恒温晶振。晶体降额的主要参数是驱动功率和工作温度，见表 2-28。

高温、高湿环境易影响晶体的频率及其稳定性。

冲击和振动环境可能使易碎的晶体破损，尺寸较大的晶体工作频率亦可能因此而下降。

驱动电压过高可能使晶体承受的机械力超过它的弹性限而破碎。

晶体的驱动功率不能降额，因为它直接影响晶体的额定频率。

晶体的工作温度须保持在规定的限值范围内，以保证达到额定的工作频率。具体工作温度范围为：比最低额定温度高 10℃，比最高额定温度低 10℃。

表 2-28

参　　数 \ 等　　级	降额等级		
	Ⅰ级降额	Ⅱ级降额	Ⅲ级降额
最高温度/℃	T_H-10	T_H-10	T_H-10
最低温度/℃	T_L+10	T_L+10	T_L+10
驱动功率	不降额		

2.2.14　电机降额

电机包括交流电机和直流电机，其中交流电机又分为同步电机和异步电机。其降额的主要参数是温度和负载，见表 2-29。

温度是影响电机寿命的最主要因素，温度过高会使绕组绝缘失效；温度过低可能使轴承失效。合适的工作环境温度范围为 0～30℃。

潮湿和污染易使绕组绝缘性能下降，产生低阻电泄漏。

电机负载和转速影响其效率和工作寿命。过载或低速运转可能在绕组中产生高温和轴承过载。

表 2-29

参　　数	降额等级		
	Ⅰ级降额	Ⅱ级降额	Ⅲ级降额
最高工作温度/℃	$T-40$	$T-20$	$T-15$
低温极限/℃	0	0	0
轴承载荷额定值	0.75	0.90	0.90

2.2.15　降额设计补充规范与案例

在以上各分类元器件的降额设计之后，需要重点关注下降结温的设计准则，因为元器件的电应力损伤以热损伤为主，避免热伤害，是电子元器件降额设计的一个关键项目。设计规范如下。

① 元器件能满足功能要求下，设计成最小功率；

② 采用去耦电路减少瞬态电流冲击；

③ 元器件实际工作频率低于元器件的额定频率，工作频率接近额定频率时，功耗会迅速增加；

④ 热传递良好，保证与封装底座间的低热阻。

降额后，需要计算相应电参数降额后的结温，如结温不能满足降额系数表的最高结温要求，电参数则需要进一步降额，使结温、电参数均能满足要求。

降额参数最坏条件准则：应用中的参数值最坏情况或最坏组合情况下的数值不得超过降额后的参数值要求。如预计的瞬间电压峰值和工作电压峰值之和不得超过降额后电压的限定值。

例：最大电压、最大电流情况下，得出实际需求的最大极限功率为 A。

元器件的额定功率为 B，取降额系数为 0.8，则 $A < 0.8 \times B$。

例：某低压电器控制器产品，应用环境的温度上限为 65℃，请问 CPU 选用 ATmega128L—16AC 是否可行？

答：不可行。

因为环境温度上限为 65℃，工作中，实际机箱内温度会更高一点，很容易突破 70℃ 的限度，温度余量不足。

从元器件型号上来看，"L"表示电压工作范围为 2.7～5.5V，"16"表示最高功率为 16M 的系统时钟，"A"表示 TQFP 封装；"C"代表商业级，若为"U"则表示工业级无铅，"I"代表工业级含铅。

本元器件为商业级，温度范围为 0～70℃（工业级-40～85℃、汽车级-40～120℃、军工级-55～150℃），因此 5℃ 的裕量不足。在做设计时，物料选型要注意这些方面；在文件归档时，要在外购件规格书上，检验细则标明，注意检查这一点；在采购时则要注意鉴别这些标识。

例：某晶体管在电路中，计算实际功耗为 0.8W（20～25℃），选用额定功率为 1W 的元器件，使用中频繁发生故障。

分析原因：该元器件额定功耗 1W 时的环境温度为 25℃，而实际工作环境温度为 60℃，按照负荷特性曲线，此时实际功耗最大不允许超过 0.6W，选用同参数功率为 2W 的晶体管，降额系数为 0.5，产品故障得到解决。

2.3　热设计计算

电子设备热设计中，最常遇到的两个计算是传导散热计算、风冷散热计算。

从散热理论上讲，散热的方式只有三种，传导、对流、辐射。而在电子设备中常用到的散热方式是通过散热片传导散热和通过风扇（或自然风）的风冷散热，辐射散热是对传导散热和对流散热的补充，除非在特殊的场合（例如太空中），没有空气的情况下形不成对流；没有接触的导热物体形不成传导，就只能依赖辐射散热了。

无论是散热片还是风扇，其散热能力最终都是用"热阻"来表征的，实际计算中，除了元器件本身的热阻外，散热片与元器件表面接触的热传导和散热表面与空气之间的热交换，也都存在热阻。热阻是对物体阻碍热量流动能力的一种量度。

$$R = \Delta T / Q \tag{2.6}$$

式中，

R 为热阻，单位是 ℃/W；

ΔT 为温度差，单位是 ℃；

Q 为热耗，单位是 W。

热阻越小，则导热性能越好。热阻可类比于电阻，两端的温度差类比于电压，传导的热量类比于电流，通过 R（电阻）$=U$（电压）$/I$（电流）来理解热阻的计算公式就通俗得多了。

对于小功率元器件，在计算中，可按照热耗≈元器件电功率来估算；对能量转换元器件，如电压调整器、步进电机驱动元器件等，其输入功率的大部分被转化成其他能量输出了，只有一小部分未转化成有效能量而是以热量的形式消耗了，这部分被消耗的热量就是热耗。

热阻应用计算方法示例，如图 2-28 所示。

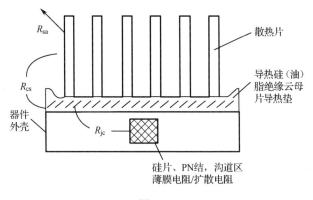

图 2-28

图中，

$R_{ja}=R_{jc}+R_{cs}+R_{sa}$（此处热阻为串联关系）。

其中，

R_{ja}：芯片内 PN 结到散热器表面的总热阻；

R_{jc}：芯片内 PN 结到元器件壳体表面的热阻，从芯片的数据手册资料上可以查到；

R_{sa}：散热片的热阻；

R_{cs}：散热片和元器件壳体表面的接触热阻，一般通过导热硅脂或导热软胶垫与散热器接触安装，其热阻约为 0.1～0.2℃/W；若元器件底面为非绝缘状态，需要另加云母片绝缘，则热阻约为 1℃/W。

对于一种具体的导热介质材料，其导热能力与材料的导热率以及材料的结构尺寸有关。对标准形状的导热材料，热阻估算公式见公式（2.7）。

$$R = L/(\lambda \times S) \tag{2.7}$$

其中，

R 是热阻，单位为℃/W；

S 是传导截面积，单位为 cm^2；

L 是传热路径的长度，单位为 cm；

λ 是导热率（导热系数），单位为 W/(cm·℃)，定义为单位时间内，通过单位长度，温度降低 1 ℃时所传递的热量。常用材料的导热系数见表 2-30。

例：图 2-29 所示为一圆形钢棒，长 10 cm，直径 1 cm，钢棒一端与散热片相连，另一

端通过功率为 2 W 的电阻器加热，假设钢棒与散热片、电阻器与圆形钢棒的接触面均假设为零热阻的理想化接触，并假设钢棒与四周空气无热交换，2 W 电阻器与钢棒接触温度为 100℃，求钢棒与散热片交界处的温度。

表 2-30

材料名称	导热率 W/(cm·℃)	材料名称	导热率 W/(cm·℃)
铝	2.04	导热脂	7.324×10^{-3}
金	2.92	导热膏	7.324×10^{-3}
铜	3.86	导热绝缘胶	4.645×10^{-3}
铁	0.73	聚酯树脂	2.0×10^{-3}
铅	0.33	硅脂	2.0×10^{-3}
镁	1.71	锡铅焊料 （40% Sn，60% Pa）	0.33
镍	0.96	聚四氟乙烯	2.4×10^{-3}
银	4.19	尼龙	$(1.7 \sim 4) \times 10^{-3}$
不锈钢 （14%～18% Cr）	0.16	酚醛纤维	2.6×10^{-3}
碳钢（1% C）	0.43	泡沫聚苯乙烯	3.5×10^{-4}
氧化铍陶瓷	2.25	木材	1.0×10^{-3}
玻璃板	6.4×10^{-3}	石棉纸板	7.4×10^{-4}
压制云母	5.0×10^{-3}	水	5.99×10^{-3}
丙烯树脂板	2.0×10^{-3}	空气	2.59×10^{-4}
环氧树脂	4.0×10^{-3}	橡胶	1.8×10^{-4}
		纸	1.3×10^{-3}

答：

钢的导热系数 $\lambda = 0.43$ W/（cm×℃）

钢棒截面积 $S = \pi D^2/4 = 0.785$ cm^2

钢棒的热阻 $R = L/(\lambda \times S) = 29.63$ ℃/W

根据公式 $\Delta T = R \times Q$ 得出

　　（100－T）℃ ＝ 29.63℃/W×2 W

则求出钢棒与散热片接触面的温度 T = 100－59.26 = 40.74℃

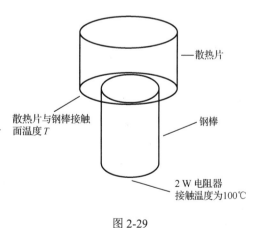

散热片

散热片与钢棒接触面温度 T

钢棒

2 W 电阻器接触温度为100℃

图 2-29

2.3.1　传导散热计算

电路板中，影响元器件可靠性的温度点是结温，即 IC 元器件、SOT429 或 TO47 封装的内部硅片上的 PN 结温度，但该温度在元器件内部，实际上是不可测的，因此需要通过测量壳温，并查到元器件的热阻后，再通过辅助热计算间接得出。

壳温的测试有接触式测温和非接触式测温两种方式，接触式测温的优点是将测温热电偶或热敏电阻探头直接紧贴在元器件壳体表面测量，结果会比较准确，但测温探头紧贴在壳体表面上会破坏元器件的散热性能；非接触式测温一般是通过红外测温，误差稍大，而且其测温特点是只能测局部范围内的最高温度点，如果被测对象附近有更高的温度点，则测量结果可能不是被测对象的温度值。

当把壳温测出来之后，再通过传导散热公式（2.8）计算得出结温。

$$R_{\mathrm{j}} = \frac{\Delta T}{Q} \qquad\qquad (2.8)$$

其中，

ΔT 是 IC 内硅片上 PN 结到 IC 封装外壳壳体表面的温度差（$\Delta T = T_{\mathrm{j}} - T_{\mathrm{s}}$），单位为℃；

T_{s} 是测得的壳体温度，单位为℃；

R_{j} 是从 PN 结到壳体表面的热阻，从元器件的数据手册上可以查到，单位为℃/W；

Q 是热耗，单位为 W。

对能量转换类的元器件，$Q = (1-K) \times P_{\mathrm{i}}$，对非能量转换元器件，即一般功能性逻辑元器件，$Q = P_{\mathrm{i}}$，（$K$ 为能量转换元器件的转换效率，P_{i} 为元器件的输入电功率）。

如此，结温可以很容易推算得出，如果（T_{j}，P_{i}）这个工作点，超出了元器件负荷特性曲线的要求，则说明该元器件的热工作状态是超标的，长期在此状态下工作，存在着热失效的风险，必须重新进行热计算和热设计整改。如此反复多次，直到元器件的静态工作点满足负荷特性曲线（详见本章 2.2.2 小节）的有效工作范围，则热设计和热测试才算通过。

另外笔者也曾遇到有读者疑问，传导散热都采取加散热片的方式加速散热，可壳体表面加了散热片，散热片自身又有热阻，岂不是加大了对散热的阻碍？初看此问题，似乎有理，但深究下即可发现其中的问题，热阻不仅是有形的物体才有，无形的物体照样有热阻，比如空气。元器件散热到空气中，其热阻链路中的热阻包括以下内容。

● PN 结-壳表面的热阻
● 壳表面到散热片的接触热阻
● 散热片本身的热阻
● 散热片表面到空气的热阻
● 散热片外的局部环境到机箱风道出口的热阻

这些热阻的串联构成了芯片的散热通路。

加装了散热片后，从表面来看，新增加进来了一个散热片热阻，但如果不加这个热阻的话，机壳将直接与空气进行热交换，这两者间的热阻会更大，散热片的加入，加大了散热面积，意思是说壳-空气之间接触热阻>>（壳-散热片接触热阻+散热片热阻+散热片-空气的接触热阻）。

由此可以看出，加了散热片，大大减小了散热通道的总热阻，是对散热有很大贡献的。

例：一功率运算放大器 PA02 用作低频功放，元器件为 8 引脚 TO-3 金属外壳封装，元器件工作工作电压 $U_{\mathrm{s}} = 18$ V，负载阻抗 $R_{\mathrm{L}} = 4$ Ω，直流条件下工作频率为 5 kHz，环境温度为 40℃，拟采用自然冷却的方式，求解自然冷却的方式是否合适，是否需要加散热片。如需要，散热片热阻如何选型？

答：查 PA02 元器件资料：

静态电流 I_q=27 mA，I_{qmax}=40 mA；

元器件从管芯到外壳的热阻典型值 R_{jc}=2.4℃/W，R_{jcmax}=2.6℃/W；

元器件功耗 P_d=P_{dq}+P_{dout}，P_{dq} 为元器件内部电路功耗，P_{dout} 为输出功率消耗。

P_{dq}=I_{qmax}（U_s+$|-U_s|$）（$|-U_s|$ 为运放负供电电压的绝对值）

P_{dout}=U_{s2}/（4R）

则得出：

$$P_d=P_{dq}+P_{dout}=0.040×（18+18）+ 18×18/(4×4)$$
$$=1.44 + 20.25$$
$$=21.69 \text{ W}$$

从管芯到散热器表面的总热阻（R_{sa}+R_{jc}+R_{cs}）$\leqslant$$(T_j-T_a)$/ P_d。

式中，

T_j 设为 125 ℃，T_a 设为 40 ℃；

R_{sa} 为散热器热阻；

R_{jc} 为芯片热阻，取最大值 2.6℃/W；

R_{cs} 为接触热阻，取 0.2℃/W（元器件和散热片之间有导热油脂）。

得出：$R_{sa}\leqslant$（125-40)/21.69-2.6-0.2=1.119 ℃/W

查阅散热片数据手册，满足 $R_{sa}\leqslant$1.119 ℃/W 的即可满足使用要求。

在传导散热中，散热器散热片是较常用的元器件。它一般是标准件，也可提供型材，是由用户根据要求切割成一定长度而制成的非标准散热器。散热器的表面处理有电泳涂漆或黑色氧极化处理，其目的是提高散热效率及绝缘性能。在自然冷却下可提高 10%～15%，在通风冷却下可提高 3%，电泳涂漆可耐压 500～800V。散热器厂家对不同型号的散热器给出热阻值或曲线，并且给出在不同散热条件下的不同热阻值。

功率元器件使用散热器是要控制功率元器件的温度，尤其是结温 T_j，使其低于功率元器件正常工作的安全结温，从而提高功率元器件的可靠性。

各种功率元器件的内热阻不同，安装散热器时由于接触面和安装力矩的不同而导致功率元器件与散热器的接触热阻不同。选择散热器的主要依据是热阻 R_{sa}。在不同的环境条件下，功率元器件的散热情况也不同。

在散热器选型时，热阻是必不可少的指标，热耗—温升曲线、风速—热阻曲线都是散热片选型必不可少的参考依据，如果生产厂家不能提供这两条曲线的话，则该元器件不能选用。风速—热阻的关系曲线就是架在传导散热与风冷散热之间的一座桥梁。

图 2-30 所示的是一个散热片的热耗—温升曲线图，图中 A、B、C、D 四条曲线分别对应了由于散热片表面风流速的不同所导致的散热效果的变化，FPM（Feet Per Minute）为风的流速单位（英尺/分钟），1 FPM=30.48 cm/min。由图 2-30 可以看出，同等热耗的情况下，随着流过散热片的风速的加大，壳体温升减小，这也是散热片上经常配风扇的主要原因，如PC 台式机的 CPU。

图中，

POWER DISSIPATED：热耗（单位：瓦）；

CASE TEMP RISE ABOVE AMBIENT：壳体温升（以环境温度为基础）；

FREE AIR：自然通风情况下；

FPM with Dissipator：风速单位，英尺/每分钟（有散热片的情况下）。

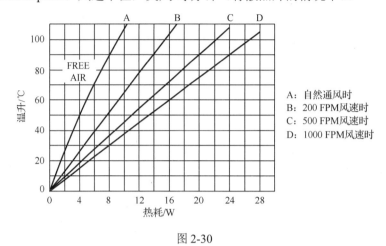

图 2-30

图 2-31 所示的是两个坐标系的组合，左侧坐标和底坐标构成了热耗—温升坐标系，顶部横坐标和右侧纵坐标构成了风速—热阻曲线。

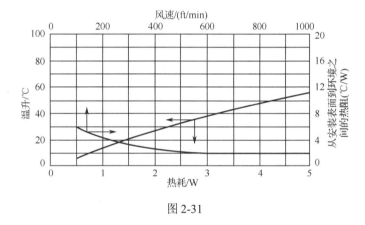

图 2-31

由图 2-31 中的风速—热阻曲线可以看出，随着风速的增加，热阻是在下降的，但是下降到一定程度后，即使风速再增加，热阻的变化也是微乎其微的，已没有明显效果。在图 2-31 示例的散热片上，在 500 FPM 流速的时候就达到了临界点。因此，对于散热片的选型，一方面做对热阻需求的计算，另一方面要通过这些曲线分析是否需要增加辅助通风进行散热，辅助通风的速度是多大。

2.3.2 风冷对流散热计算

在机柜内耗散功率均匀分布的情况下，机柜内风机流速的设计依据公式（2.9）计算：

$$\Delta T = 0.05 \times \frac{Q}{V} \qquad (2.9)$$

其中，

Q：机柜内的散热功率（W）；

V：风机的体积流量（m³/min）；

ΔT：进风孔与出风孔之间的温度差（℃）。

空气的出口温度根据设备内各单元允许的表面温度而确定；公式（3-5）忽略了辐射和自然对流的散热（一般约 10%），因此计算出的风量会稍大，但对于热设计来说，余量稍大一点的设计是有百利而无一弊的。

对于集中发热的功率元器件，需要有针对性地单独设计其通风道的情况，则用公式（2.10）来估算。

$$V = \frac{Q}{C \times \rho \times \Delta T} \qquad (2.10)$$

其中，

V：强制风冷系统必须提供的风量 m³/h；

Q：待冷却设备或部件的总耗散热量 W；

C：空气的比热 J/(kg·℃)，温度为 250K 时，空气的定压比热容 C_p=1.003kJ/(kg×K)，300K 时，空气的定压比热容 C_p=1.005kJ/(kg×K)，一般按照 1.004 来进行估算；

ρ：空气的比重，单位为 kg/m³（取 1.293 kg/m³）；

ΔT：出口处和进口处的空气温差。

例：一嵌入式系统，消耗功率 150 W，风扇消耗约 5 W，当地季节性最高气温为 30℃，MCU 允许工作温度为 60℃，应选用额定通风量多大的风扇？

答：由题目已知，

$$Q=150+5=155 \text{ W}$$
$$\Delta T=30℃$$

根据公式（2.9），

$$V = 0.05 \times Q/\Delta T = 0.05 \times 155/30 = 0.258 \text{ m}^3/\text{min} = 9.13 \text{ CFM}$$

所以，应选择额定通风量不低于 0.258 m³/min（或 9.13 CFM）的风扇。

例：某嵌入式系统控制的电机驱动元器件，消耗热功率为 150 W，采取专用的管道散热方式，要求管道进出风孔温差不大于 20℃，应选用额定通风量多大的风扇？

答：由题目已知，

$$Q=150 \text{ W}$$
$$C=1.004 \text{ J/(kg·℃)}$$
$$\rho=1.293 \text{ kg/m}^3$$
$$\Delta T=20℃$$

由公式（2.10），得

$$V =Q/(C \times \rho \times \Delta T)=150/(1.004 \times 1.293 \times 20)$$
$$= 5.78 \text{ m}^3/\text{h}$$
$$=0.0963 \text{ m}^3/\text{min}$$
$$=3.4 \text{ CFM}$$

所以，应选择额定通风量不低于 0.0963 m³/min（或 3.4 CFM）的风扇。

例：一台电脑，功率为 150 W，风扇消耗 5 W，夏季气温最高为 30℃，设 CPU 自身允许的上限温度为60℃，求所需风扇风量。

答：Q=150+5=155 W

ΔT_c=60−30=30℃

根据公式（2-9），$\Delta T = 0.05 \times Q / V$

$V=0.05 \times Q / \Delta T_c = 0.05 \times 155 / 30 = 0.258 \ \text{m}^3/\text{min} = 9.12 \ \text{CFM}$

所以，应选择实际风量满足此要求的风扇。

2.4 　精 度 分 配

　　一个电路或者一个系统，由多个元器件和分系统组成，每个元器件部分或分系统的误差，都会影响到最终的电路测控结果。如何对复杂系统进行误差分配的精确计算，是工程计算中绕不开的一个关键点。如果是简单电路，随机选取元器件标称参数和误差范围，然后进行计算或搭接电路实验，测量结果超标则再进行局部微调，经过多次调整，最终达到设计要求。这种设计方法耗时、费力，而且试验元器件套数少，一些小概率事件的元器件参数很难被模拟出来，通过这种凑数的方式得到的误差分配结果，仍然存在一定的小概率超标风险。

　　误差分配方法在较简单的系统中一般采用最坏电路情况分析法（WCCA）和偏微分法两种方式，对于复杂、元器件个数较多的大系统，一般采用蒙特卡罗分析方法（见本章 2.7节）。

2.4.1 　最坏电路情况分析法

　　最坏电路情况分析（WCCA）是一种比较简单的误差分配方式，就是把影响精度的所有因素都按照最坏的误差考虑，累积后的最终误差未超出系统所允许的范围。

　　例：两电阻分压计算，如图 2-32 所示，要求分压倍数为 1/2，分压精度不低于±2%，则 R_1 和 R_2 的精度如何选择？

　　答：计算如下

$$U_o = U_i \times \frac{R_2}{R_1 + R_2} \tag{2.11}$$

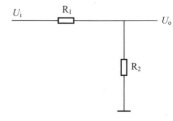

图 2-32

　　既然分压比例为 1/2，则选择 $R_1 = R_2 = r$，得出：$U_o = \dfrac{U_i}{2}$

　　但是考虑 R_1、R_2 的误差，按照最坏电路情况分析法（WCCA），首先将公式（2.11）化成下式

$$U_o = U_i \times \frac{R_2}{R_1 + R_2} = U_i \times \frac{1}{\dfrac{R_1}{R_2} + 1}$$

　　当 R_1 取最大正误差、R_2 恰好取最大负误差时，U_o 最小；反之，R_1 取最大负误差、R_2 恰好取最大正误差时，U_o 最大。可得出

$$\frac{U_o}{U_i} = \frac{1}{\dfrac{R_1}{R_2} + 1} = \frac{1}{\dfrac{r + \Delta r}{r - \Delta r} + 1} > (1 - 2\%) \times \frac{1}{2} = 98\% \times \frac{1}{2} = 0.49 \tag{2.12}$$

$$\frac{U_o}{U_i} = \frac{1}{\frac{R_1}{R_2}+1} = \frac{1}{\frac{r-\Delta r}{r+\Delta r}+1} < (1+2\%) \times \frac{1}{2} = 102\% \times \frac{1}{2} = 0.51 \tag{2.13}$$

由公式（2.12）公式（2.13）可以求出

$$\Delta r < 2\% \times r$$

因此，R_1、R_2 的精度选择不低于 2% 的即可。

例：某串联调谐电路由 1 个 50±10%μH 的电感和 1 个 30±5% pF 的电容器组成，要求最大允许频移不大于 0.2 MHz，请做容差分析，确定谐振频率的实际最大偏移量是否满足系统要求？

答：首先，建立电路的函数关系，谐振频率与电感、电容值的函数关系为

$$f = \frac{1}{2\pi\sqrt{LC}} \tag{2.14}$$

先将电路的标准参数代入计算公式，

$$f = \frac{1}{2\pi\sqrt{LC}} = \frac{1}{2\pi\sqrt{50\times10^{-6}\times30\times10^{-12}}} = 4.2094\,\text{MHz}$$

按照最坏电路情况分析法（WCCA），将最坏的元器件值组合代入计算式，即电感的上限值 55 μH 和电容的上限值 31.5 pF 一组，电感的下限值 45 μH 和电容的下限值 28.5 pF 一组分别代入公式（2.14），得

$$f_L = \frac{1}{2\pi\sqrt{LC}} = \frac{1}{2\pi\sqrt{55\times10^{-6}\times30\times10^{-12}}} = 3.8237\,\text{MHz}$$

$$f_H = \frac{1}{2\pi\sqrt{LC}} = \frac{1}{2\pi\sqrt{50\times10^{-6}\times30\times10^{-12}}} = 4.4442\,\text{MHz}$$

比较以上三个数值，f_L 和 f_H 超过 f 的频移都大于 0.2MHz，因此，这组元器件的精度是不能满足要求的。

2.4.2　偏微分法

偏微分法误差分配计算步骤如下：

① 得到系统的总精度要求；

② 找出影响总精度的各分模块；

③ 推导出系统输出值与各模块测控物理量的工程计算公式；

④ 根据工程计算公式，做微分运算，推导出影响总精度的所有要素，然后按照工程经验将精度要求指标分配给各影响参数；

⑤ 然后对具体元器件和模块做工程分析，看其被分配的精度是否容易选到合适的元器件或电路；

⑥ 如果步骤⑤能实现则照此精度分配结果进入工程设计阶段；不能实现则回到步骤④，继续调整局部精度要求，反复步骤④～⑥的内容。

例：以测温电路的精度分配方法为例来说明精度分配的方法（图 2-33）。

图 2-33

答：测温电路功能框图如图 2-33 所示，原始温度信号先经过热敏电阻，从温度变量变成电学变量的电阻 R，然后经过放大电路将电阻变量转换成电压变量并放大成电压 V，然后经过 A/D 转换成数字数据 X，这个过程中，

$$R = R_0 + A \times T$$

$$V = B \times R$$

C 的转换过程是 A/D 转换，是决定于 A/D 位数的固定误差 $\pm 1/2$ LSB，实际上精度与分辨率还是有很大的区别的（详见本书第 4 章 4.2 节的内容）。本节暂不深入讨论。

假设 $R_0 = 1k$（0℃时的基准阻值），$A = 10$，$B = 20$，T 的最大上升温度范围 50℃，系统误差要求放大输出电压 $U \leqslant 0.1$ V。

$$U = B \times R = B \times (R_0 + A \times T) = B \times (1\,\text{k}\Omega + A \times 50) = B + 50 \times A \times B$$

等式两边对 A、B 两个变量取偏微分，

$$\Delta U = \mathrm{d}U / \mathrm{d}B_1 + 250B \times \Delta A + 5000$$

$$\Delta U = \frac{\mathrm{d}U}{\mathrm{d}B} + \frac{\mathrm{d}U}{\mathrm{d}A} = 1 \times \Delta B + 50A \times \Delta B + 50B \times \Delta A \tag{2.15}$$

由公式（2.15）推理得出，影响 ΔU 的因素有 A、B、ΔA、ΔB 四个变量。在此例中，当 A、B 分别取最大值状态时 ΔU 可能会有最大值。因此，将电路原理设计中确定的 A、B 的最大值代入公式（2.15），然后根据系统对 ΔU 的要求，结合工程经验，确定 ΔA、ΔB。

以上为用偏微分法进行系统各分模块精度分配计算的过程。

例：某激光测高仪器，工作原理如图 2-34 所示，A 是仪器的位置，H 是待测对象的高度，L 是从仪器测试点到被测对象最高点的距离，θ 是测角仪测量时的仰角。

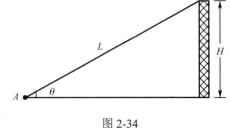

图 2-34

测高仪由测距装置、测角装置、主控装置三部分组成，分别测量 L、θ 两个物理量，然后根据三角关系式，得出被测对象的高度

$$H = L \times \sin\theta \tag{2.16}$$

根据误差计算公式，对公式（2.16）两边做微分，得

$$\Delta H = \Delta L \times \sin\theta + L\Delta\theta\cos\theta \tag{2.17}$$

$$\Delta H = \sqrt{\Delta L^2 + (L_{\max} \cdot \Delta\theta)^2} \times \left(\frac{\Delta L}{\sqrt{\Delta L^2 + (L_{\max} \cdot \Delta\theta)^2}} \sin\theta + \frac{L\Delta\theta}{\sqrt{\Delta L^2 + (L_{\max} \cdot \Delta\theta)^2}} \cos\theta \right)$$

令

$$\frac{\Delta L}{\sqrt{\Delta L^2 + (L_{\max} \cdot \Delta \theta)^2}} = \cos\varphi, \quad \frac{L\Delta\theta}{\sqrt{\Delta L^2 + (L_{\max} \cdot \Delta \theta)^2}} = \sin\varphi$$

$$\Delta H = \sqrt{\Delta L^2 + (L_{\max} \cdot \Delta \theta)^2} \times \left(\cos\varphi * \sin\theta + \sin\varphi * \cos\theta\right)$$

$$= \sqrt{\Delta L^2 + (L_{\max} \cdot \Delta \theta)^2} \sin(\theta + \varphi) \tag{2.18}$$

$$\Delta H_{\max} = \sqrt{\Delta L^2 + (L_{\max} \times \Delta \theta)^2} \tag{2.19}$$

由公式（2.19）得出，H 的偏差与测距装置的测量精度、测角装置的测量精度、测距的距离范围、仰角的角度范围四个因素相关。按照三角函数的求极值运算公式，当 $\theta = \arctan$（$\Delta L / L_{\max} \times \Delta \theta$）时，$\Delta H$ 取最大值。

如果激光测高仪系统设计要求如下：

- 系统精度 $\Delta H_{\max}$：4 m；
- 最大测距 $L_{\max}$：2 km。

则误差可分配为：

- 测距装置误差 ΔL：2 m（一般激光测距均可达到）；
- 测角装置误差 $\Delta \theta$：0～1 密位（1 密位=2π/6000 弧度）。

按照公式（2.19），将分配误差代入，$\Delta H = \text{sqrt}[2^2 + (2\pi/3)^2] \approx 2.896$，满足系统精度 $\Delta H_{\max} \leq 4m$ 的要求，因此，此精度误差分配是合理的。

注：1 个密位=0.06°（中国采用 6000 密位制，即将 1 周 360°分成 6000 份，每一份则为 1 个密位；美国欧盟为主体的北约组织采用 6400 密位制）。

2.5　可靠性量化评估

常用的可靠性量化评估方法有两个，一是 MTBF 鉴定试验方法（主要有三种方法：定时截尾试验、字数截尾试验、截尾序贯试验）；二是应力计数法。但凡与可靠度量化评估有关的指标，均基于统计学理论。统计学的理论实践基础都有一个前提，即大样本量、长时间。而这两点在现实中，缺乏可操作性，尤其是大中型、小批量的产品。因此，实践操作性上走不通 MTBF 的鉴定试验方法，则退而求其次，采用应力计数法做可靠性预计。

2.5.1　MTBF 理论基础

对于常见的电子仪器，里面包括电子、软件、机械结构三部分，这三部分的可靠度分布各有各的特点，在参考文献中，最常见的假设条件是"假设系统可靠度符合指数分布，失效率是一个常数"，然后得出

$$\text{MTBF} = 1/\lambda \tag{2.20}$$

事实上，常规的嵌入式系统并不是完全符合指数分布的，对于一块电路板或整机，其失效率并不是一个常数。只有当电子元器件的失效率分布在其生命周期内时才符合这个条件，电子元器件的失效率一时间曲线（浴盆曲线）如图 2-35 所示。

在图 2-35 浴盆曲线中，分为三个阶段，早期失效期、偶发失效期（也称随机失效期）和老化失效期。

由于早期失效期的存在，电路板刚刚焊好，如果不经过任何老化过程，直接投放用户现场使用，极可能会出现用户初期使用时各类故障问题的集中爆发，这就是早期失效期的规律。在此曲线理论指导下生产厂家在电子产品出厂前，都会经过一道工序——高温老化，通过高温老化，将早期失效期在制造车间内部完成。这样，产品到客户处的时候，直接就进入了偶发失效期，在偶发失效期里，随着时间的推移，失效率呈现为一个常数，可靠度计算公式见（2.21）。

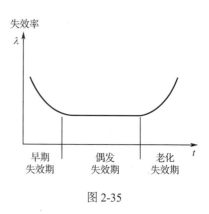

图 2-35

$$R(\mathrm{t}) = \mathrm{e}^{-\int_0^t \lambda(t)\mathrm{d}t} \tag{2.21}$$

公式（2.21）中，$\lambda(t)$ 为不随时间变化的常数 λ，从而得出

$$R(t) = \mathrm{e}^{-\lambda t} \tag{2.22}$$

而平均无故障工作时间（Mean Time Between Failure，MTBF）的通用计算公式为

$$\mathrm{MTBF} = \int_0^\infty R(t)\ \mathrm{d}t \tag{2.23}$$

将公式（2.22）代入公式（2.23），得出

$$\mathrm{MTBF} = 1/\lambda \tag{2.24}$$

虽然，公式（2.24）的计算结果仅对电子元器件适用，但在实际的电子电路可靠性预计中，一般将装配印刷电路板（Printed Circuit Board Assembly，PCBA）的可靠度也近似假设为服从指数分布，从而可以按照公式（2.24）的计算方法进行系统 MTBF 值的估算。

例：一款可用于伺服器的 WD Caviar RE2 7200 RPM 硬碟，MTBF 高达 120 万小时，保修期 5 年。

$$120 \text{ 万小时} \approx 137 \text{ 年}$$

这并不是说该种硬碟每个均能工作 137 年不出故障。

由公式（2.24），假设硬碟可靠度成指数分布，失效率 λ 是一个常数，则

$$\lambda = 1 / \mathrm{MTBF} = 1 / 137 \text{ 年} = 0.7\%$$

即该硬碟的平均年故障率约为 0.7%，一年内，平均 1000 个硬碟有 7 只会出故障。

例：某两款空调产品，A 款产品办公用，售出 6000 台，每天工作 10 小时，工作一个月后，有 6 台失效，此款产品的 MTBF 是多少？

B 款产品家用，售出 2000 台，每天工作 24 小时，工作一个月后，有 1 台失效，此款产品的 MTBF 是多少？

此二款产品哪一个型号更可靠？

答：A 款产品 6000 台×10 小时×30 天=1800000 台时，一个月内坏了 6 台，所以：

$$\text{失效率 } \lambda_a = \frac{6}{180\times10^4}\left(\frac{1}{\mathrm{h}}\right)$$

$$\mathrm{MTBF} = \frac{1}{\lambda_a} = \frac{180\times10^4}{6} = 300000(\mathrm{h})$$

B 款产品：2000 台×24 小时×30 天=1440000 台时，一个月内坏了 1 台，所以

$$失效率\ \lambda_b = \frac{1}{144\times10^4}\left(\frac{1}{h}\right)$$

$$MTBF = \frac{1}{\lambda_b} = \frac{144\times10^4}{1} = 1440000(h)$$

由以上二者 MTBF 值的比较，得出 B 款的可靠性较高。

在实际运算中，元器件失效率较低的情况下，为了计算简便，通常用 Fit 作为计量单位，$1Fit=10^{-9}$（1/h）。

2.5.2　可靠性串/并联模型

电子系统的可靠性模型分为串联模型和并联模型。

在进行系统设计的时候，为了保证部分关键环节的可靠性，常会采取并联互为备份的系统结构形式，以期实现系统可靠性的成倍提升，这时一般会采取可靠性并联模型结构形式。但是需要注意的是，系统可靠性的串、并联模型和系统功能框图的串、并联模型没有直接等同关系。经常出现实际功能设计采用并联结构，但在可靠性模型上却是串联结构模型的情况，反而会使系统可靠度下降。

如图 2-36 所示，图中 B、C 为电流输入端，D 端接负载，作为 D 端的 15A 为额定负载电流，从功能上看，B 和 C 两条路径的供电电路组成并联关系，但在可靠性模型的串/并联关系上，它并不是并联关系，因为 B 和 C 中的任何一条路径都不能独立完成对 D 端的 15A 的供电，所以其在功能框图上的并联结构，见图 2-36（a）功能框图，在可靠性模型上却为串联结构，见图 2-36（b）可靠性模型，这样反而因为多了一路的电缆，增加了一个焊点和电缆失效的可能性。

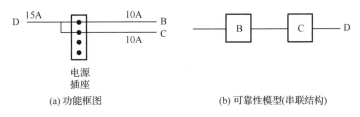

(a) 功能框图　　　　　　　　　　　　(b) 可靠性模型(串联结构)

图 2-36

可靠性串联模型的系统可靠度为

$$R=R_b\times R_c \tag{2.25}$$

而当 B、C 的电缆指标改为 20A 的时候（图 2-37），任何一路均可以满足 D 端的 15A 电流输出，此时 B 和 C 就互为备份，其可靠性模型结构形式就变成了并联结构，这种结构的电路可靠性将大大提升。

可靠性并联模型的系统可靠度为

$$R=1-(1-R_b)\times(1-R_c) \tag{2.26}$$

可靠性串、并联模型的建立，主要有两个用途，一是作为系统可靠性预计和分配的基础；二是提供对系统关键可靠性节点的分析思路，比如对于有 AC 电源和后备电池供电的便携移动

设备，从可靠性串、并联结构模型出发，电源供电部分是并联结构，按键部分与电源之间反而是串联结构，如此则按键的可靠性比电源模块对系统功能可靠性的影响要关键得多。

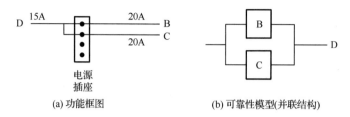

图 2-37

例：某数字测角仪，为控制装置实时地提供待测对象的角偏差数据，主要由光学瞄准镜、可变焦距摄像机、图像处理和控制电路（简称 DSP 电路板）三部分组成，测角仪功能框图如图 2-38 所示。

图 2-38

测角仪的工作任务时间为 150 秒；平均无故障工作次数要求不小于 2000 次。测角仪各组成部分的失效率见表 2-31。

表 2-31　测角仪组成部分失效率数据表

序号	单元名称	任务时间 s	λ_i $(10^{-6}/h)$	预计的可靠度
1	光学瞄准镜	150	5.11071578	$R_1=0.99999979$
2	可变焦距摄像机	150	7.3767041	$R_2=0.99999969$
3	DSP 电路板	150	16.7776971	$R_3=0.9999993$

例：请根据以上数据，计算此系统是否满足可靠性指标要求。

答：根据上述内容，假设测角仪失效规律是一个常数，可靠度服从指数分布，无故障工作次数用 θ 表示，每次的工作时间用 t 表示，则平均故障间隔时间为

$$\text{MTBF} = \theta t = \frac{1}{\lambda}$$

所以，　$\theta t = \dfrac{1}{\lambda}$

因此，测角仪的任务可靠度要求为

$$R(t) = \mathrm{e}^{-\lambda t} = \mathrm{e}^{-\frac{1}{\theta}} \approx 0.99951$$

根据测角仪功能框图，得出测角仪的任务可靠性串联模型框图如图 2-39 所示。

图 2-39

测角仪的可靠性数学模型为

$$R_s = R_1 \times R_2 \times R_3 \tag{2.27}$$

式中，

- R_s 为测角仪的可靠度；
- R_1 为光学瞄准镜可靠度；
- R_2 为可变焦距摄像机可靠度；
- R_3 为 DSP 电路板可靠度控制模块可靠度。

将表 2-31 中的数据代入公式（2.27），则

$$R_s = 0.99999979 \times 0.99999969 \times 0.9999993 \approx 0.99999878 > 0.99951$$

由此得出，三个模块组成的测角仪系统可以满足可靠性指标平均无故障工作次数不小于 2000 次的要求。

2.5.3 可靠度评估公式

示例（表 2-31）中的模块失效率依据为《GJB/Z 299C 电子设备可靠性预计手册》，预计公式和数据均来源于此标准，目前在国内、国际上，较常参考的数据为 MIL217 和 GJB/Z 299C。标准中，既有进口电子元器件的失效率参数和计算公式，也有国产元器件的公式和数据，有一部分产品属于定制品，非大规模使用的标准件，其失效率数据则只能依赖于厂家提供的失效率或参考同类产品的失效率。元器件按失效率计算公式汇总如下（见表 2-32）。

表 2-32 公式及参数说明

元器件类别	工作失效率预计公式	参数说明
单片 数字集成电路	$\lambda_p = \pi_Q [C_1 \pi_T + C_2 \pi_E]$	π_E：环境系数；π_Q：质量系数 π_T：温度应力系数；C_1：电路复杂度失效率；C_2：封装复杂度失效率
单片 模拟集成电路		
SRAM/DRAM		
EEPROM/FLASH		
普通 双极型晶体管	$\lambda_p = \lambda_b \pi_E \pi_Q \pi_T \pi_S$	λ_b：基本失效率；π_E：环境系数；π_Q：质量系数；π_T：温度系数；π_S：应力系数
场效应晶体管		
电压调整（基准）及电流调整二极管		
单结晶体管		
普通二极管		
光电子元器件	$\lambda_p = \lambda_b \pi_E \pi_Q \pi_T$	λ_b：基本失效率；π_E：环境系数；π_Q：质量系数；π_T：温度系数
电阻器	$\lambda_p = \lambda_b \pi_E \pi_Q \pi_T \pi_S$	λ_b：基本失效率；π_E：环境系数；π_Q：质量系数；π_T：温度系数；π_S：应力系数；N：网络电阻数
电阻网络	$\lambda_p = N \lambda_b \pi_E \pi_Q \pi_T \pi_S$	
电位器	$\lambda_p = \lambda_b \pi_E \pi_Q \pi_T \pi_S$	

续表

元器件类别	工作失效率预计公式	参数说明
电容器	$\lambda_p = \lambda_b \pi_E \pi_Q \pi_T \pi_S \pi_{ch}$	λ_b：基本失效率；π_E：环境系数；π_Q：质量系数；π_T：温度系数；π_S：应力系数；π_{ch}：表面贴装系数。
电感器	$\lambda_p = \lambda_b \pi_E \pi_Q \pi_T$	λ_b：基本失效率；π_E：环境系数；π_Q：质量系数；π_T：温度系数。
开关	$\lambda_p = (\lambda_{b1} + \lambda_{b2})\pi_E \pi_Q \pi_T \pi_S$	λ_{b1}：开关驱动机构的基本失效率；λ_{b2}：开关有源接点的基本失效率；π_E：环境系数；π_Q：质量系数；π_T：温度系数；π_S：电应力系数。
连接器	$\lambda_p = \lambda_b \pi_E \pi_Q \pi_T \pi_P$	λ_b：基本失效率；π_E：环境系数；π_Q：质量系数；π_T：温度系数；π_P：接触件系数。
旋转电器 谐振器 振荡器	$\lambda_p = \lambda_b \pi_E \pi_Q$	λ_b：基本失效率；π_E：环境系数；π_Q：质量系数。
印制板	$\lambda_p = (\lambda_{b1}N + \lambda_{b2})\pi_E \pi_Q \pi_C$	λ_{b1}、λ_{b2}：基本失效率；N：使用的金属化孔数；π_E：环境系数；π_Q：质量系数；π_C：复杂度系数。

通过标准，确定了元器件的基础失效率，然后根据实际工作中的工况，确定元器件的应力系数，用表 2-32 中的公式，将元器件的工作失效率计算出来，然后依据产品的可靠度模型，求出系统失效率，最后利用公式（2.24）计算得出 MTBF 的数值。

2.6 阻 抗 匹 配

阻抗匹配是电路设计中出现频率较高的词汇之一。不过，阻抗匹配常出现在三个场合，而在这三个场合里，阻抗匹配的含意还略有差别。

阻抗匹配是控制电子、无线电电子技术中常见的一种工作状态，它反映了输入电路与输出电路之间的信号和功率传输关系。当电路实现阻抗匹配时，将获得最大的功率传输；当电路阻抗失配时，不但得不到最大的功率传输，还可能对电路产生损害。阻抗匹配常见于各级放大电路之间、放大器与负载之间、测量仪器与被测电路之间、天线与接收机或发信机与天线之间。

例如扩音机的输出电路与扬声器之间必须做到阻抗匹配，不匹配时，扩音机的输出功率将不能全部送至扬声器。如果扬声器的阻抗远小于扩音机的输出阻抗，扩音机就处于过载状态，其末级功率放大管很容易被损坏。反之，如果扬声器的阻抗高于扩音机的输出阻抗过多，会引起输出电压升高，同样不利于扩音机的工作，还会产生声音失真。因此扩音机电路的输出阻抗与扬声器的阻抗越接近越好。

又如无线电发信机的输出阻抗与馈线的阻抗、馈线与天线的阻抗也应达到一致。如果阻抗值不一致，发信机输出的高频能量将不能全部由天线发射出去。这部分没有发射出去的能量会反射回来，产生驻波，严重时会引起馈线的绝缘层及发信机末级功放管的损坏。为了使信号和能量有效地传输，必须使电路工作在阻抗匹配状态，即信号源或功率源的内阻等于电路的输入阻抗，电路的输出阻抗等于负载的阻抗。

因此阻抗匹配常用的三种场合，归纳如下。

☺ 一是放大电路场合，是为了保证互联电路之间的级联放大倍数不受前级输出阻抗和后级输入阻抗的影响；

☺ 二是在高频电路的信号完整性设计上，是为了保证高频数字信号在信号线上传输时不发生反射、塌陷，即使发生了阻抗不匹配，也要保证信号受影响后的畸变程度不能影响到后级对信号的有效识别；

☺ 三是在功率与谐振电路里。谐振电路中，如果匹配不好，电路可能会不起振；在滤波电路里，为了实现更好的滤波，滤波器设计上有时也会有意识地设计成阻抗失配的状态（如电源滤波器）。功率电路里，阻抗匹配不好，轻者驱动能力得不到充分发挥，重者甚至会导致元器件损坏。

2.6.1 放大电路阻抗匹配

先通过一个小例子来说明放大电路不匹配的现象。比如两级放大电路，前级放大倍数为 1/2，后级放大倍数为 1/3，按照常规考虑，级联后的放大倍数应该是将两个放大倍数相乘，结果为1/6。但如果前、后级的电路分别如图 2-40 所示，则级联电路的总放大倍数就与预期的不一样了。

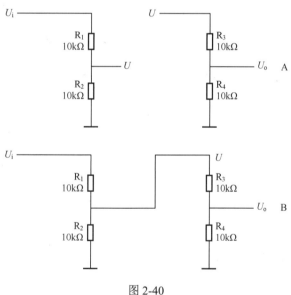

图 2-40

计算如下：

V 点对地的阻抗 R_v 为 R_2 和（R_3+R_4）的并联值，然后再由 R_1 和 R_v 进行分压。

$$R_v = \frac{R_2 \times (R_3 + R_4)}{R_2 + R_3 + R_4} = \frac{10\,k \times (10\,k + 20\,k)}{10\,k + 20\,k + 10\,k} = 7.5\,k$$

$$U = U_i \times \frac{R_v}{R_v + R_1} = U_i \times \frac{7.5\,k}{7.5\,k + 10\,k} = U_i \times \frac{3}{7}$$

$$U_o = U \times \frac{R_4}{R_3 + R_4} = U \times \frac{1}{3}$$

$$U_o = U \times \frac{1}{3} = U_i \times \frac{3}{7} \times \frac{1}{3} = U_i \times \frac{1}{7}$$

因此，级联后的放大倍数就变成了 1/7，而不是理想期望的 1/6，这个不同就是由于未考虑阻抗匹配问题所致。

但如果电路是如图 2-41 所设计的方案，在两级电路之间加了一个跟随器，跟随器的作用就是做阻抗变换，同相输入端的阻抗很大，与前级的输出阻抗相比，基本可以认为是开路，那对与前级的阻抗匹配就没什么影响了，可以将前级电路看成开路；而跟随器的后级输出阻抗又很小，与后级电路的输入阻抗相比，小到基本可以忽略，那么它对后级电路的影响也就可以忽略了。这样的计算结果：

$$U = U_i \times \frac{R_2}{R_1 + R_2} = U_i \times \frac{1}{2}$$

$$U_o = U \times \frac{R_4}{R_3 + R_4} = U \times \frac{1}{3} = U_i \times \frac{1}{3} \times \frac{1}{2} = U_i \times \frac{1}{6}$$

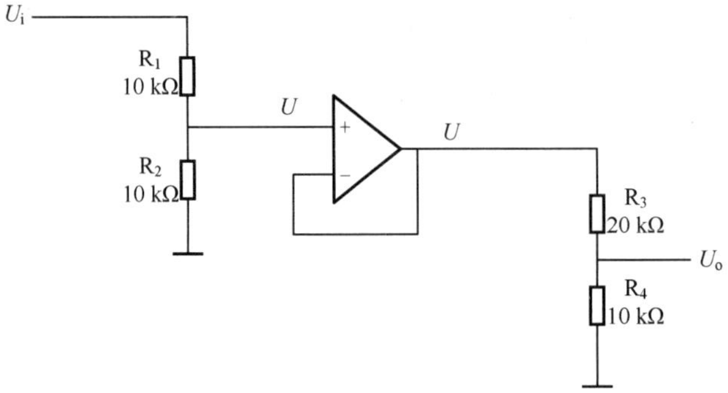

图 2-41

因此，放大电路的前后级阻抗匹配是很关键的一个设计点，此问题尤其容易发生在可能会连接其他多种设备或传感器的设备上，因为互联的设备设计方案不同，如果双方在接口部位都没有进行阻抗匹配的设计，则单机工作良好的机器，一旦连在一起，也极可能会出现达不到预期放大倍数的情况。采用已有成熟电路时也有此隐患。

例：一个流量传感器的放大电路如图 2-42 所示，输入电平到达 TL064 运放引脚的 pin10 时，误差不得超过±3%，该电路的 R_{39}、R_{41} 的选型有无问题？

解：设定接插件 CON3 的 pin3 输入电压为 U，假设 R_{39} 与 R_{41} 的电阻误差为±Δ（百分比值），按照最坏电路情况分析如下。

第 1 步：确定电阻的误差

不考虑误差的情况下，标称值：

$$U_S = U \times \frac{R_{41}}{R_{39} + R_{41}} = U \times \frac{51k}{100k + 51k} = 0.338 \times U$$

考虑电阻的最坏组合，有两种情况：

$$U = U \times \frac{R_{41}}{R_{39} + R_{41}} = U \times \frac{1}{1 + \frac{R_{39}}{R_{41}}} = U \times \frac{1}{1 + \frac{R_{39}(1+\Delta)}{R_{41}(1-\Delta)}} > 97\% \times U_S$$

$$U = U \times \frac{R_{41}}{R_{39} + R_{41}} = U \times \frac{1}{1 + \dfrac{R_{39}}{R_{41}}} = U \times \frac{1}{1 + \dfrac{R_{39}(1-\Delta)}{R_{41}(1+\Delta)}} < 103\% \times U_{\mathrm{s}} \quad （此式恒成立）$$

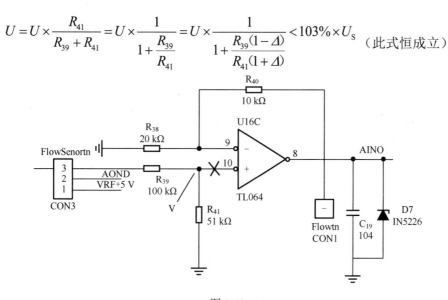

图 2-42

将 $R_{39} = 100\ \mathrm{k\Omega}$，$R_{41} = 51\ \mathrm{k\Omega}$ 代入上面的式子，

求出 $\Delta < 2.19\%$。

第 2 步：考虑阻抗匹配

电路一经诞生，其三项特征参数（输入阻抗、输出阻抗、负载驱动能力）就存在了。传感器电路也不例外。等效框图如图 2-43 所示。P 为输入物理量（不一定是电学量），经过非电量转变到电量后，以电压 U_{o} 的形式表现出来。在不接后面的放大电路负载的时候，在传感器开路输出测量结果 $U = U_{\mathrm{o}}$，因为输出阻抗上没有电流流过，所以两个值相等。

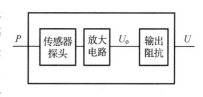

图 2-43

如果不考虑阻抗匹配问题，将理想的传感器输出电压 $U = U_{\mathrm{o}}$ 接入放大电路，运放 pin10 的电压为 $U = 0.338U = 0.338 \times U_{\mathrm{o}}$（理想值）。

但如果考虑阻抗匹配，如图 2-44 所示，传感器输出阻抗上有电流 I 流过，产生压降 $I \times R_{\mathrm{o}}$，则 $U = U_{\mathrm{o}} - I \times R_{\mathrm{o}}$。

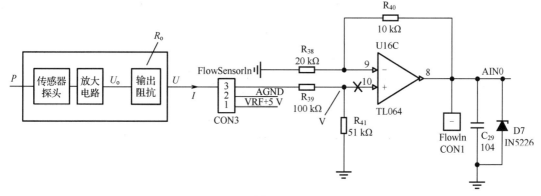

图 2-44

这种情况下的 $U=0.338\times U=0.338U_o-I\times R_o$，$I=\dfrac{U_o}{R_o+R_{39}+R_{41}}=\dfrac{U_o}{R_o+151\mathrm{k}}$ 则计算误差：

$$\frac{\text{阻抗匹配后的pin10电压}}{\text{理想的pin10电压}}=\frac{0.338U_o-I\times R_o}{0.338U_o}=\frac{0.338U_o-\dfrac{U_o}{R_o+151\mathrm{k}}\times R_o}{0.338U_o}>97\%$$

计算得出：$R_o<1.547\ \mathrm{k\Omega}$

即：如果传感器输出阻抗小于 1.547 kΩ，则阻抗匹配不佳导致的测量偏差是可以接受的。但如果传感器输出阻抗大于此数值，则必须将 R_{39}、R_{41} 的阻值调高，确保 I 在 R_o 上产生的压降不可以使 U 的误差超出3%的要求。

但很多时候，我们买到的传感器或板卡的输出阻抗指标，厂家并不提供。如果要不到的话，可以自己测试一下。测试方法如图 2-45 所示。

先将 P 物理量输入，不接负载电位器 r，开路测量 $U=U_o$，然后接上 r 负载电位器，输出电流 I，随意调节 r 阻值，测量传感器输出电压为 U'（一般建议不要比开路测量出来的 U_o 低太多，避免传感器驱动能力不足导致测量误差）并记录，此时的 $U+I\times R_o=U_o$。拆下电位器测出 r 值，然后通过 R_o 与 r 的分压值以及 r 的值，按照公式（2.28）计算出输出阻抗 R_o。

$$\frac{U'}{U_o-U'}=\frac{r}{R_o}$$

$$R_o=\frac{r\times(U_o-U')}{U'} \qquad\qquad (2.28)$$

2.6.2 功率驱动电路阻抗匹配

功率电路的阻抗匹配是电源或功率驱动输出电路与负载之间的匹配。以直流电源驱动负载为例，电源总是有内阻的，可以把一个实际电压源，等效成一个理想的电压源跟一个电阻 r 串联的模型，如图 2-46 所示。

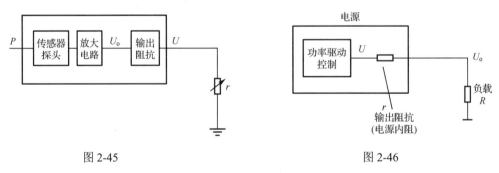

图 2-45   图 2-46

假设负载电阻为 R，电源电动势为 U，内阻为 r，流过电阻 R 的电流为

$$I=\frac{U}{R+r}$$

可以看出，负载电阻 R 越小，则输出电流越大。

负载 R 上的电压为 $U_\circ = I \times R = \dfrac{U}{R+r} \times R = \dfrac{U}{1+\dfrac{r}{R}}$

可以看出，负载电阻 R 越大，则输出电压 $U_\circ$ 越高。再来计算一下电阻 R 上所消耗的功率为

$$
\begin{aligned}
P = I^2 \times R &= \left(\frac{U}{R+r}\right)^2 \times R = \frac{U^2}{R^2 + 2R \times r + r^2} \times R \\
&= \frac{U^2 \times R}{R^2 - 2R \times r + r^2 + 4R \times r} = \frac{U^2 \times R}{(R-r)^2 + 4R \times r} \\
&= \frac{U^2}{\dfrac{(R-r)^2}{R} + 4r}
\end{aligned}
\tag{2.29}
$$

对于一个给定的信号源，其内阻 r 是固定的，而负载电阻 R 则是由我们来选择的。注意式中 $\dfrac{(R-r)^2}{R}$，当 $R=r$ 时，该式子得最小值 0，这时负载电阻 R 上可获得最大输出功率：

$$
P_{\max} = \frac{U^2}{4r}
$$

即当负载电阻跟信号源内阻相等时，负载可获得最大输出功率，这就是我们常说的功率阻抗匹配。

由此得出结论：如果需要输出大电流，则选择小的负载 R；如果需要输出大电压，则选择大的负载 R；如果需要输出功率最大，则选择跟信号源内阻匹配的电阻 R。

以上分析的是纯阻性电路，但在有电感电容的电抗电路中，电阻、感抗、容抗，三者值不能简单相加，而常用复数来计算，电阻用 R，感抗用 $j\omega L$，容抗用 $\dfrac{1}{j\omega C}$ 表示。因此，电抗电路要做到匹配，比纯电阻电路要复杂一些，除了输入和输出电路中的电阻成分要求相等外，还要求电抗成分大小相等，符号相反（共轭匹配）；或者电阻成分和电抗成分均分别相等（无反射匹配）。满足上述条件即称为阻抗匹配，负载即能得到最大的功率。

因为电子电路中传输的信号功率本身较弱，需用匹配来提高输出功率。而在电工电路中一般不考虑匹配，否则会导致输出电流过大，损坏用电器。

2.6.3 高频电路阻抗匹配

在高频电路中，阻抗匹配的目的主要是维护信号的质量。在高速 PCB 设计中，阻抗的匹配与否关系到信号的质量优劣。

PCB 走线什么时候需要做阻抗匹配？主要不是看频率，而是看信号的边沿陡峭程度，即信号的上升/下降时间。一般认为如果信号的上升/下降时间（按 10%～90%计）小于 6 倍导线延时，就是高速信号，就必须注意阻抗匹配的问题了。

电信号在真空中的传播速度 $C=3\times10^8$ m/s，在相对介电系数为 E_r 的介质中，传播速度

为 $V = \dfrac{C}{\sqrt{E_r}}$ 。

水的相对介电系数是 80，所以在水中，信号的传播速度是 $V_{H_2O} = \dfrac{C}{\sqrt{E_r}} = \dfrac{3 \times 10^8}{\sqrt{80}}$ ，差不多相当于真空中的 1/9。

在 PCB 中，FR4 的相对介电系数约为 4，所以在板材上的传播速度是真空中的一半，即 $V_{PCB} = \dfrac{C}{\sqrt{E_r}} = \dfrac{3 \times 10^8}{\sqrt{4}} = \dfrac{3 \times 10^8 \times 10^2}{2 \times 10^9} \dfrac{cm}{ns} = 15\ cm/ns$ 。

如果信号的上升时间 t_r/下降时间 t_s（按 10%～90% 计）小于 6 倍导线延时，即：

$t_r < 6\,T = \dfrac{6 \times L}{V_{PCB}}$ ，或 $t_s < 6\,T = \dfrac{6 \times L}{V_{PCB}}$ 时，就必须注意阻抗匹配的设计了。

例如，200 MHz 的正弦波，若导线长度差 200mil（5.08 cm），则信号从驱动输出端到接收端的时间为 $T = 5.08/15 = 0.34$ ns，而 200 MHz 信号的周期 $T = 5$ ns，其上升时间为 $t_r = 1$ ns 的方波信号，则 $t_r = 1$ ns $< 6T = 2.04$ ns，这个信号在这样一条信号线上流过，就会产生不可忽视的振铃了。

传输线上任意点的电压和电流都是入射波与反射波的叠加，因此通常用反射系数描述反射波与入射波之间的幅度与相位的关系。反射系数分为电压反射系数与电流反射系数。反射一定发生在阻抗突变的地方。

反射量的大小用"反射系数"表示，反射发生在阻抗变换界面下。

$$反射系数 = \dfrac{反射信号幅值}{入射信号幅值} = \dfrac{Z_2 - Z_1}{Z_2 + Z_1}$$

假设 $Z_1 = 50\ \Omega$，$Z_2 = 75\ \Omega$，

$$反射系数 = \dfrac{反射信号幅值}{入射信号幅值} = \dfrac{75 - 50}{75 + 50} = 20\%$$

如果入射信号幅度是 3.3V，反射电压达到了 3.3×20%=0.66 V。

如下例，信号输出端的输出阻抗为 10 Ω，信号输出电平为 3.3 V，PCB 特性阻抗为 50 Ω，导线的另一端 B 开路或为 CMOS 芯片的信号输入端（输入阻抗无穷大），则会发生如下步骤的反射过程（见图 2-47）。

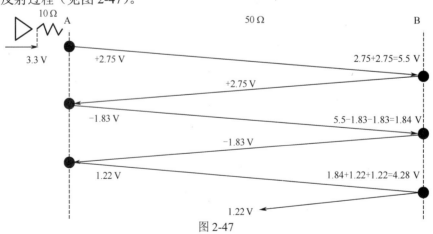

图 2-47

● 第一次反射：

信号从芯片内部发出，经过 10 Ω 输出阻抗和 50 Ω PCB 特性阻抗的分压，实际 $U_A = 3.3 \times \frac{50}{10+50} = 2.75$ V。传输到远端 B 点，由于 B 点开路，阻抗无穷大，反射系数为 1，即信号全部反射，反射信号也是 2.75 V。此时 U_{B1}=传输信号+反射信号= 2.75+2.75=5.5 V。

● 第 2 次反射：

2.75 V 反射电压回到 A 点，此时源阻抗为 50 Ω，而入射端阻抗为 10 Ω，发生负反射，A 点反射电压 $U_{A2} = \frac{10-50}{10+50} \times 2.75 = 1.83$ V，该电压到达 B 点，再次发生全反射，反射电压-1.83 V。此时 B 点测量电压 $U_{B2} = U_{B1}$ + 入射信号 + 二次反射信号 $= 5.5 - 1.83 - 1.83 = 1.84$ V。

● 第 3 次反射：

从 B 点反射回的-1.83 V 电压到达 A 点，再次发生负反射，反射电压为+1.22 V。该电压到达 B 点再次发生正反射，反射电压+1.22 V。此时 B 点测量电压为 U_{B2}+入射信号+反射信号=1.84+1.22+1.22=4.28 V。

● 第 4 次反射：……

● 第 5 次反射：……

如此循环，反射电压在 A 点和 B 点之间来回反弹，而引起 B 点电压不稳定。观察 B 点电压：5.5 V—1.84 V—4.28 V……，会有上下起伏，这就是信号振铃。因此会形成如图 2-48 所示的类似波形。

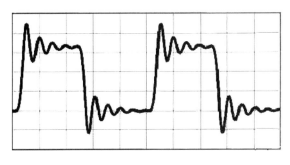

图 2-48

反射是高速电路的客观存在，我们只能无限地让它缩小，却不能完全消除它，在波形能够接受的情况下尽量做到最大限度地抑制反射，这就是设计所要做的工作。抑制的重要手段就是阻抗匹配。常见的阻抗匹配方式如下。

（1）串联终端匹配

在信号源端阻抗低于传输线特征阻抗的条件下，在信号源端和传输线之间串接一个电阻 R，使源端的输出阻抗与传输线的特征阻抗相匹配，抑制从负载端反射回来的信号以免发生再次反射。

匹配电阻选择原则：匹配电阻值与驱动器的输出阻抗之和等于传输线的特征阻抗。常见的 CMOS 和 TTL 驱动器，其输出阻抗会随信号电平大小的变化而变化。因此，对 TTL 或 CMOS 电路来说，不可能有十分精确稳定的匹配电阻值，只能折中考虑。链状拓扑结构的信号网络不适合使用串联终端匹配，所有的负载必须接到传输线的末端。

串联匹配是最常用的终端匹配方法，优点是功耗小，不会给驱动器带来额外的直流负载，也不会在信号和地之间引入额外的阻抗，只需要一个电阻元件。一般的 CMOS、TTL 电路、USB 信号等常采用这种阻抗匹配方式。

（2）并联终端匹配

在信号源端阻抗很小的情况下，通过增加并联电阻使负载端输入阻抗与传输线的特征阻抗相匹配，达到消除负载端反射的目的。实现形式分为单电阻和双电阻两种形式。

匹配电阻选择原则：在芯片的输入阻抗很高的情况下，对单电阻形式来说，负载端的并联电阻值必须与传输线的特征阻抗相近或相等；对双电阻形式来说，每个并联电阻值为传输线特征阻抗的两倍。

并联终端匹配的优点是简单易行，显而易见的缺点是会带来直流功耗：单电阻方式的直流功耗与信号的占空比紧密相关；双电阻方式则无论信号是高电平还是低电平都有直流功耗，但电流比单电阻方式少一半。

常见应用：以高速信号应用较多。

① DDR、DDR2 等 SSTL 驱动器。采用单电阻形式，并联到 VTT（一般为 IOVDD 的一半）。其中 DDR2 数据信号的并联匹配电阻是内置在芯片中的。

② TMDS 等高速串行数据接口。采用单电阻形式，在接收设备端并联到 IOVDD，单端阻抗为 50Ω（差分对间为 100Ω）。

2.7 蒙特卡罗分析方法

2.7.1 概述

蒙特卡罗（Monte Carlo）方法，又称随机抽样或统计试验方法，属于计算数学的一个分支，它是在 20 世纪 40 年代中期为了适应当时原子能事业的发展而发展起来的。传统的经验方法由于不能逼近真实的物理过程，很难得到满意的结果，而蒙特卡罗方法由于能够真实地模拟实际物理过程，故解决问题与实际非常符合，可以得到很圆满的结果。

在工程设计分析中，蒙特卡罗方法是一种随机模拟方法，又称统计模拟法或随机抽样技术，它是以概率和统计理论方法为基础的一种计算方法，是使用随机数（或更常见的伪随机数）来解决很多计算问题的方法；它是将所求解的问题同一定的概率模型相联系，用电子计算机实现统计模拟或抽样，以获得问题的近似解。为象征性地表明这一方法的概率统计特征，故借用赌城蒙特卡罗命名。

由概率定义知，某事件的概率可以用大量试验中该事件发生的频率来估算，当样本容量足够大时，可以认为该事件的发生频率即为其概率，蒙特卡罗法正是基于此思路进行分析的。

在解决实际问题的时候应用蒙特卡罗方法，主要有两部分工作：第一步，用蒙特卡罗方法模拟某一过程时，需要产生各种概率分布的随机变量；第二步，用统计方法把模型的数字特征估计出来，从而得到实际问题的数值解。

蒙特卡罗方法实施步骤：

① 通过分析工程问题，建立数学模型；

② 通过敏感性分析，确定随机变量；

③ 构造随机变量的概率分布模型；

④ 为各输入随机变量抽取随机数；

⑤ 将抽得的随机数转化为各输入随机变量的抽样值；

⑥ 将抽样值组成一组项目评价基础数据；

⑦ 根据基础数据计算出评价指标值；

⑧ 整理模拟结果所得评价指标的期望值、方差、标准差和它的概率分布及累计概率，绘制累计概率分布图，计算项目可行或不可行的概率。

2.7.2　设计分析案例

下面应用蒙特卡罗方法分析分压器电路（见图 2-49）的分压比偏差。

例：分压比 V_r 为 0～1，步距为 0.1，分压比的允许相对偏差为±10%，总阻值（即 $R_1 + R_2$）为 1 MΩ，电阻 R_1、R_2 的允许相对偏差 R_t 为±10%。

根据 V_r 的要求，所需 R_1、R_2 的标称电阻值见表 2-33。

表 2-33　标称电阻值

V_r	R_1 /kΩ	R_2 /kΩ
0.0	0.0	1000
0.1	100	900
0.2	200	800
0.3	300	700
0.4	400	600
0.5	500	500
0.6	600	400
0.7	700	300
0.8	800	200
0.9	900	100
1.0	1000	0.0

现取 V_r=0.5，$R_1 = R_2$ =500 kΩ，R_1、R_2 的正态分布伪随机数均值 μ =5×10^5，标准偏差 $\sigma = \dfrac{R_t}{3} R = \dfrac{0.1}{3} R$ （3σ =0.1R），R 为标称电阻值（此处取值 500 kΩ）。

步骤 1：描述分压器电路特性的物理量是分压比 V_r，根据图 2-48 建立分压器电路的数学模型如下

$$V_r = \frac{R_1}{R_1 + R_2}$$

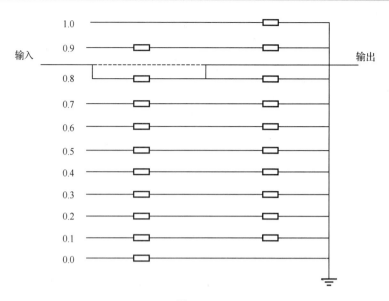

图 2-49

考虑到电阻 R_1、R_2 的容许相对偏差 R_t，V_r 可以写成如下表达式

$$V_r = \frac{R_1(1 \pm R_t)}{R_1(1 \pm R_t) + R_2(1 \pm R_t)}$$

步骤 2：利用随机数生成算法，通过计算机产生[0,1]上均匀分布的随机数。

各种教科书上列举了多种算法，都可以产生[0,1]上均匀分布的随机数，只是随机数的周期和算法的速度有一定的差别。在本例中，通过 Excel（2003 版）软件中的 RAND()函数直接生成[0,1]上均匀分布的随机数。

步骤 3：利用**步骤 2** 产生的[0,1]上均匀分布的随机数，通过下面的函数转换，产生服从 $N(0,1)$ 的正态随机数 y_1、y_2。

$$x_1 = \text{RAND}(), \quad x_2 = \text{RAND}();$$
$$x_3 = \text{RAND}(), \quad x_4 = \text{RAND}();$$
$$y_1 = \sqrt{-2 \times \ln x_1} \times \cos(2 \times \pi \times x_2);$$
$$y_2 = \sqrt{-2 \times \ln x_3} \times \cos(2 \times \pi \times x_4)。$$

步骤 4：利用下面的函数，将**步骤 3** 产生的服从 $N(0,1)$ 的正态随机数转化为服从 $N\left(5 \times 10^5, \dfrac{R}{30}\right)$ 的正态随机数。

$$R_1 = 5 \times 10^5 + y_1 \times \frac{R}{30};$$
$$R_2 = 5 \times 10^5 + y_2 \times \frac{R}{30}。$$

步骤 5：根据**步骤 1** 建立的数学模型：$V_r = \dfrac{R_1}{R_1 + R_2}$，当生成 1000 个（$R_1$，$R_2$），就可以计算出 1000 个 V_r；然后可以计算这 1000 个 V_r 的均值、方差，同时也可以画出直方图，分析 V_r 的概率分布、累计概率，分析 R_1、R_2 的偏差对 V_r 的影响。

按照容差分析的精度要求，（R_1，R_2）的样本量越多，计算出的 V_r 值就越多，这时分析 V_r 的分布就越准确，对于本例而言，生成 5000 个（R_1，R_2）就足以分析 V_r 的累计概率。

下面根据（R_1，R_2）的 5000 个样本，按照公式 $V_r = \dfrac{R_1}{R_1 + R_2}$，计算得到 5000 个 V_r。部分 V_r、R_1、R_2 的计算值见表 2-34。

表 2-34　部分 V_r、R_1、R_2 的计算值

V_r	R_1 /kΩ	R_2 /kΩ
0.52247749	535.3274	489.2668
0.49779954	500.4513	504.8756
0.49790242	491.2532	495.3924
0.48341815	495.835	529.8505
0.49731773	501.6298	507.0409
0.50016643	489.5495	489.2237
0.49308931	509.7582	524.0468
0.50159864	508.241	505.0014
0.49793043	503.0312	507.2127
0.4890716	496.0486	518.2172
0.51512499	532.5578	501.2841
0.49746879	499.9504	505.038
0.52247749	535.3274	489.2668
0.5087267	537.2292	518.7979
0.48556017	483.1805	511.9186
0.50618276	492.7719	480.734
0.51971826	516.0161	476.8605
0.49901681	528.6002	530.6832
0.49694208	501.0317	507.1979
0.49412521	492.651	504.3655
0.51294364	511.5193	485.7039

根据 V_r 值的统计分类（表 2-35），绘制分压比的直方图（图 2-50）。

表 2-35　V_r 值的统计分类

V_r	0.450~0.455	0.455~0.465	0.465~0.475	0.475~0.485	0.485~0.495	0.495~0.505	0.505~0.515	0.515~0.525	0.525~0.535	0.535~0.545	0.545~0.550
频率	0%	0.54%	4.32%	14.34%	30.84%	29.88%	15.52%	3.94%	0.52%	0.06%	0%

由表 2-35 和图 2-50 可知，用相对偏差±10%的电阻构成的分压器，随机模拟 5000 次抽样，模拟分析结果表示：满足分压比偏差±0.035(3 s)，即分压比在[0.465，0.535]区间的数据

有高达 99.4%的频率。

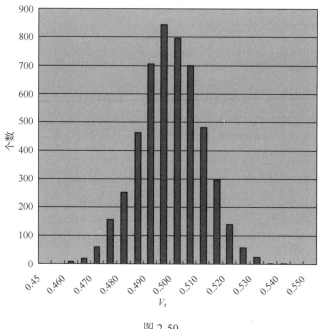

图 2-50

第 3 章

分立元器件应用计算

元器件的应用选型计算基础离不开数据手册（Datasheet），在不能对元器件的参数进行充分筛选、验证、测试的情况下，数据手册里的参数就成为元器件应用选型计算的唯一依据。因此，数据手册的作用不可低估。在数据手册的收集及应用方面，有三个常见的问题。

（1）内容指标不全。

一个常规的判定标准是：表格形式的参数一般是不全的，没有参数图形的一般是不全的。

图 3-1 所示为电阻的表格式参数，其中只有表格内的基本参数，但数据信息不全，而且没有图形图表的参数内容。

Type (inches)	Power Rating at 70℃(W)	Limiting Element Voltage(Maximum RCWV)[(1)](V)	Maximum Overload Voltage[(2)](V)	Resistance Tolerance(%)	Resistance Range (Ω)	T.C.R.[×10^{-6}/℃ (ppm/℃)]	Category Temperature Range(Operating Temperature Range)(℃)
ERJ1RH (0201)	0.05	15	30	±0.5	1 k to 100 k (E24.E96)	±50	−55 to +125

图 3-1

（2）收集后没研究全或没研究懂。

参数有很多，比如参数"Moisture Sensitivity：Level 1 per J-STD-020C"是潮敏等级 MSL-1，对应这个等级的防潮程度是什么要求，数据手册上并没有说，就需要查阅相关标准彻底搞明白。没认真研读这些参数，就不可能做出好的设计来。即使设计出的板卡能用，也不知道里面隐藏着多大的风险，即使有余量，也不知道有多大的余量。

（3）研究过了没研究透，不知道哪些指标将会影响我们的具体设计。

比如，环境条件对元器件参数有很大作用，这里以大气压指标为例说明。在电子产品中，大气压这个技术指标最常见的写法是 75～106kPa（也有的用 mmHg、毫巴），这是一个既常见又容易被忽视的指标。很多厂家的数据手册写上了，实际上设计师即使对其看见了，也是熟视无睹，但这个指标又确实不仅仅是个摆设。在笔者服务咨询辅导过的大型外企、军工科研院所、民品单位里，都遇到过类似问题。

在 3000 m 海拔高度范围内，每升高 12 m，大气压减小 1 mmHg，约 133.1 Pa，而海平面的大气压约为 $1.01×10^5$ Pa，75 kPa 对应约 2500 m 的海拔高度，比青海的西宁略高一点。也就是说，如果标注了这样的指标，那么比西宁海拔更高的地区，如康定、拉萨等，该设备最好就不要使用了。即使在那里勉强能用，设备的失效机理也会大大增加。

大气压发生变化时，对于有内部压力的元器件（如电解电容），在工作时，内部的热量需要散发出来，但当热量较大不能及时散出时，内部的介质就会热膨胀。在海拔低的时候，外部压强大，即使内部膨胀，ΔP 仍然会比较小，元器件的外壳也足够克服这个应力；但海拔高的时候，外部压力小了，ΔP 就会增加，到了足以克服元器件外壳的强度的时候，元器件的崩裂就不可避免了。总结起来就是一句话，高海拔地区的电解电容容易爆。

有气源和水源的设备，管内有压力气体或压力液体，因为海拔高度的变化，而导致内外压差的变化，也会导致供气、供液的精度误差较大或导致爆管、泄漏的风险，如呼吸治疗设备、密封设备（密闭的电气开关柜）等。

由上述可以看出，大气压这个指标还是有很大用途的，切不可忽视。它的影响不仅仅是针对整机系统，对机械管路以及元器件本身也有影响。因此，严格控制设备的使用范围，并在厂区里做相关的试验以验证产品确实不会因为气压变动而产生问题。这就是一个元器件的环境参数指标对整机故障率的相关影响。

本章的后续内容就是在元器件数据手册的基础上，说明什么样的数据手册是完善的，各参数的物理含义是什么，各参数对当前具体设计的影响和如何通过计算确定选型参数。

3.1 电　　阻

电阻的参数有多个，除了常用的标称阻值（R）、温度范围（T）、精度、额定功率 P_R、封装形式之外，还有极限工作电压（U）、温度系数（T.C.R.）、频率特性、噪声电动势、温度—负荷特性等。另外还有一个隐含指标：R（Ω）　@ 25℃。这个指标不会写在数据手册的里面，但它是一个客观存在的现实，即当元器件的工作环境温度与 25℃差异较大时，阻值就不能按照标称值来计算，而应该按照最坏电路情况分析法，选择可能导致最坏输出结果的阻值来进行选型计算了。

在不同的设计里，并不是所有的参数都需要关注，"凡事要抓主要矛盾，抓矛盾的主要方面"。可以说，每个参数都会对设计结果产生影响，但影响小到可以忽略的时候，这个参数就可以视而不见了。

按照常规理解，从表面上看，电阻仅有一个阻值特性。但实际上，电阻的引脚、引线上都有引线电感，而且应用在频率较高的场合时，因为引线电感有阻碍电流的作用，会导致较高频率的信号通过一个分布电容，绕过引线电感和电阻而实现传导。这就是电阻的高频特性。高频特性等效原理图如图 3-2 所示。

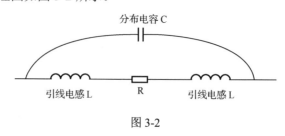

图 3-2

由图中可以看出，电感和电阻是串联关系，串联后与分布电容形成并联结构。当工作

在较高频率的时候，就需要按照这张图来分析电阻的作用了。比如直插式电阻的引线电感量就会大于表贴电阻的引线电感。

电阻的参数汇总示例如下（以一款精密电阻的参数为例进行说明）：

Power Rating	1/6W，1/4W，1/2W，1W，2W
Resistance Tolerance	±0.25%，±0.5%，±1%，±2%，±5%
T.C.R.	±15ppm/℃，±25ppm/℃，±50ppm/℃，±100ppm/℃

Power rating：功率

Resistance Tolerance：阻值精度

T.C.R.：全称 Temperature Coefficient of Resistance，电阻温度系数，指电阻值随温度的变化率，其单位为 ppm/℃。计算方法为

$$\Delta R = R \times \text{T.C.R.} \times \frac{1}{10^6} \times \Delta T$$

降额曲线，也称负荷特性曲线（见图 3-3）。图 3-3 中指在 70℃以下时，该电阻的最大额定功率是标称值的 100%；如果超过了 70℃，电阻的最大额定工作功率则需按照曲线的下降段限值进行收敛。

Limit Voltage/V	150
Insulation Voltage/V	250
Operating Temperature. Range	−50℃～+125℃

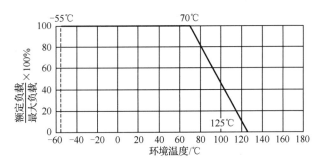

图 3-3

Limit Voltage：上限工作电压。指在工作状态下，电阻能承受的长期稳定工作电压值。

Insulation Voltage：绝缘耐压。即使电阻值很大，能确保在上面通过的电流很小，但电阻两端的电压差也不可以超出这个数值，此电压会足以把电阻击穿从而导致损坏或阻值变大。这是由电阻的工艺和结构决定的。

Operating Temperature Range：工作温度范围。

下面通过几个设计举例来分别说明电阻各个参数的考虑因素和注意事项。

3.1.1　放大电路电阻选型计算

放大电路属于模拟电路，其参数的一点点变化都会影响到输出的结果，尤其是在输入

的一端都是弱信号，微小的偏差叠加进微弱信号中去，经过放大后，其影响都不能忽略。

比例放大电路容差分析示意图如图 3-4 所示，一个反向放大器电路，设计要求放大倍数为 2，放大误差不大于 10%，要求通过工程计算确定电阻的阻值和精度。

首先按照运放电路"虚短和虚断"的基本假设，即：运放反向端输入偏置电流因为太小，可以忽略，暂不考虑；运放同相端和反相端的电压差很小，也可以忽略不计，如图 3-5 所示。

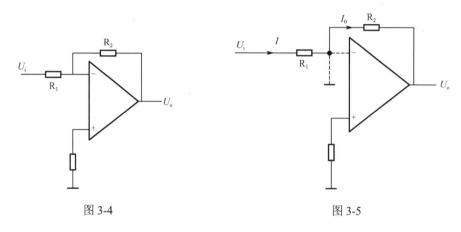

图 3-4   图 3-5

下面进行推导（本计算中只考虑电流大小，暂不考虑电流方向）：

$$I = \frac{U_i - 0}{R_1} = I_o = \frac{U_o - 0}{R_2}$$

$$\frac{U_i}{R_1} = \frac{U_o}{R_2}$$

$$\frac{U_o}{U_i} = \frac{R_2}{R_1}$$

既然系统设计要求放大倍数为 2，则

$$\frac{U_o}{U_i} = \frac{R_2}{R_1} = 2$$

又有要求放大误差≤10%，则

$$(2 - 2 \times 10\%) \leqslant \frac{R_2}{R_1} \leqslant (2 + 2 \times 10\%)$$

$$1.8 \leqslant \frac{R_2}{R_1} \leqslant 2.2$$

如果仅考虑以上要求，似乎随便选择一组满足以上计算范围的电阻即可结束本轮计算过程。照此设计，如果选择 $R_1 = 1\Omega$、$R_2 = 2\Omega$，精度 1%的两个电阻，或者选择 $R_1 = 1000M\Omega$、$R_2 = 2000M\Omega$，精度 1%的两个电阻，应该均能满足要求。但实际上，从这两组极端的数值来看，就能知道这样选择是否可以。真正的问题是，这两组电阻的边界值到底应该是多少，这就需要从两方面考虑。

首先，需要确定两只电阻的标称值，$R_1 = x\Omega$、$R_2 = 2x\Omega$。在设计计算上，虽然采用了"虚断"的假设，但实际工作中，输入偏置电流并不是真的断开了，而是会有一个很小的电流 i

（见图 3-6），$I=I_o+i$，即可推导出下列式子。

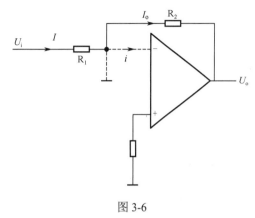

$$I = \frac{U_i - 0}{R_1} = I_o + i = \frac{U_o - 0}{R_2} + i$$

$$\frac{U_i}{R_1} = \frac{U_o}{R_2} + i$$

将 $R_1 = x\Omega$、$R_2 = 2x\Omega$ 代入，

$$\frac{U_i}{x} = \frac{U_o}{2x} + i$$

两边乘以 $2x$，

$$U_o = 2U_i - 2xi$$

求得 U_o/U_i，

图 3-6

$$\frac{U_o}{U_i} = \frac{2U_i - 2xi}{U_i} \geqslant 1.8$$

$$x \leqslant 0.1\frac{U_i}{i}$$

由此可得出，$R_1 = x \leqslant 0.1\dfrac{U_i}{i}$，$R_2 = 2x \leqslant 0.2\dfrac{U_i}{i}$。

这就求出了 R_1，R_2 的上限值，意思是说，电阻的标称值加上其精度误差导致的偏差之和，最高都不允许超过计算出来的这个结果，上限值的大小受限于运放的输入偏置电流。

求出了上限值，还需要计算下限值。这时候就要考虑上一级信号源的影响了（见图 3-7）。

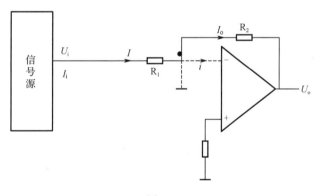

图 3-7

$$\frac{U_i}{R_1} = I < I_o$$

$$\frac{U_i}{I_o} < R_1$$

如果 R_1 小于 $\dfrac{U_i}{I_o}$，为达到信号的 U_i 电平，则需要前端的信号源输出比 I_o 大的电流才能实现，而这在工程上是不可能实现的，只可能发生 U_i 被拉低的情况，U_i 被拉低了，相当于

信号变质了，放大的结果自然也不可能实现了。

其次，要考虑电阻的精度问题。两个电阻都会有偏差，从物料的管理角度考虑，一般推荐选择精度等级一致的电阻。假设两个电阻的误差范围均选择 $a\%$，则 $R_1=x(1\pm a\%)$，$R_2=2x(1\pm a\%)\Omega$。考虑 R_1、R_2 的取值，再加上其误差所导致的阻值总变化，则 R_2/R_1 会出现两种极端情况，第一种是 R_2 为正的最大误差，R_1 为负的最大误差，此时放大倍数最大。

$$\frac{2x(1+a\%)}{x(1-a\%)} \le 2.2$$

由此式可计算得出，$a\%\le 4.76\%$。

第二种情况是 R_2 为负的最大误差，R_1 为正的最大误差，此时放大倍数最小。

$$1.8 \le \frac{2x(1-a\%)}{x(1+a\%)}$$

由此式可计算得出，$a\%\le 5.26\%$。

综合得出，选取两个电阻的误差需要满足 $a\%\le 4.76\%$。

由以上计算可以看出，如果选择了±5%精度的电阻，在特定情况下（R_1 负误差最大，同时 R_2 正误差最大），是不能保证放大电路精度满足±10%的要求的。而绝大多数情况下，这个电路又是正常的。这就是一个隐性的设计缺陷，这个设计缺陷在研发样机测试中很难被发现，因为这种组合（R_2 最大，R_1 最小）是小概率事件，在样本量并不是足够大的时候，随机抽取几台进行测试，几乎不可能出现。而在批量生产环节中，由于大批量规模化生产，各种阻值的配对情况都可能出现，由此造成的放大电路的整体放大精度超出误差允许范围就会在所难免。

以上计算，虽然求出了上限、下限、精度误差要求，但后续的阻值还有个细节的注意事项，就是任意电阻在阻值上下限范围内的标称值的选择问题。电阻值的选取均推荐选用处于 $\frac{R_{上限}+R_{下限}}{2}$ 附近的阻值（$R_{上限}$、$R_{下限}$ 分别为由以上计算方法求出的单个电阻的边缘极限阻值）。如果选择了靠近 $R_{上限}$ 或 $R_{下限}$ 的阻值，则必须确保下式成立：

$$R(1+a\%)<R_{上限}$$
$$R(1-a\%)>R_{下限}$$

3.1.2 上拉电阻选型计算

IC 的无用输入引脚（指在电路中不必参与功能执行的空余引脚），不允许处于悬空状态，必须接上拉或下拉电阻以提供确定的工作状态，优先推荐用上拉电阻。这应该作为一条设计规范被遵守。

引脚上拉、下拉电阻的设计出发点有两个：

- 一是在正常工作或单一故障状态下，引脚不应该出现不确定状态，如接头脱落后导致的引脚悬空，则应用上拉、下拉电阻提供一个确定的电平状态。
- 二是从功耗的角度考虑，在长时间的引脚等待状态下，引脚端口的电阻不应消耗太多电流，尤其是电池供电设备。

在待机状态下，源端输入常为高阻态，如果没有上拉电阻或下拉电阻，输入导线呈现天线效应，一旦引脚受到辐射干扰，则引脚输入状态极容易被感应从而发生变化。所以，这个电阻是肯定要加的。那么下一个问题是，加上拉电阻还是下拉电阻。

如果加了下拉电阻，在平常状态下，输入表现为低电平，但辐射干扰进来后，会通过下拉电阻泻放到地，就会发生从"Low"到"High"的一个跳变，从而产生误触发。

但如果加了上拉电阻，在平常状态下，输入表现为高电平，当负电平辐射干扰进来后，也不能将输入电平拉成低电平，上拉电阻会将输入端钳位在高电平，如果辐射干扰强，超过了 U_{cc} 的电平，导线上的高电平干扰会通过上拉电阻泻放到 U_{cc} 上去，无论怎样干扰，都只会发生从"High"到"Higher"的变化，不会产生误触发。因此从抗扰的角度来看，信号端口推荐优选上拉电阻。

图 3-8 所示的是在干扰状态下上拉电阻上叠加干扰信号示意图，图 3-9 所示的是在干扰状态下下拉电阻上叠加干扰信号示意图。图 3-9 中的低电平由 U_L 变为 $U_L+\Delta U$ 时，产生了从低电平到高电平的跳变，有使后级电路产生误动作的风险。

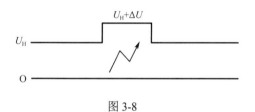

图 3-8   图 3-9

下一个问题是，确定了用上拉电阻后，是不是上拉电阻的阻值就可以随便选了呢？答案当然是"否"（见图 3-10）。

在前级输出高电平时，U_{out} 输出电流，U 为高电平。有两种情况：

① 当 $I_0 \geqslant I_1 + I_2$ 时

这种情况下，R_{L1} 和 R_{L2} 两个负载不会通过 R 取电流，因此对 R 阻值的大小要求不高，通常取 $4.7\ \text{k}\Omega < R < 20\ \text{k}\Omega$ 即可。此时 R 的主要作用是增加信号可靠性，当 U_{out} 连线松动或脱落时，抑制电路产生鞭状天线效应吸收干扰。

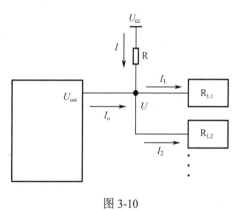

图 3-10

② 当 $I_0 < I_1 + I_2$ 时

当 $I_0 < I_1 + I_2$ 时，则需要在上拉电阻通路上补充电流 I，以提供后续电路的工作驱动电流，即

$$I_0 + I < I_1 + I_2$$

而 $U = U_{cc} - I \times R$

电路无论如何工作，必须保证

$$U > U_{Hmin}$$

由以上式子计算得出，$R \leqslant \dfrac{U_{cc} - U_{Hmin}}{I}$

其中，I_0、I_1、I_2、U_{Hmin} 可以从数据手册中查到，I 可以求解出来。

而当前级 U_{out} 输出低电平时，各引脚均为灌电流，则

$$I' = I'_1 + I'_2 + I'_0$$

而 $U' = U_{cc} - I' \times R$

电路无论如何工作，必须保证

$$U' < U_{Lmax}$$

由以上式子计算得出，$R \geqslant \dfrac{U_{CC} - U_{Lmax}}{I'}$

其中，I'_1、I'_2、I'_0、U_{Lmax} 均可以从数据手册中查询得到。

由以上式子计算出 R 的上限值和下限值，从中取一个较靠近中间状态的值即可。注意，如果负载的个数不定的话，要按照最坏的情况计算，上限值要按负载最多的情况计算，下限值要按负载最少的情况计算。

另一种选择方式是基于功耗的考虑。根据电路实际应用时，输出信号状态的频率或时间比进行选择。若信号 U_{out} 长期处于低电平，宜选择下拉电阻；若长期处于高电平，宜选择上拉电阻；主要设计目的是为了使静态电流较小。

另外，在一些芯片的输出端口上加入上拉电阻时，也需要注意一下端口内的电路特性。I/O 口内部与电源相连的上拉电阻并不是一个常规线性电阻，实际上它是由两个场效应管**并联**在一起形成的等效电阻：其中一个 FET 为负载管，其阻值固定；另一个 FET 可工作在导通或截止两种状态（称之为可变 FET）。两个电阻的并联可以使端口总上拉电阻呈现两种情况，近似为 0 Ω或阻值较大。可变 FET 导通时，阻抗近似为 0；可变 FET 截止时，阻抗较大，一般 20～40 kΩ，即呈现为负载管的电阻。

当和端口锁存器相连的输出 FET（这里指的是输出逻辑控制 FET，而非上段中提到的非负载管和可变 FET）由导通至截止时，即端口输出高电平时，该阻值近似为 0，可将引脚快速上拉至高电平；当输出 FET 由截止至导通时，该电阻呈现较大阻值，限制了输出 FET 的导通电流。

实际应用中这个特性也是需要注意的。在信号切换的瞬间，上拉电阻近似为 0 时，过大的电流可能会影响后续电路的工作状态，如三极管的基极输入电流过大，就会使三极管工作状态由放大区进入饱和区。

"设计永远是妥协与权衡的艺术"，至于最终选择哪种方案，设计师的技术决策还是很重要的。电路设计的魅力也就在于此。

3.1.3 电阻耐压选型

曾经发生过不少案例，位于电路输入端口的电阻，在端口打静电多次后，阻值就会变大，这种情况尤其多见于膜式电阻。

常用电阻分两种：线绕电阻和膜式电阻。往简单里理解，膜式电阻的工艺是在骨架上做喷涂导电涂层，涂层材料当然是有一定电阻率的；线绕电阻的工艺是在骨架上缠绕环形螺

旋状电阻丝。

通过这两种结构，其实就可以很容易地分析出，在静电电压的作用下，电阻可能发生的问题。对于膜式电阻，导电涂层就如同人头上的头发，当高电压时，就如同拿个镊子在头上薅一缕，结果就少一块头发，露出一块头皮。头发就如同导电的涂层，导电的东西少了，自然阻抗就变大了。多薅几下，弄成个截断的"秃瓢地带"，那就彻底断路了。

如果是线绕电阻，就看成绕制的线圈，既然是绕制，就会有电感，突变电脉冲上升沿很陡，由于电感的作用导致突变电脉冲传导不过去，就会加之于绕组的线间。线间的间距比较小，容易被击穿，一旦击穿，造成线间短路，阻值就会变小。

以上两种情况，描述的都是在大电压、小电流的情况下才会发生的事情。这种状态的特征，静电都具备，是非常经典的失效机理。

随后又提出一个问题，问"一个具体的电阻，如何判定其抗 ESD 电压大小？"数据手册上的如下指标，能否反映出电阻耐压的性能？

最大工作电压：50 V

最大过载电压：100 V

这两个数值与 ESD 耐压是没关系的。工作耐压的电压是持续性的，而且能量较大，会有较大的持续电流，电子元器件的烧毁主要是因为电流流过而导致的发热 $Q=I^2R$。而 ESD 是尖峰式脉冲，时间短，电压高，能量小。这里的 50 V、100 V 都是针对工作耐压的。而工作耐压的损伤都是热损伤，热损伤的结果是过热烧毁，膜式电阻的热损伤一般是直接烧断；而线绕电阻的热损伤是电阻先变小，原因是绕线间的绝缘层熔化引起的线间短路，但这个过程很短，很快就会把导电丝烧断了。

一般电阻的工作耐压，直插电阻为 120～150 V（仅是参考值，不同的工艺会有差别），比如同一个阻值的电阻，封装小的和封装大的工作耐压也会有差别，贴片电阻工作耐压会更小一点。

而对于电阻的抗 ESD 损伤的电压值，一般电阻的数据手册都是不提供的，因为少量静电是没问题的。如果真有这方面问题，最好的办法是加保护通路，在电阻之前，对地加静电防护作用的 TVS 管。

3.1.4 电阻功率计算

当用于功率场合时，电阻的功率值也需要关注。电压一定，阻值最小的时候，电流最大，I^2R 就会产生较大的热量。如果功率裕量不足，就易导致电阻的烧毁。在功率选择上，较常出现的问题是没有按照最坏的电路情况确定功率，而是按照标称值计算的结果确定功率。一旦出现最坏的电阻（最小时）、电压（最大时）匹配结果，就会因裕量不足导致电阻烧毁故障。

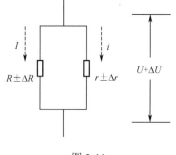

图 3-11

示例如图 3-11 所示。

电压 $U=10\pm1$ V；

电阻 $R=1000\pm100$ Ω；

电阻 $r=100\pm10$ Ω。

请问电阻 R、r 的功率应该怎样确定？

按照最坏电路情况进行分析：

电压为最高上限时，如果电阻为下限值，则通过电阻的电流最大，此时的电功率 $P = \dfrac{U^2}{R}$ 最大，即

$$P_{Rmax} = \frac{U^2}{R} = \frac{(10+1)^2}{1000-100} = \frac{121}{900} = 0.134(W)$$

$$P_{rmax} = \frac{U^2}{r} = \frac{(10+1)^2}{100-10} = \frac{121}{90} = 1.34(W)$$

如果按照标称值计算，则

$$P_R = \frac{U^2}{R} = \frac{10^2}{1000} = \frac{100}{1000} = 0.1(W)$$

$$P_r = \frac{U^2}{r} = \frac{10^2}{100} = \frac{100}{100} = 1(W)$$

由数值可以看出，通过标称值算出的功率值，R 电阻选择功率为 0.125 W 的就应该没有问题，可当出现电压 U 和 R 偏移的最坏组合时，R 就有烧毁的可能；r 电阻同理。而这种最坏组合，在进行小批量生产时，并不一定会发生，但批量足够大时，小概率事件是一定会出现的，由此就会带来一定的故障率。在质量要求越来越严苛的商业环境下，这个小概率事件也是不可以接受的。

3.1.5 电阻串/并联使用计算

电阻串/并联使用的时候，除了考虑因为阻值的差异而导致的分压（串联使用时）和分流（并联使用时）外，还需依据最坏电路情况分析考虑阻值容差导致的偏差。当电阻裕量在临界点的时候，这部分容差就有导致小概率故障的风险，可以通过容差设计发现隐患，并加以预防。

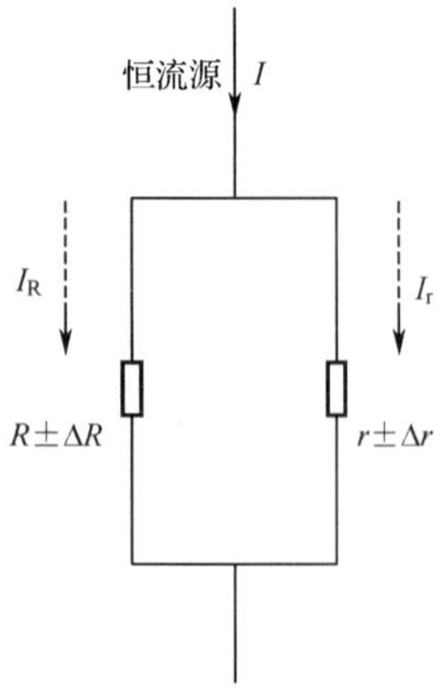

示例如图 3-12 所示。

图 3-12

恒流源 I = 1 A

R = 10±5%

r = 5.1±5%

按照标称值计算，$I_R + I_r = 1\,A$

$$\frac{I_R}{I_r} = \frac{r}{R}$$

所以计算得出：$I_R = 0.338\,A$，$I_r = 0.662\,A$

则电阻的功率值选择：

$$P_R \geqslant I_R^2 \times R = 0.338^2 \times 10 = 1.14\,W$$

$$P_r \geqslant I_r^2 \times r = 0.662^2 \times 5.1 = 2.24\,W$$

按照最坏情况分析（WCCA）：

（1）当 R = 10×(1+5%) = 10.5，而 r = 5.1×(1-5%) = 4.845 时，则

$$I_R + I_r = 1\,A$$

$$\frac{I_R}{I_r} = \frac{r}{R}$$

计算得出：$I_R = 0.316\,\text{A}$，$I_r = 0.684\,\text{A}$

则电阻的功率值选择：

$$P_R \geqslant I_R^2 \times R = 0.316^2 \times 10.5 = 1.048\,\text{W}$$

$$P_r \geqslant I_r^2 \times r = 0.684^2 \times 4.845 = 2.267\,\text{W}$$

（2）当 $R=10\times(1-5\%)=9.5$、而此时 $r=5.1\times(1+5\%)=5.355$，则

$$I_R + I_r = 1\,\text{A}$$

$$\frac{I_R}{I_r} = \frac{r}{R}$$

计算得出：$I_R = 0.360\,\text{A}$，$I_r = 0.640\,\text{A}$

则电阻的功率值选择：

$$P_R \geqslant I_R^2 \times R = 0.360^2 \times 9.5 = 1.231\,\text{W}$$

$$P_r \geqslant I_r^2 \times r = 0.640^2 \times 5.355 = 2.193\,\text{W}$$

综上计算，P_R 和 P_r 均须按较大可能的工作功率选取，因此，$P_R \geqslant 1.231\,\text{W}$，$P_r \geqslant 2.267\,\text{W}$。

设计中常用到的定值电阻有两种，一种是线绕电阻，一种是膜式电阻。线绕工艺的电阻，是用有一定电阻率的电阻丝在骨架上绕制而成的，其温度变化时的电阻稳定性很好，抗过流能力也比膜式电阻要好一些。因此，这种制作工艺常用于精密电阻和功率电阻的制作。但是线绕电阻也有致命的弱点，也是因为它的工艺特点，其上会有较大的电感量，因此不适合用于高频电路场合。如果在高频大功率场合，则可选用无感功率电阻。

膜式电阻与线绕电阻相比，它的优点是高频特性较好，其缺点是抗大电流能力较差，且温度特性较差，随温度波动的阻值变化较大。

设计中宜根据使用环境选择不同工艺的电阻并根据工艺选择功率指标的降额因子。

3.1.6　0Ω电阻的应用

0Ω电阻的阻值为 0，貌似没有任何作用，但它确实又有自己独特的应用领域。如 0Ω电阻的耐流能力并非无穷大，因此在很多场合可以将其作为类似保险丝使用，当布线中出现过流时，可以优先熔断该电阻，以减少风险。除此之外，0Ω电阻还有很多的适用场合。

● 作为调试之用，连通两个不同的电路，各模块独立调试时该电阻不焊，需要连通时就焊上，以便于调试，如单点接地的隔离（指保护接地、工作接地、直流接地在设备上相互分开，各自成为独立的系统）。

● 在匹配电路参数不确定的时候，以 0Ω代替，实际调试的时候，确定参数，再以具体数值的元件代替。

● 想测某部分电路的耗电流的时候，可以去掉 0Ω电阻，接上电流表，这样方便测耗电流。

● 在布线时，如果实在布不过去了，则可以加一个 0Ω的电阻。当分割电地平面后，造成信号最短回流路径断裂，此时信号回路不得不绕道，形成很大的环路面积，电

场和磁场的影响就变强了，容易干扰/被干扰。在分割区上跨接 0 Ω电阻，可以提供较短的回流路径，减小干扰。

- 在高频信号下，充当电感或电容。作为电感用（与外部电路特性有关），主要是解决电磁兼容问题，如地与地、电源和 IC Pin 间。

- 0 Ω电阻相当于很窄的电流通路，能够有效地限制环路电流，使噪声得到抑制。电阻在所有频带上都有衰减的作用（0 Ω电阻也有阻抗），这点比磁珠强。

- 配置电路。一般产品上不应出现跳线和拨码开关。有时用户会乱动设置，易引起误操作，为了减少维护费用，应用 0 Ω电阻代替跳线等焊在板子上。空置跳线在高频时相当于天线，用 0 Ω贴片电阻效果比较好。

- 作为微调的温度补偿元器件。在温度敏感电路中，需要抵消掉因温度变化导致的参数漂移，这时可以发挥 0 Ω电阻的作用。0 Ω电阻并不是绝对的 0 Ω，实际上还是会有微小的电阻值，通过选择 PTC（正温度系数）或 NTC（负温度系数）的电阻，使该值的微小变化抵消掉对其他电路参数的影响。

- 更多的应用是出于电磁兼容的需要。0 Ω电阻的寄生电感比过孔的电感要小，而且过孔还会影响地平面的强度（因为要挖孔）。

3.2　电　　容

关于电容，首要需要澄清的问题是电容的工作特性。在不少的设计案例中，常将电容作为"隔直流，通交流"的手段，如交流信号耦合、信号地和 PE 保护地之间的交流导通直流隔离等。也曾有设计师反馈过一个问题，在信号地和 PE 保护地之间跨接 Y 电容后，在打静电测试时，连续多次静电正高压空气放电，第一、第二个脉冲注入时电路工作正常，但后面的脉冲注入时，电路会出现复位现象。由此产生了一个疑问：电容能做到隔直流、通交流，那么多次注入的静电难道不能通过 Y 电容对 PE 大地泄放出去吗？如果泄放出去了，为什么还会出现复位现象？

图 3-13

回答这个问题就涉及一个电容的交流耦合机理。电容的交流耦合并不是传导式传播，而是感应式耦合（见图 3-13）。电荷的流动形成电流，正电荷流动的方向就是电流 I 的方向。

图中电荷流动到电容的极板上，但因为电容极板之间填充的是绝缘介质，所以正电荷是不能流动传导过去的。正电荷累积在极板左侧，同性相斥，异性相吸，会将右侧导体中的负电荷吸过来，而将正电荷排斥走，从而形成电容右侧的电流 i。实际电流大小 $I=i$，但是 i 的电荷并不是 I 的电荷流过来的，它是由感应形成的。因此称之为感应式耦合。也正是因为这个特性，电容有可能会因为电荷累积而达到饱和，从而不再能起到常说的"通交流"的作用。在电路设计中要注意这个特点。常见的功能地与保护地之间的电容隔离措施（见图 3-14），在隔离电容两端并联跨接一个 1 MΩ的电阻，其作用就在于给信号地上的累积静电荷提供一个传导式传播路径。

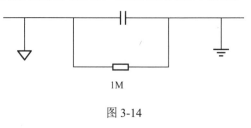

1M

图 3-14

3.2.1 电容的参数指标

电容的参数指标比较多，除了常规的容值、精度、温度范围、封装、材质、结构尺寸之外，还有自谐振频率、温度系数、大气压强、绝缘阻抗、最大冲击电流、最大纹波电流、漏电流、等效串联电阻（ESR）、损耗正切角等。

在不同的应用场合下，会有不同的参数起到关键作用，这些作用既有可能是正面的，也有可能是负面的。因此设计时，准确地掌握哪个参数在起作用，通过什么样的方式起作用，将是电容选型可靠性的关键内容。下面结合具体的产品参数对这些指标分别加以说明和解释（以一款具体的电容为实例）。

（1）容值（如 100 pF）

虽然看起来电容的容值参数比较简单，但有两个注意事项。一是行规默认容值是基于 25℃测得的（如果电容的数据手册中未特殊说明的话）。即在本例中，容值应写为 100 pF@25℃。有些元器件厂家在数据手册中进行了特殊说明，则以数据手册为准，如 100 pF@20℃等。二是电容的容值会随电容电压的变化而变化，变化的程度会有对应的曲线说明。电容容值变化百分比与电容两端直流电压的关系曲线如图 3-15 所示。电容容值变化百分比与电容两端交流电压的关系曲线如图 3-16 所示。设计选型时需考虑这个变化。

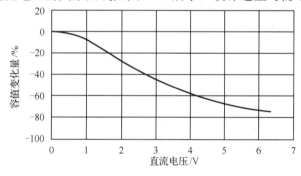

图 3-15

影响容值指标的还有其精度要求和温度系数，设计选型计算时需一并考虑，将所有最坏的偏差量合并在一起（如将容值的最大负误差、随电压变化的最低容值、温度导致的容值损失合并在一起），如果在最坏的组合下容值都不超标，则选型会比较稳妥。

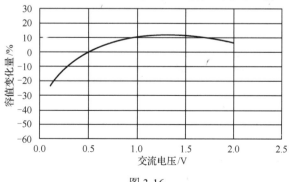

图 3-16

（2）精度（如±2%）

任何电子元器件厂家的质量水平都服从正态分布，只是由于厂家质量水平的差异，正态曲线的集中或离散程度会略有区别，但其中间集中，两边分散的趋势是一定的。因此，只要有精度的要求，在 0%误差附近的元器件比例就会较高，越往两边分布概率越低（详见本书电子产品统计过程控制一章内容）。因此，正态分布曲线分布边缘的参数属于小概率事件，但也不能不考虑其可能的参数对整机性能的影响。因为只要大批量生产，这种小概率的参数就必然会出现。

（3）耐压（如 E=6.3 Vdc）

电容耐压超标使用，轻者会导致电容容值严重变化，重者会导致电容短路。因此，工作电压不能超过电容的额定耐压要求。这里要求的工作电压不是指工作时候的额定稳态值，而是指最坏情况下的最大工作电压值，都不应该超过电容的耐压值。

对于稳定的直流，需要满足最大工作直流电压 U_{DC}≤电容耐压 E（见图 3-17 a）；

对于脉动的直流，需要满足工作电压时的最大脉动值 U_{DC}≤电容耐压 E（见图 3-17 b）；

对于交流电压，需要满足工作时的峰值电压 U_m≤电容耐压 E（见图 3-17 c）；

对于尖峰脉冲电压，需要满足工作时的尖峰电压 U_p≤电容耐压 E（见图 3-17 d）；

尤其是系统启停过程的电压超调需要注意此问题。

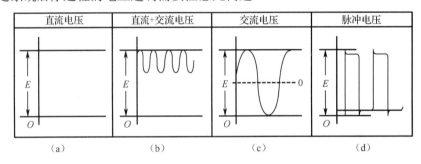

图 3-17

（4）温度系数（Temperature Coefficient）（如±60 ppm/℃）

温度系数是指材料的物理属性随温度变化而变化的速率。这里指电容值随温度变化的速率（见图 3-18）。尤其是电解电容，低温时的容值变化幅度较大，甚至影响到其储能特性，储能电容的电容选型时，就不得不关注温度系数这个指标的影响。

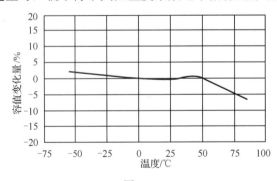

图 3-18

例：一款电容的容值为 C@25℃，但该元器件的工作环境最低温度为-40℃，该电容的温度系数为-60 ppm/℃，则在-40℃时的容值是多少？

温度从+25℃下降到-40℃的容值变化量：

$$\Delta C = C \times 60 \times \frac{ppm}{℃} \times \Delta T = C \times 60 \times \frac{1}{10^6} \times \frac{1}{℃} \times [25 - (-40)]℃$$

$$= C \times 60 \times \frac{1}{10^6} \times 65 = 0.0059 \times C$$

则-40℃时的容值为：$C - \Delta C = C - 0.0059 \times C = 0.9941 \times C$。

（5）自谐振频率

电容的频率特性一般用频率-电抗特性曲线表示（见图 3-19）。按照电容的容抗 $R_c = \frac{1}{\omega C}$，电容的容抗值应该为一条随频率递增而单调递减的曲线，但图中曲线明显不符合这个特性。这条曲线的形成原因就是电容的高频特性。

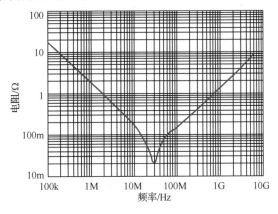

图 3-19

一只电容在工作时会发热，其发热的等效特性为电阻特性，用 ESR（等效串联电阻）来表征；给电容两端加入直流电压，电容上会有漏电流流过，这个特性用绝缘阻抗表征；而电容的引脚上又有引线电感，因此，工程设计上用到的电容，其完整特性可以用电容高频等效特性图（见图 3-20）来表示。

其中，绝缘阻抗的分支只有在两端施加直流电压的时候才会起作用，因此一般在高压隔离时该指标才会上升为主要矛盾，才需要关注其影响，而在低压时可以忽略。没有了并联分支，串联通路上的两个引线电感可以合并为一个较大参数的电感，因此，合并简化后的电容高频等效图如图 3-21 所示。

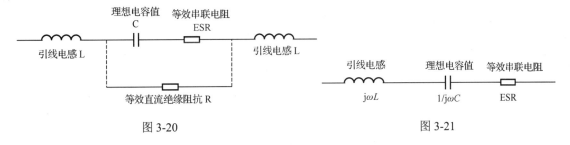

图 3-20

图 3-21

则总阻抗为

$$R_{\mathrm{C}} = \mathrm{ESR} + \mathrm{j}\omega L + \frac{1}{\mathrm{j}\omega C} = \mathrm{ESR} + \mathrm{j}\omega L + \mathrm{j} * \frac{1}{\mathrm{j}^2 \omega C}$$

$$= \mathrm{ESR} + \mathrm{j}\omega L - \mathrm{j}\frac{1}{\omega C} = \mathrm{ESR} + \mathrm{j}\left(\omega L - \frac{1}{\omega C}\right)$$

阻抗绝对值的大小为阻抗复数值的模：

$$|R_{\mathrm{C}}| = \sqrt{\mathrm{ESR}^2 + \left(\omega L - \frac{1}{\omega C}\right)^2} \qquad (3.1)$$

由公式（3.1）可以看出，当 $\omega L - \dfrac{1}{\omega C} = 0$ 时，$|R_{\mathrm{C}}|$ 有最小值，$|R_{\mathrm{C}}|_{\min} = \mathrm{ESR}$。

即得出最终结论：$\omega = 2\pi f_0 = \dfrac{1}{\sqrt{LC}}$，$f_0 = \dfrac{1}{2\pi\sqrt{LC}}$ 时，$|R_{\mathrm{C}}|_{\min} = \mathrm{ESR}$。

无论频率比 f_0 高还是低，$|R_{\mathrm{C}}|$ 的值都会更大。这就是图 3-19 中电容频率特性的由来。在退耦、储能、隔离电路设计时，常用到电容的这个指标。

此时的电容等效电路表现为典型的串联谐振特性，在谐振频率点上，电容表现为最小的阻抗。对等效电路进行仿真测试，仿真电路及波形分别如图 3-22、图 3-23 所示。

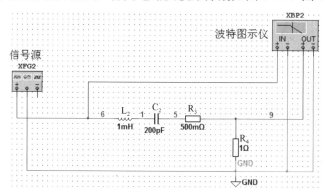

图 3-22

在 49 MHz 附近的频率上，电容的等效电路表现为串联谐振特性的小阻抗特征，因此产生最小的分压，负载电阻上就会有最大的分压，所以呈现如图 3-23 所示的形状。

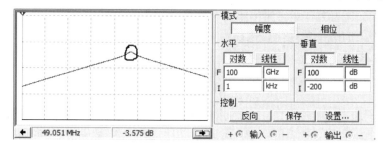

图 3-23

（6）等效串联电阻（Equivalent Series Resistance，ESR）

有的电容器上有一条金色的带状线，上面印有一个大大的空心字母"I"，它表示该电容属于低损耗电容（LOW ESR）。有的电容还会标出 ESR 值，ESR 值越低，损耗越小，输出电流就越大，电容器的品质就越高。

理想的电容自身不会有任何能量损失，但实际上，因为制造电容的材料有电阻，电容的绝缘介质就有损耗。这个损耗在外部看，就像一个电阻跟电容串联在一起，所以称为"等效串联电阻"。电解电容在电源模块里工作一段时间后，触摸外壳时会有热的感觉，其热量来源主要就是流经 ESR 上的纹波电流。

ESR 的单位是 mΩ。通常钽电容的 ESR 都在 100 mΩ以下，而铝电解电容则高于这个数值，有些种类电容的 ESR 甚至会高达数欧姆。

现代的 IC 正朝着低电压、高电流的设计方向发展，元器件的电压呈越来越低的趋势，而且随着功能的加强和频率的提升，导致对功率的要求不降反增。按 $P=UI$ 来计算，同等功率情况下，U 减小 I 增大。

作为储能电容或退耦电容里的 ESR 指标，在纹波电流增大的情况下，纹波电压也会增大，纹波电流与 ESR 产生的发热量 $I^2 \times \text{ESR}$ 也会增大，因此采用更低 ESR 值的电容势在必行。此外，即使是相同的纹波电压，对低电压电路的影响也要比在高电压情况下更大。例如，对于 3.3 V 的 CPU 而言，0.2 V 纹波电压所占比例较小，不足以形成很大的影响，但是对于 1.8 V 的 CPU，同样是 0.2 V 的纹波电压，其所占的比例就足以造成数字电路的判断失误。

ESR 是等效"串联"电阻，将两个电容串联，会使 ESR 值增大，而并联则会使之减小。因此，在需要更低 ESR 的场合，而低 ESR 的大容量电容价格又相对昂贵的情况下，用多个 ESR 相对高的铝电解电容并联，形成一个低 ESR 的大容量电容也是一种常用的办法。

但一定等效串联电阻的存在也未必全是负面的。比如在稳压电路中，有一定 ESR 值的电容，在负载发生瞬变的时候，储能电容的能力不足以迅速提供驱动电流，则会导致输出电压立即产生波动，从而引发反馈电路动作。这个快速的响应，以牺牲一定的瞬态性能为代价，获取了后续的快速调整能力，尤其是在功率管的响应速度比较慢，而且电容器的体积、容量受到严格限制的情况下比较适用。这种情况多用于一些使用 MOS 管做调整管的三端稳压器或相似的电路中，采用太低 ESR 值的电容反而会降低整体快速响应的特性。

由 ESR 引起的电容功率耗散可以表示为：$P_d = \text{ESR} \times I^2$，低损耗电容用于高射频功率设备中时，设备功率可以是电容额定功率的数百倍。

例如：1000 W 的射频功率，选用 1000 pF 的电容，电容最大允许功率耗散 5 W，工作频率 $f = 30$ MHz，ESR=18 mΩ，设备线路阻抗 $R = 50\ \Omega$。请计算这个电路下的电容耗散功率是否超标。

$$P = I^2 R，\ I = \sqrt{\frac{P}{R}}$$

因此，线路电流 $I = \sqrt{\frac{P}{R}} = \sqrt{\frac{1000}{50}} = 4.47\ \text{A}$ 。

电容中实际耗散功率 $P_d = I^2 \times \text{ESR} = 4.47^2 \times 18 = 360\ \text{mW} = 0.36\ \text{W}$ 。

这个结果意味着在一个 1000 W 射频功率，50 Ω阻抗的设备中，电容中实际耗散功率 0.36 W 是由于 ESR 而被电容消耗掉的。由于电容 ESR 损耗功率占总功率的比例极低，因而由此引起的电容温升可以忽略。

（7）大气压强

对于电解电容和高电电容，大气压强也是一个需要重点关注的指标。由 ESR 导致的电容即使发热量不是很大，不足以烧坏电容，但对于电解电容，导致其内的电解质发热膨胀还是绰绰有余的。如果在低海拔地区（海拔约为 200 m 为例，大气压约为 98.9 kPa，1 mbar=100 Pa=0.1 kPa）（见表 3-1）。在 200 m 海拔高度的场合工作时没有问题的电容，当工作在 4000 m 以上的高原时，大气压强下降了 1/3，电容内外的压差会明显增大，从而增加电容爆裂的风险。这与汽车在高海拔地区容易爆胎的原理类似。这项失效由大气压强超标使用与 ESR 上产生的功率损耗联合作用导致。因此，在高海拔地区，需选用耐低气压的电容，或 ESR 较小的电容，或者通过电路设计抑制电容上的纹波电流以减小由电容功率损耗引起的发热的影响，这几种措施都会增强低气压环境下电容的可靠性。

表 3-1　海拔高度与大气压强关系表

海拔高度/m	气压/mbar	海拔高度/m	气压/mbar	海拔高度/m	气压/mbar
-400	1062.2	4000	616.4	8400	335.9
-200	1037.5	4200	600.5	8600	326.2
0	1013.3	4400	584.9	8800	316.7
200	989.5	4600	569.7	9000	307.4
400	966.1	4800	554.8	9200	298.4
600	943.2	5000	540.2	9400	289.6
800	920.8	5200	525.9	9600	281
1000	898.7	5400	511.9	9800	272.6
1200	877.2	5600	498.3	10000	264.4
1400	856	5800	484.9	10200	256.4
1600	835.2	6000	471.8	10400	248.6
1800	814.9	6200	459	10600	241
2000	795	6400	446.5	10800	233.6
2200	775.4	6600	434.3	11000	226.3
2400	756.3	6800	422.3	11500	209.2
2600	737.5	7000	410.6	12000	193.3
2800	719.1	7200	399.2	12500	178.7
3000	701.1	7400	388		
3200	683.4	7600	377.1		
3400	666.2	7800	366.4		
3600	649.2	8000	356		
3800	632.6	8200	345.8		

（8）最大冲击电流与最大纹波电流

在容性负载的电路中，电容通电的一瞬间，通常会产生大电流，这就是冲击电流，也

称"非周期性瞬态电流"。通常使用的有两种波形：第一种为电流从零值以很短的时间上升到峰值，然后以近似指数规律或阻尼正弦波形下降至零，这种冲击电流的波形用波前时间 T_1 和半峰值时间 T_2 表示，记 T_1/T_2，如图 3-24 所示；第二种波形近似为矩形，称为方波冲击电流（波），如图 3-25 所示。

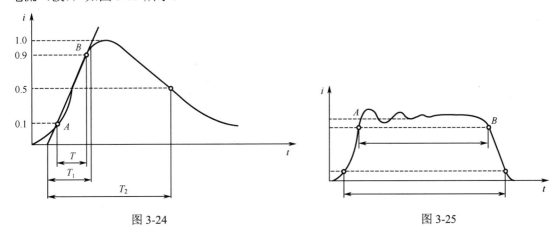

图 3-24   图 3-25

电容的选型，须确保上电瞬间的冲击电流，不超出电容的最大纹波电流值，一旦超出，则极容易导致电容损坏，尤其是钽电容。

很多电源中的软启动设计就是利用这一原理进行的。在通信电源启动过程中逐渐改变其特性，调整电路参数，使启动电流逐渐增加到正常值，这样可以避免形成较大的冲击电流。

另外一个需要考虑的参数是最大纹波电流。电解电容的损耗因子（与 ESR 有关）随所施加电压频率的不同而不同。故电容的纹波承受度不简单是一个固定量，还跟其纹波频率有关。规格书中提供的纹波电流值往往指的是 100 Hz 或 120 Hz 的频率。对于其他的频率情况，数据手册通常会提供一个转换因数。

（9）绝缘阻抗与漏电流

绝缘阻抗是电容的直流特性，在两端有较大的直流压差的时候才会表现出来。这种情况一般只有在 X 电容、Y 电容，或做隔离电容使用的时候才会被关注，常用在信号地-保护地之间、变压器原边-副边之间等场合。从隔离效果来看，绝缘阻抗越大自然越好，但是过大的绝缘阻抗的电容，也不容易选到。绝缘阻抗的参数选型，要跟漏电流绑定在一起考虑，在隔离耐压的压差下，漏电流不得超出整机系统的要求即可。

电容在施加正向电压的最初数分钟内，会出现一个很大的漏电流（称为涌入电流，电容器如长期未施加电压则这一现象就会更加明显）。随着工作时间的延续，此漏电流将衰减到一个很小的"稳定状态"值，这个稳定值就是漏电流。一般随着温度的升高，电容的漏电流会变得越来越大。

漏电流分两种：一种是工作电压状态下的工作漏电流；另一种是隔离耐压情况下的保护漏电流。

工作漏电流，指持续工作下的稳定电流。一般采用的计算公式为

$$I \leqslant K \cdot C \cdot U \text{ 或 } 3\ \mu A \text{（取数值大者）}$$

式中，K 为系数，取值在 0.01～0.03 之间；C 为标称电容量（单位μF）；U 为额定电压（单

位 V）；I 为漏电流，单位为 μA。以上计算公式一般在环境温度为 20℃、测试电压为电容器的额定电压、充电时间为 1 分钟的测试条件下使用。

例如，系统漏电流要求 1 mA，两边隔离耐压压差要求不低于直流的 2000 V，则绝缘阻抗 $R = \dfrac{U}{I_{\text{leak}}} = \dfrac{2000\,\text{V}}{1\,\text{mA}} = 2\,\text{M}\Omega$。由此可以看出，一般为达到直流隔离的耐压要求，绝缘阻抗方面很容易满足。

但实际选型中，漏电流指标还要考虑交流情况，即上电瞬间对电容储能的冲击电流（防爆设备）或者交流情况下的电容充放电电流，以及高压时的漏电流对人体安全的影响。

（10）温度范围

电容的适用温度范围是电容的基本特性之一。电容的内部结构、介质等，在超出使用温度范围后，会有较大的失效风险，因此不可以超标使用。但注意，这里的温度范围指的是电容所处小环境的温度范围，而不是整机所处环境的温度范围。很多时候，因为机箱内发热的缘故，电容所处小环境的温度实际比整机环境温度要高很多。

（11）材质

电容的材质指的是电容极片之间的介质。不同的介质有不同的特性，根据应用场合的不同、气候条件的不同、参数特性限制的要求，选择不同的电容器。电容介质的种类比较多，常用到的有以下几种。

- 铝电解电容器是用浸有糊状电解质的吸水纸夹在两条铝箔中间卷绕而成，是用薄薄的氧化膜作介质的电容器。因为氧化膜有单向导电性质，所以电解电容器具有极性，容量大，能耐受大的脉动电流；但容量误差大，泄漏电流大。普通的铝电解电容不适于在高频和低温下应用，不宜使用 25 kHz 以上的频率，多用于低频旁路、信号耦合、储能、电源滤波等。
- 钽电解电容器是用烧结的钽块作正极，电解质使用固体二氧化锰。温度特性、频率特性和可靠性均优于普通铝电解电容，特别是漏电流极小，贮存性良好，寿命长，容量误差小，而且体积小，单位体积下能得到最大的电容电压乘积；但钽电容对脉动电流的耐受能力差，若损坏易呈短路状态。
- 独石电容器（多层陶瓷电容器）是在若干片陶瓷薄膜坯上覆以电极材料，叠合后一次绕结成一块不可分割的整体，外面再用树脂包封而成。它具有体积小、容量大、高可靠、耐高温特性，但容量误差较大。多用于噪声旁路、滤波器、积分、振荡电路等。
- 纸介电容器一般是用两条铝箔作为电极，中间以厚度为 0.008～0.012 mm 的电容器纸隔开重叠卷绕而成。制造工艺简单，价格便宜，能得到较大的电容量，但漏电流较大。
- 金属化聚丙烯电容器一般用在低频电路，通常不在高于 3～4 MHz 的频率上运用。油浸电容器的耐压比普通纸质电容器高，稳定性也好，适用于高压电路微调电容器（半可变电容器），电容量可在某一小范围内调整，并可在调整后固定于某个电容值。
- 陶瓷电容器是用高介电常数的电容器陶瓷（钛酸钡一氧化钛）挤压成圆管、圆片或圆盘作为介质，并用烧渗法将银镀在陶瓷上作为电极制成。它又分为高频瓷介和低频瓷介两种。具有小的正温度系数的电容器，用于高稳定振荡回路中，作为回路电容器及垫整电容器。
- 低频瓷介电容器限于在工作频率较低的回路中作为旁路或起隔直流用，或用于对稳定性和损耗要求不高的场合（包括高频在内）。这种电容器不宜使用在脉冲电路中，因为它们易于被脉冲电压击穿。

● 高频瓷介电容适用于高频电路。就结构而言，可分为箔片式及被银式。被银式电极是直接在云母片上用真空蒸发法或烧渗法镀上银层而制成的，由于消除了空气间隙，温度系数大为下降，电容稳定性也比箔片式高。高频瓷介电容频率特性好，Q 值高，温度系数小，但不能做成大的容量。广泛应用在高频电器中，并可用作标准电容器。

（12）焊接工艺要求

对于大批量生产，一般采用回流焊或波峰焊，元器件在焊炉中的停留时间和温度需要受控。元器件暴露在高温焊炉中较长时间，容易导致损坏；温度低或时间短，又容易导致虚焊。焊接时间和焊炉温度的关系曲线如图 3-26 所示。

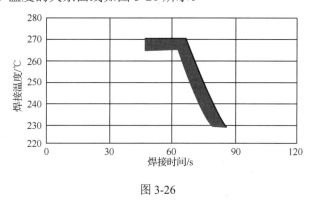

图 3-26

以上讲述的是电容的常用参数和使用注意事项。在电路设计中，电容的常规应用有 4 大类：储能（电源端口）、退耦滤波（电源输入端）、运算电容（滤波、微积分运算电路）、安全隔离（信号地与电源地的隔离）。虽然电容的参数有很多，但在不同的使用状态下，并不是所有的参数都起作用，需要结合具体的应用场合，分析具体哪个参数是主要矛盾，然后有针对性地进行选型。

3.2.2　储能电容应用计算

用于电源入口端的储能电容，一般都是电解电容。不过，对于一些耗电量小的芯片或板卡，会将储能与退耦混用，这时也可以用瓷片电容。

储能电容的选型有三个注意事项。

（1）上电充电瞬间的脉冲浪涌电流 I_o 不得超过电容允许的最大冲击电流值 I_p，即 $I_o < I_p$。这个数值的计算见公式（3.2），参考图 3-27：

$$I_o = \frac{U}{R_o + \text{ESR}} < I_P \qquad (3.2)$$

（2）储能电容的作用，是当供电电源发生突然的电压跌落或瞬时中断时，由储能电容来临时供给工作电路电能。但是随着电容逐渐放电，电容上的电压又会由起初的 U，逐渐下降到最终的 U'，但必须保证最终的 $U' > U_{ccmin}$，不然工作电路的电压就会低于 U_{ccmin}，从而导致出现低电平复位。电容的储能容量大小则必须保证从 U_{cc} 跌落初始，直到电压由中断反弹

回到 U_{ccmin} 的Δt 时间里，电容维持放电导致的电压跌落到的最终值 $U' > U_{ccmin}$（见图 3-28）。

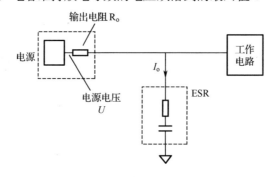

图 3-27

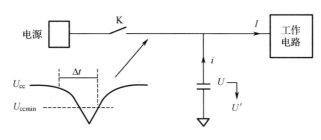

图 3-28

电容放电公式计算如下：

$$i = C \times \frac{\mathrm{d}u}{\mathrm{d}t} = C \times \frac{U - U'}{\Delta t}$$

$$U' = U - \frac{i \times \Delta t}{C} > U_{ccmin}$$

$$C > \frac{i \times \Delta t}{U - U_{ccmin}} \tag{3.3}$$

但是计算到这里，电容容值的选取还不能结束。考虑电容厂家所提供的电容容值均指 @25℃的标称值，还需要考虑在产品实际使用温度上容值变坏的情况，尤其是铝电解电容，随着温度的下降，容值会减小很多，减小的幅度体现在温度系数这个参数上。

假设拟选型标称电容值的大小为 C'@25℃，则以-40℃为例进行计算，

$$C_{-40℃} = C' - \Delta C_T - \Delta C$$

其中：C' 是要求的选型值；

ΔC_T 是随温度变化的容值，$\Delta C_T = C' \times \dfrac{k\mathrm{ppm}}{℃} \times \Delta T$（$k$ 为温度系数，ppm=1/10^6，ΔT 为-40℃与+25℃之间的温度差 65℃）；

ΔC 是电容的误差值，$\Delta C = C' \times m\%$（$m\%$为容值误差百分比）。

则计算式变为

$$C' - \Delta C_T - \Delta C = C' - C' \times k \times \frac{1}{10^6} \times \Delta T - C' \times m\%$$

$$= C'\left(1 - k \times \frac{1}{10^6} \times \Delta T - m\%\right) > \frac{i \times \Delta t}{U - U_{\text{ccmin}}}$$

本式意指在-40℃最坏情况下的容值都不可以小于公式（3.3）中的理论边界值。据此可以求出+25℃可以选型的电容标称值为

$$C' > \frac{i \times \Delta t}{U - U_{\text{ccmin}}} \times \frac{1}{1 - K \times \frac{1}{10^6} \times \Delta T - m\%} \tag{3.4}$$

（3）电解电容在用于储能的时候，因为电源线上纹波电流频繁对电容充放电，充放电电流流经电容的等效串联电阻 ESR，会产生热量，导致电解电容发热。如果设计中遇到电解电容发热的情况，尤其是在高海拔地区使用时，容易造成因电容内外部压差较大而导致的电容崩裂情况。解决的方法有两种：一是选择 ESR 值较小的电容；二是采用多电容并联的形式（见图 3-29）。要求采用容值、封装、规格、厂家必须完全一致的电容，只有这样，才能保证几个电容的谐振频率点相等，且 ESR 相等，才可以很好地起到电容分流的作用，减少单个电容上的热量，增强电容运行中的可靠性。

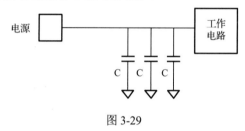

图 3-29

3.2.3 退耦滤波电容选型计算

在退耦滤波电容的应用中，起作用的参数与储能电容有所不同，主要是容值、自谐振频率点。常见的用法如下。

（1）与 3.2.2 节（见图 3-29）相对应的，还有一种多个电容的并联应用形式（见图 3-30），虽然是多个电容并联，但并联的容值的差异是不同的，而且最好相差均不低于 1~2 个数量级。容值相差较大的电容，其频率-容抗曲线上的自谐振频率点才会适度拉开，这样电源线上全频段的任何一段纹波频率，总能与其中一个电容的自谐振频率靠得稍近，以便于很好地对地泄放。

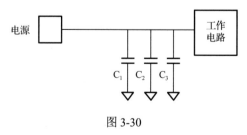

图 3-30

（2）滤波电容的参数选型计算

滤波电容的参数选型计算，可以采用拉普拉斯变换进行（简称拉氏变换）。要用好拉氏

变换，应先了解算子 S 的物理含义及用途。信号分析有时域分析、频域分析两种。时域是指时间变化时，信号的幅值和相位随时间变化的关系；频域则是指频率变化时，信号的幅值和相位随时间变化的关系，而 S 则是连接时域与频域分析的一座桥梁。当用于时域分析的时候，$S=\dfrac{\mathrm{d}}{\mathrm{d}t}$，当用于频域分析的时候，$S=\mathrm{j}\omega$。

在电路中，当用到的元器件为阻性时，其阻值用 R 表示；当用到的元器件为感性或容性时，也把它看成一个电阻，只不过其阻值分别为 SL（电感）和 $1/SC$（电容）。其他特性（如开关特性）则均可通过画出等效电路的方式，将一个复杂的特性分解成一系列阻性、感性、容性相串/并联的方式。然后，就可以用简单的电阻串、并联阻抗计算的方式来进行分压、分流的计算了。

计算完成后，如果需要做时域分析，则将 $S=\mathrm{d}/\mathrm{d}t$ 代入相应的计算式；随后做微分方程的求解，则可求出其增益对时间的变化式；而如果要做频域分析，则将 $S=\mathrm{j}\omega$ 代入相应的计算式的式子，随后做复数的求解，则可求出其增益对时间的变化式和相位对时间的变化式。求出结果之后，设计师便可以根据实际需求进行分析。

示例说明：

如图 3-31 所示，源信号 U_S，频率 f_S，噪声 U_N，频率 f_N，经过 RC 滤波之后，分别变为 U_S'、U_N'，如果希望滤波后的信号误差波动范围不超过 $\pm 1\%$，基准信号为 U_S，则 $0.99<\dfrac{U_\mathrm{S}'}{U_\mathrm{S}}<1.01$，实际上，无源滤波放大倍数一定是小于 1 的，因此

$$0.99<\frac{U_\mathrm{S}'}{U_\mathrm{S}} \tag{3.5}$$

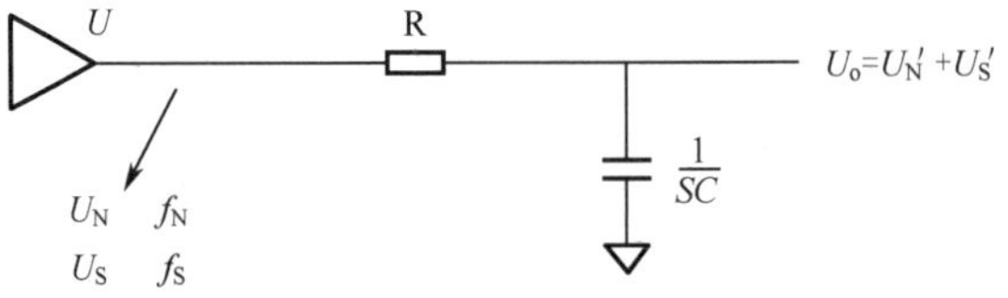

图 3-31

而噪声幅值要压得足够低，不能超过 1%，则

$$\frac{U_\mathrm{N}'}{U_\mathrm{S}}<0.01 \tag{3.6}$$

$$U_\mathrm{S}'=U_\mathrm{S}\times\frac{1/SC}{R+1/SC}=U_\mathrm{S}\times\frac{1}{1+SRC}$$

将 $s=\mathrm{j}\omega$ 代入上式得

$$U_\mathrm{S}'=U_\mathrm{S}\times\frac{1}{1+\mathrm{j}\omega_\mathrm{S}RC}=U_\mathrm{S}\times\frac{1}{1+\mathrm{j}2\pi f_\mathrm{S}RC}$$

求增益放大倍数即求复数的模，由公式（3.5），可得

$$\frac{U_\mathrm{S}'}{U_\mathrm{S}}=\left|\frac{1}{1+\mathrm{j}2\pi f_\mathrm{S}RC}\right|=\frac{1}{\sqrt{1+(2\pi f_\mathrm{S}RC)^2}}>0.99 \tag{3.7}$$

同理，

$$U'_N = U_N \times \frac{1}{1 + j\omega_N RC} = U_S \times \frac{1}{1 + j2\pi f_N RC}$$

$$\frac{U'_N}{U_S} = \frac{U_N}{U_S} \times \left| \frac{1}{1 + j2\pi f_N RC} \right| = \frac{1}{\sqrt{1 + (2\pi f_N RC)^2}} < 0.01 \qquad (3.8)$$

由公式（3.7）和公式（3.8）可求出 RC 的最大、最小边界值。然后根据工程经验和元器件的通用性选取合理的数值，确保阻容在最大的正误差$(R+\Delta R)\times(C+\Delta C)$ 及最大的负误差 $(R-\Delta R)\times(C-\Delta C)$ 时，均不会超出公式（3.7）和公式（3.8）所计算出的边界值。此为最坏电路情况分析法（WCCA）。

3.2.4　运算电容选型计算

在电路设计中，常会用到积分电路和微分电路，自然也会用到微分运算和积分运算，通过对电容的充/放电过程控制，实现对时间的定量控制，如复位电路、阻容吸收回路等。但电容的充/放电电流不是随时间以恒定速率变化的，应用中常以 RC 时间常数来进行衡量。但实际工程中，仅以 RC 的数值来进行量化设计考虑是不够的。

下面以上电复位的阻容电路为例（见图 3-32），分析计算上电复位时的延迟时间。

当设备突然上电时，电源电压为 U_o，U_o 会通过电阻对电容 C 充电，电容上接 $\overline{\text{reset}}$ 的一端电压为 U，则可得到如下方程。

电容的充电电流：$i = C \times \dfrac{\mathrm{d}U}{\mathrm{d}t}$

电阻上的电流：$i = \dfrac{U_o - U}{R}$

将二式合并，消掉 i，可得

$$i = C \times \frac{\mathrm{d}U}{\mathrm{d}t} = \frac{U_o - U}{R}$$

$$RC \times \frac{\mathrm{d}U}{\mathrm{d}t} = U_o - U$$

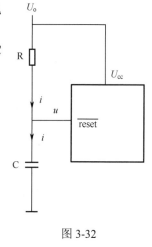

图 3-32

对一阶微分方程求解，可得

$$U = U_o - U_o \times \mathrm{e}^{-\frac{t}{RC}} \qquad (3.9)$$

取近似值 e=2.718，则

当 t=1RC 时，$U = U_o - U_o \times \mathrm{e}^{-\frac{1RC}{RC}} = U_o - U_o \times \mathrm{e}^{-1} = 63\%U_o$

当 t=2RC 时，$U = U_o - U_o \times \mathrm{e}^{-\frac{2RC}{RC}} = U_o - U_o \times \mathrm{e}^{-2} = 86\%U_o$

当 t=3RC 时，$U = U_o - U_o \times \mathrm{e}^{-\frac{3RC}{RC}} = U_o - U_o \times \mathrm{e}^{-3} = 95\%U_o$ $\qquad (3.10)$

即当时间达到 $3RC$ 时，电容上的充电电压达到了 95% 以上；同理，在放电时，时间达到 $3RC$ 时，电容上的电压下降到满电压时的 5%。因此，在积分电路、微分电路的应用场合，工程上估算用 $3RC$ 来作为积分过程或微分过程的时间。

3.2.5 隔离电容选型计算

隔离电容的应用一般是在信号地与保护大地 PE 之间，选型参数需要注意三个问题。

（1）选用安全电容。安全电容的特点是一旦发生失效，电容就会开路，而不是像普通高压电容似的呈现短路，这样可以避免发生故障后，出现异常的电流路径。

（2）隔离电容的目的是希望将信号地的干扰泄放到 PE 保护地，而不希望 PE 保护地的干扰倒灌回信号地。因此，隔离电容的自谐振频率点 f_0 与信号地的脉动干扰频率接近，甚至相等，而与 PE 保护地的干扰电流频率远离为最佳。因为在谐振频率下，电容表现为最小的总阻抗，更容易与电容发生存储和泄放电荷。而远离电容谐振频率的脉动，电容对之表现为较大阻抗，自然就不会发生倒灌了。

（3）隔离电容的主要作用是隔离，因此耐压、漏电流也是其关键指标。隔离电容耐压和漏电流的选择简单直接，裕量不弱于设计要求即可。

3.3 电 感

电感是电路电磁兼容（EMC）滤波设计中的一个常用元器件。其特点是抑制电流的突变，当电流要突变变大时，电感阻碍电流的增大；而当电流要突变变小时，电感又阻碍电流的减小。其抑制电流突变的方式主要表现为反向电动势。

电感的主要参数为电感值，常用单位为毫亨（mH）和微亨（µH），而亨（H）这种规格的电感比较大，在常规嵌入式系统弱电电路里很少涉及。

电感是在高磁导率材料上绕制导电铜线而制作成的，因此，铜线的一切等效特性在电感上都会有所体现。导线的高频等效特性图如图 3-33 所示。绕制在磁环上的导线匝与匝之间，会有分布电容存在，当电感工作在较低频率时，匝间电容的容抗值 $1/\omega C$ 很大，流经电感的电流脉动会优先走最小阻抗路径，走电感通路而非匝间电容通路。而当脉动频率较高时，匝间电容容抗值会随频率的升高而急剧减小，但电感感抗值反而随着频率的升高而变大，所以高频脉动就会有较大的部分通过匝间电容耦合传导，这时，电感的滤波效果会大打折扣。

电感值的计量默认行规是__mH@1 kHz 或__µH@1 kHz，在 1 kHz 的时候，匝间电容容抗小到可以忽略，此时的主要参数特征表现为电感。但在实际使用中，频率不会这么低，所以匝间电容的影响还是不得不考虑的。匝间电容的示意图如图 3-34 所示。

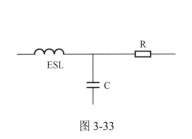

图 3-33

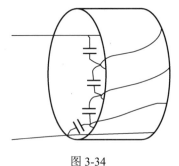

图 3-34

电感的参数见表 3-2。

表 3-2

主 要 参 数	定 义	说 明
电感量 L	也称自感系数，表示电感元件自感应能力的一种物理量	考虑到分布电容的影响，一般行业默认规则的电感值指的是在 1 kHz 下测得的电感值，因为频率较低，基本排除了分布电容的影响。但在特殊应用中，也会有 _@_Hz 的给法
允许偏差	电感线圈电感量的允许偏差	用于谐振回路或滤波器中的线圈，要求精度较高，振荡回路的电感精度一般为±0.5%；而普通高频阻流线圈或耦合线圈要求较低，可以放宽到±10%～±15%
感抗 X_L	电感线圈对交流电流阻碍作用的大小	单位欧姆，$X_L = 2\pi f L$
品质因数 Q	表示线圈质量的一个物理量	Q 为感抗与等效电阻的比值，即 $Q = \dfrac{X_L}{R}$，Q 值越高，回路损耗越小，通常在数十到数百。与由导线的直流电阻、骨架的介质损耗、屏蔽罩和铁芯引起的损耗以及高频趋肤效应有关
分布电容	线圈的匝-匝之间、线圈与屏蔽罩之间、线圈与底板之间存在的电容	分布电容的存在使线圈的 Q 值变小，稳定性变差，因而线圈的分布电容越小越好
直流电阻 R_{DC}	电感线圈自身的直流电阻	可用电桥、毫欧表等小电阻测量仪器测得
额定电流 I_{DC}	允许长时间通过电感元件而不会导致导线烧毁的直流电流值	选用电感元件时，若电路电流大于额定电流值，则有烧毁电感线圈导线的风险

依照图 3-34，可画出电感的高频等效特性图，如图 3-35 所示。其中，分布电容是图 3-34 中所有匝间电容串联之和，R 是电感线圈导线的直流阻抗，引线电感 L' 是电感线圈导线未被绕制在磁环上的焊接引线部分。

经过合并简化，将 L' 与 L 合并为电感 L，图 3-35 可以优化成图 3-36 的形式。

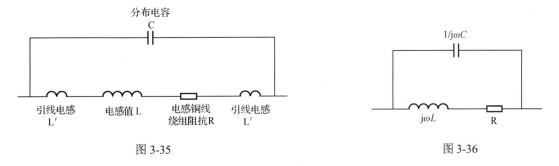

图 3-35　　　　　　　　　　　　　　　　　图 3-36

根据电感高频等效电路的相量模型（见图 3-36），写出驱动点导纳为

$$R_L = \frac{1}{j\omega C} /\!/ (R + j\omega L) = \frac{\dfrac{1}{j\omega C} \times (R + j\omega L)}{\dfrac{1}{j\omega C} + R + j\omega L}$$

电感线圈导线直流阻抗一般都很小，都在 mΩ 级，基本可以忽略，上式可变成

$$R_{L} = \frac{\dfrac{1}{\mathrm{j}\omega C} \times (0 + \mathrm{j}\omega L)}{\dfrac{1}{\mathrm{j}\omega C} + 0 + \mathrm{j}\omega L} = \frac{\dfrac{1}{\mathrm{j}\omega C} \times \mathrm{j}\omega L}{\dfrac{1}{\mathrm{j}\omega C} + \mathrm{j}\omega L}$$

分子分母都乘以 $\mathrm{j}\omega C$，得

$$R_{L} = \frac{\mathrm{j}\omega L}{1 + \mathrm{j}^2\omega^2 LC} = \frac{\mathrm{j}\omega L}{1 - \omega^2 LC}$$

$$|R_{L}| = \left| \frac{\mathrm{j}\omega L}{1 - \omega^2 LC} \right| = \frac{|\omega L|}{|1 - \omega^2 LC|}$$

当 $\omega^2 LC = 1$ 时，$|R_{L}|$ 有最大值，这是典型的并联谐振电路特征，则并联谐振的谐振频率为

$$\omega_{o} = 2\pi f_{o} = \frac{1}{\sqrt{LC}}$$

$$f_{o} = \frac{1}{2\pi\sqrt{LC}}$$

即当 $f_{o} = \dfrac{1}{2\pi\sqrt{LC}}$ 时，

$$|R_{L}|_{max} \to \infty$$

实际上，因为线圈导线直流电阻的存在，也会对 R_{L} 有所制约，在实际工程的频率-感抗特性曲线上，$|R_{L}|_{max}$ 会有一个尖峰值，但不会达到无穷大。仿真电路图如图 3-37 所示，仿真结果如图 3-38 所示。

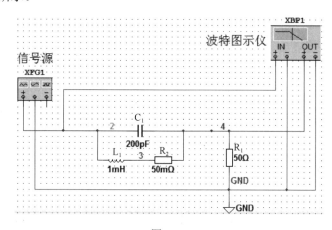

图 3-37

当信号频率在 360 kHz 附近时，并联谐振回路表现为最大的综合阻抗，分压较大，此时 50 Ω 负载的分压最低，因此图 3-38 中的负载信号波形是波谷的形式，而谐振回路的阻抗特性波形正好与之相反。

在低频时，感抗小，容抗很大，电感的蓄能、滤波特性表现为主要特性。但到了较高频段，容抗变小，感抗变大，而任何电流总是会优先选择流经最小阻抗通路，因此高频段容抗特性上升为主要特性，对高频信号的导通特性反而会变强。

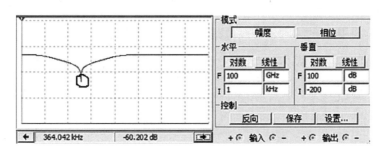

图 3-38

　　电感磁环的材料为铁氧体，一般是铁镁合金或铁镍合金。这种材料具有很高的磁导率，它可以使电感线圈绕组之间在高频高阻的情况下产生的分布电容最小。铁氧体材料的特性可以等效为电阻与电感的并联，低频下电阻被电感短路，高频下电感阻抗变得相当高，以至于电流全部通过电阻。这样铁氧体就表现为消耗能量的特性，高频能量在上面转化为热能，电感工作一段时间后，铁氧体磁芯会温升，便是这个原因。

　　电感具有阻碍电流变化的特性，能够瞬间承受较大的电压。但其阻碍的方式是通过反向电动势实现的，因此，电感元器件或感性负载是有助于抑制电流突变的。但抑制的同时，反向电动势的尖峰电压又会变为一个不可小视的破坏性应力。

　　而对于电动机类感性负载，启动的一瞬间，由于电动机定子和转子之间相对运动的速度几乎为零，即没有切割磁场的运动，这样就不会在电路中产生反向电动势（互感电压为零），此时如果突然上电，几乎所有的电压都加在了线圈的电阻上，由于电阻值很小，因此电流就很大。这就是说，此种情况下，大冲击电流并不是因为电动机是感性负载而导致的，而是因为缺少切割磁场的运动、没有互感电动势而造成的。这些问题在进行电路设计时，都是必须考虑的问题点。

　　（1）同一路电源，同时给控制电路和驱动电路供电时，当负载有闭合（见图 3-39）和断开（见图 3-40）的变化时，其上的大电流会突然接通、突然断开，都会因为倒灌影响到电源线上的电流而产生电源波动。为抑制这种电源线上的纹波，常串联电感做滤波措施。下面讨论电感值的大小如何选取。

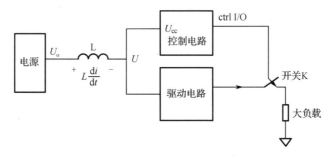

图 3-39

　　电源输出电压为 U_o，控制电路的输入电压 U_{cc}，$U_o = U_{cc}$，波动情况下最低不得低于电路芯片的允许电压值下限 U_{ccmin}，当开关 K 突然闭合时，流经负载的大电流 I 需要从电源线上传过来，电感感知到电流变大的趋势，瞬间产生反向电动势，阻碍电流增大，电动势的方向如图 3-39 所示。则闭合的瞬间，控制电路输入电压 $U = U_o - L\dfrac{\mathrm{d}i}{\mathrm{d}t}$，此时的 U 低于实际的稳态电压值 U_o，但电压值绝对不允许波动到 U_{ccmin} 以下。如果发生这种情况，控制电路就有电源电压低电平复位的风险。

即必须保证

$$U = U_o - L\frac{\mathrm{d}i}{\mathrm{d}t} = U_{cc} - L\frac{\mathrm{d}i}{\mathrm{d}t} > U_{ccmin}$$

其中 $\mathrm{d}i$ 为从 $0 \to I$ 的电流变化量，$\mathrm{d}t$ 为 K 开关闭合的过程时间 t_r，则

$$U_{cc} - L\frac{I}{t_r} > U_{ccmin}$$

$$L < \frac{(U_{cc} - U_{ccmin}) \times t_r}{I} \tag{3.11}$$

在断开负载的瞬间，电流 I 突然减小到零，电感感知到电流减小的趋势，瞬间产生反向电动势，将电感中储存的能量释放，以减缓电流的减小，此时电动势的方向如图 3-40 所示，此时 U 的值不得超出控制电路允许的电压值上限 U_{ccmax}。

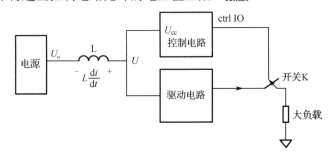

图 3-40

$$U = U_o + \frac{\mathrm{d}i}{\mathrm{d}t} = U_{cc} + L\frac{\mathrm{d}i}{\mathrm{d}t} < U_{ccmax}$$

其中 $\mathrm{d}i$ 为 $I \to 0$ 的电流变化量，$\mathrm{d}t$ 为 K 开关闭合的过程时间 t_s，则

$$U_{cc} + L\frac{I}{t_s} < U_{ccmax}$$

$$L < \frac{(U_{ccmax} - U_{cc}) \times t_s}{I} \tag{3.12}$$

由公式（3.11）和公式（3.12）得出两个电感的数值，选取其中较小的那个。

（2）除了用于电源滤波之外，电感还常用于信号滤波，滤波特性的定量计算以复变函数的拉氏变换为数学基础。图 3-41 所示为一电感电容的组合滤波电路，下面用数学推导的方式求解滤波频率特性。

首先将电容、电感均看成电阻，阻值分别为 $\dfrac{1}{SC}$、SL，然后按照简单的电阻串/并联计算总阻值分压，最后将 $S=\mathrm{j}\omega$ 代入，求解放大倍数的模，则可求出电路的滤波频率特性。

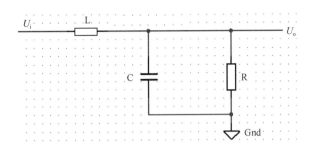

图 3-41

$$R \mathbin{/\mkern-5mu/} \left(\frac{1}{SC}\right) = \frac{R \times \dfrac{1}{SC}}{R + \dfrac{1}{SC}} = \frac{R}{1 + SRC}$$

$$U_\mathrm{o} = U_\mathrm{i} \times \frac{R \mathbin{/\mkern-5mu/} \left(\dfrac{1}{SC}\right)}{SL + R \mathbin{/\mkern-5mu/} \left(\dfrac{1}{SC}\right)} = U_\mathrm{i} \times \frac{\dfrac{R}{1 + SRC}}{SL + \dfrac{R}{1 + SRC}}$$

$$U_\mathrm{o} = U_\mathrm{i} \times \frac{R}{SL + S^2 RCL + R}$$

将 $S = \mathrm{j}\omega$ 代入上式得

$$\frac{U_\mathrm{o}}{U_\mathrm{i}} = \frac{R}{\mathrm{j}\omega L + (\mathrm{j}\omega)^2 RCL + R} = \frac{R}{(R - \omega^2 RCL) + \mathrm{j}\omega L} = \frac{1}{(1 - \omega^2 CL) + \mathrm{j}\omega L / R}$$

$$\left| \frac{U_\mathrm{o}}{U_\mathrm{i}} \right| = \frac{1}{\sqrt{(1 - \omega^2 CL)^2 + (\omega L / R)^2}}$$

对于分母中的式子，可以求极值，则

$$(1 - \omega^2 CL)^2 + \left(\frac{\omega L}{R}\right)^2 \geqslant 2 \times |1 - \omega^2 CL| \times \left(\frac{\omega L}{R}\right)$$

当 $1 - \omega^2 CL = \dfrac{\omega L}{R}$ 的时候，上式不等式中的等号成立，即此等式成立时，上式有最小

值，则 $\left| \dfrac{U_\mathrm{o}}{U_\mathrm{i}} \right|$ 具有极大值。

求解 $1 - \omega^2 CL = \dfrac{\omega L}{R}$，

$$R - \omega^2 RCL = \omega L$$
$$\omega^2 RCL + \omega L - R = 0$$

求解

$$\omega = \frac{-b \pm \sqrt{b^2 - 4ac}}{2a} = \frac{-L \pm \sqrt{L^2 - 4 \times RCL(-R)}}{2RCL} = \frac{-L \pm \sqrt{L^2 + 4 \times R^2 CL}}{2RCL}$$

但是频率不可能为负数，因此

$$\omega = \frac{\sqrt{L^2 + 4 \times R^2 CL} - L}{2RCL}$$

即当公式（3.13）成立时，

$$\omega = \frac{\sqrt{L^2 + 4 \times R^2 CL} - L}{2RCL} = 2\pi f$$

$$f = \frac{\sqrt{L^2 + 4 \times R^2 CL} - L}{4\pi RCL} \tag{3.13}$$

$\sqrt{(1 - \omega^2 CL)^2 + (\omega L / R)^2}$ 有最小值，而此时 $\left|\dfrac{U_o}{U_i}\right|$ 具有极大值，即

$$\left|\frac{U_o}{U_i}\right| = \frac{1}{\sqrt{2(1 - \omega^2 CL)^2}} = \frac{1}{\sqrt{2(\omega L / R)^2}} \tag{3.14}$$

3.4 磁 珠

磁珠的全称为铁氧体磁珠滤波器，是一种抗干扰元件（另有一种非晶合金磁性材料制成的磁珠），滤除高频噪声效果显著。其特性表现为一个随频率变化的阻抗 R_{ac} 与一个不随频率变化的定值电阻串联的形式，其等效电路图如图 3-42 所示。

图 3-42

磁珠的单位是 Ω，而不是 mH 或 μH，一般按照它在 100 MHz 时的阻抗来作为其标称参数值。如 600 Ω @ 100 MHz，意指 100 MHz 时其阻抗相当于 600 Ω。

磁珠的特性参数有 6 个：

① 直流电阻（DCR）（mΩ）：直流电流通过此磁珠时，此磁珠所呈现的电阻值。

② 额定电流 I_R（mA）：表示磁珠正常工作时的最大允许电流。

③ 交流阻抗 Z Ω@ 100 MHz。

④ 阻抗 Z-频率 f 特性曲线：描述阻抗值随频率变化的规律。

⑤ 直流电阻（DCR）-频率 f 特性曲线：描述电阻值随频率变化的曲线。

⑥ 感抗（ωL）-频率特性曲线：感抗随频率变化的曲线。

不同磁珠的频率阻抗曲线是不同的，要选在噪声频率 f_N 下阻抗 Z 较高、而在有用信号 f_s 下阻抗较小的磁珠。但也并不是 f_N 下阻抗越高越好，因为阻抗越高，则 DCR 也越高，对有用信号的衰减也会越大。

如对于 3.3 V、300 mA 的电源，要求 3.3 V 电源波动的最低值不能低于 3.0 V，那么磁珠的直流电阻 DCR 就应该小于 1 Ω；如果要求 100 MHz、300 mVpp 的噪声，经过磁珠以后达到 50 mVpp 的水平，假设负载为 45Ω，那么就应该选 Z=225 Ω@100 MHz，DCR<1 Ω 的磁珠。

Z 的求解计算为

$$\frac{50 \text{ mV}}{45 \text{ Ω}} = \frac{(300 - 50) \text{ mV}}{Z}$$

$$Z = \frac{(300 - 50) \text{mV} \times 45 \text{ Ω}}{50 \text{ mV}} = 225 \text{ Ω}$$

意指 300 mVpp 里，有 250 mVpp 消耗在了磁珠上，其余的 50 mVpp 分到了负载的 45 Ω上要正确选择磁珠，必须考虑以下 4 点。

- 噪声频率范围为多少；
- 噪声需要衰减多少；
- 电路和负载阻抗是多少；
- 通过的电流是多大。

由以上信息，做一个简单的电阻分压运算，则可求出在特定噪声频率下的磁珠阻值，然后通过查阅厂家提供的阻抗-频率曲线，如图 3-43 所示，选择在噪声频率下的对应阻抗值不低于计算值的磁珠。

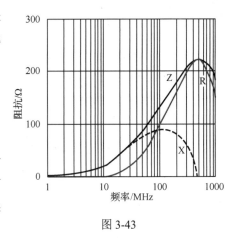

图 3-43

3.5　插头插座

插头插座有三类参数指标：环境指标、电学指标、力学指标。

影响电连接器可靠性的主要因素为插针/孔材料、接点电流、有源接点数目、插拔次数和工作环境条件。

电连接器降额的主要参数是工作电压、工作电流和温度。

连接器并联使用时，每个接触对对电流降额后，需要再增加 25% 余量的接触对。

连接器有源接点数目过大（大于 100），用接点数相同的两个电连接器并联，增加可靠性。

低气压下使用的电连接器应进一步降额，防止电弧对电连接器的损伤。

插拔力：总拔出力=2×单脚分离力之和；优选 50 N≥总拔出力≥13 N；低于 4PIN 的连接器（3/2/1PIN），拔出力≥8 N。

常插拔连接器优选锁扣式连接器。

插装连接器，焊脚长度要求露出 PCB 板>0.5 mm（IPC-A-610C　6.2）；

冲击与振动：接触对在动态应力下会瞬时断路，时间有 1 μs、10 μs、100 μs、1 ms 和 10 ms。

判断发生瞬断有两个条件：持续时间和电压降，缺一不可。

插头插座的降额参数表见表 3-3。

表 3-3

参　　数	等　级	降额等级		
		Ⅰ级降额	Ⅱ级降额	Ⅲ级降额
工作电压		0.50	0.70	0.80
工作电流		0.50	0.70	0.85
最高接触对额定温度 T_{AM}/℃		T_{AM}-50	T_{AM}-25	T_{AM}-20

例：连接器上要通过 2 A 电流，采用额定电流 1 A 的接触对，Ⅱ级降额时，需要用几个

接触对？

答：按照表 3-3，Ⅱ级降额时，电流降额因子取 0.7，2 A/0.7=2.86 A，每组接触对额定电流为 1 A，因此需要 3 个接触对才能满足要求。

在按降额因子对电流降额的基础上，再增加 25%余量接触对，3×(1+25%)=3.75，所以还需要在 3 个接触对的基础上再增加 1 个接触对（0.75 取整），即 4 个接触对并联。

3.6 导 线

本节将导线分成了两类来讨论，一类是空间专线用的带绝缘层金属线缆，一类是 PCB 板上的覆铜布线。

3.6.1 金属线缆

导线和电缆主要有三种类型：同轴（射频）电缆、多股电缆和导线。影响导线和电缆可靠性的主要因素是由导线间的绝缘和电流所引起的温升。降额的主要参数是应用电压和应用电流。导线线缆的选型，需要注意的特性指标有如下 6 项。

（1）电流特性

一条导线电流的大小由其材质、导线粗细决定。这是导线的基本指标，选型时应确保实际工作的最大电流不超过导线所能容纳电流的能力。不同规格导线所对应的最大应用电流见表 3-4（Ⅰ、Ⅱ、Ⅲ级降额均执行此要求）。

表 3-4

线规 A_{WG}	30	28	26	24	22	20	18
单根导线电流 I_{SV}/A	1.3	1.8	2.5	3.3	4.5	6.5	9.2
线规 A_{WG}	16	14	12	10	8	6	4
单根导线电流 I_{SV}/A	13.0	17.0	23.0	33.0	44.0	60.0	81.0

本表格降额仅适用于绝缘导线的额定温度为 200℃的情况，对绝缘导线额定温度为 150℃、135℃和 105℃的情况，应在上表所示基础上分别再降额 0.8、0.7 和 0.5。

对成束电缆，导线间绝缘和电流容易引起温升，因此，导线成束时，每一根导线设计 I_{max} 应按下面的公式计算进行降额：

$$I_{bw}=I_{sw}\times(29-N)/28 \ (1<N\leqslant 15 \text{ 时}) \tag{3.15}$$

或

$$I_{bw}=1/2 I_{sw} \ (N>15 \text{ 时}) \tag{3.16}$$

式中：I_{bw}—— 一束导线中每根导线的最大电流，单位为 A；

I_{sw}——单独一根导线的最大电流，单位为 A；

N—— 一束导线的线数。

（2）温度特性

导线的温度特性主要考核外表皮绝缘层的耐高温特性，选型时应确保导线的适用温度范围不低于导线的实际工作环境温度，以避免导线的表皮软化、熔化及快速老化，从而维持其绝缘功能和耐拉伸力学功能。

（3）绝缘耐压特性

线缆的绝缘耐压特性是由线-线间的绝缘层保证的。对于多芯导线，在工作中，线-线间电压超出了导线的绝缘耐压特性，会导致绝缘击穿的风险。即使通过导线的电流没有超过导线的电流容纳能力，但电压超出了导线应用的标称耐压，也是不可以使用的。绝缘电压的降额见表 3-5。

表 3-5

参数 ＼ 等级	降额等级		
	Ⅰ 级降额	Ⅱ 级降额	Ⅲ 级降额
最大应用电压	最大绝缘电压规定值的 0.5		

（4）屏蔽特性

导线屏蔽层的作用是避免线缆上的高频脉动干扰不会辐射到环境空间中，常见的屏蔽层有编织网和铝箔两种，其参数指标是屏蔽效能 $SE = 20\lg\left(\dfrac{U_S}{U_R}\right)dB$，其中，$U_S$ 为导线上的信号电平，U_R 为从屏蔽层上辐射泄漏出来的信号电平。

（5）导线长度

电子设备中，导线的长度不可以无限拉长，众所周知，导线上面有走线电感、走线电阻，电流通过长导线后会导致线缆压降。当导线压降衰减过多时，虽然发送端的电平信号没有问题，但到了接收端衰减到低于了接收端允许的高电平下限值 U_{Hmin}，就会产生接收端的信号错误。当导线的长度 ≥λ/20 时（λ 为信号波长），长的金属线缆就成了一条对外辐射的鞭状天线。

例如，100 MHz 的信号在线缆上流动，根据 $V=\lambda \times f$，V 是电磁波的空间传播速度，大小为 3×10^8m/s，f 是电磁波的频率，大小为 10^8 Hz，则

$$\lambda=V/f=3\times10^8/10^8=3 \text{ m}$$

此时，线缆的长度以不超过λ/20=15 cm 为佳。如果考虑高次谐波的干扰，则其高次谐波的波长更短，100 MHz 的 3 次谐波的长度为λ/20=5 cm，这个鞭状天线的影响就已经不可以视而不见了。

（6）高频特性

金属导线导电时，如果电流 I 具有较高频率的脉动，则导线会表现出一种趋肤效应（见图 3-44 a），即电流会随着脉动频率的增加而趋向于在靠近导体表层的导电截面传播，而中间导体部分反而导电作用相对较小。在导体界面上，导电层的厚度称为趋肤深度 H，而频率 f 与 H 成负相关，即随频率 f 的上升趋肤深度 H 变薄，因此导电截面积 S 下降。按照阻抗计算公式 $R=\rho\dfrac{L}{S}$（ρ 是电阻率、L 是线长、S 是截面积），在电阻率ρ 与导线 L 不变的情况下，截面积 S 变小，则 R 变大。这个阻抗随频率的变化而变化，因此用 Rf 表示，称为高频阻抗，也称交流阻抗（或用 R_{ac} 表示），在高频时表现得比较明显，因其特性与频率相关，与电感的特性类似，因此用走线电感表征。

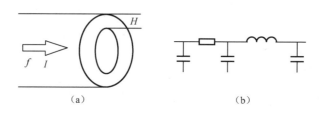

图 3-44

如果在导线上施加一直流电流，只要经过铜线，就会有电阻特性，这个电阻值称为直流电阻 R_{dc}。导线在工作中，其与周围的导线或任意金属外壳，互相之间没有电连通，而且两个金属介质有空气或电路板的基材，均为绝缘介质，两个金属构成了电容特性的极片，中间的绝缘介质构成了电容的填充介质，因此导线与周围金属之间会形成分布电容。因此，一根金属导线可以用完整的高频等效特性图（见图 3-44b）来表征。

恰恰是导线的走线电感和分布电容的高频特性，一旦将导线用于高频脉动电流的导通时，就会在不同频段表现出不同的主导特性（见图 3-45、图 3-46）。图 3-45 中的 A 点有高频脉动电流泄放到机壳连通的大地上，流经导线时，可以经过感抗或容抗两条路径，而电流又遵循优先流经最小阻抗路径的原理，因此 A 点对外壳地的阻抗实际上会随着频率的升高而发生如图 3-46 所示的变化规律。

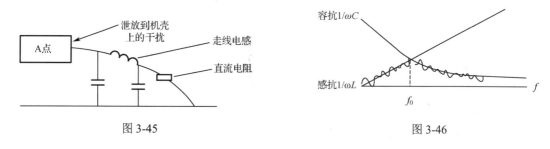

图 3-45   图 3-46

在 $f<f_0$ 时，感抗通路总阻抗小，脉动电流泄放优先走感抗通路；但随着频率的逐渐升高，感抗值会逐渐增大，对泄放电流的阻碍也会变得越大，泄放不掉的干扰反灌到电路中引起电路工作异常。

但当经过了 f_0 后，$f>f_0$，容抗通路总阻抗相对于感抗变小，干扰泄放以容抗通路泄放为主；随着频率的继续升高，高频泄放能力增强，A 点的干扰反而会下降。

因此，A 点的干扰噪声电平将会出现图 3-46 中的窝头状频谱曲线。按照经验，常规应用设备中，f_0 为 7～12MHz，这种接法中，外壳名义上接地，但实际上干扰的对地泄放并不是太好。地线都不干净了，还指望电路能好吗？

这只是以接地线为例来说明导线的高频特性。实际上，在电源线和信号导线上，也存在同样的问题，尤其是有高频脉动传播的时候，其电感特性和电容特性随着频率的波动一直呈现不同的导通特性，从而导致信号失真。

如果换一种导线——宽扁平电缆（铜皮或编织网电缆）（见图 3-47），厚度小于或等于趋肤深度的 2 倍（2H），则导线上通过频率 f 的电流时，从上表面层往里看，导电层深度（趋肤深度）达到甚至超过了中线，从下表面层往里看也同理。这样，在 0～f 的频率范围内，整个截面都是导电的，即随着频率的波动而波动的高频电阻特性没有了，导线传导方向

上只剩了一个 R_{dc}（直流阻抗，但很小）在起作用，图 3-45（a）中 A 点对地泄放通路的阻抗特性将变成如图 3-48 所示的形状。

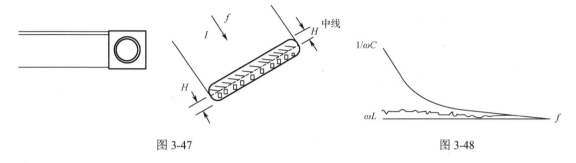

图 3-47　　　　　　　　　　　　　　　图 3-48

专业的电磁兼容实验室中，接地电缆一般选择薄宽铜皮，或宽扁平编织网电缆，即是出于这样的机理考虑。

但是马上又发生了另一个问题，安规接地线都是用单根圆铜线做接地电缆，但其趋肤效应问题又限制了对高频干扰的泄放。那么，能否用扁平电缆替代圆扁平电缆进行安规接地呢？答案是"不可以"，原因是可靠性串/并联模型问题。

如果一根导线由多匝细线组成（见图 3-49），单根导线电流不足以承受整根电缆所能通过的总电流，由于导线之间电阻分布不均匀，其上每根细线通过 I 的大小不一样，电流大的总易先过载断掉，然后逐渐地被各个击破，一根根断掉，各细线间构成了一个可靠性串联模型（见图 3-50 a）。

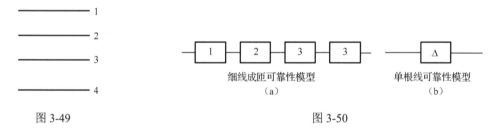

图 3-49　　　　　　　　　　　　　　　图 3-50

细线成匝模型（见图 3-50 a）的可靠度跟单根圆粗铜线的可靠性模型（见图 3-50 b）相比，可靠度低，在万一发生故障时，电流对地泄放易过载烧断，起不到保护安全的目的。例如，火线 L 异常搭到了外壳，对大地泄放电流，如果地线先烧断了，L 线与机壳仍在搭接中，此时万一有人接触，会有通过人体对地泄放电流的风险。因此，保护安全地线又必须用圆单芯铜线为佳，而且这根线的内径必须是整个机箱中最粗的。

综上所述，就出现了一个矛盾。宽扁平电缆泄放高频干扰，圆铜芯电缆泄放安全保护电流，相互之间不宜替换，那接地线缆该如何处理？为成本方便计，也可在不影响产品抗扰能力及安全的前提下，做如下变通处理。

① 高频干扰泄放地线用宽扁平电缆；安全防护接地用圆芯电缆。

② 变通方案：小功率/低电压设备，可用宽扁平电缆兼作电磁兼容（EMC）泄放与安规泄放的双重功能。

③ 只有在确保电磁兼容（EMC）性能绝无问题的前提下，才可用圆芯接地线兼作 EMC/安规泄放的双重功能。但即使这样，仍不建议这样做，因为用户现场不能排除含有高

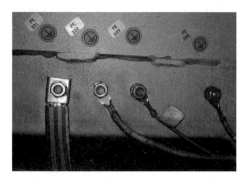

图 3-51

频干扰，并通过这条线泄放。

④ 高频泄放电缆一定要处理成面连接方式，即其与壳的连接方式一定是面贴面的（绝缘漆或喷塑要刮掉）。

⑤ 无论选择哪种规格的电缆，外皮必须选黄绿色，这是安规的通用要求，遇到任何电器设备，紧急情况下，握住黄绿线，都应该是安全的。

图 3-51 所示为某大型医疗设备的接地线缆示意图。其采用了单点并联接地的方式，且高频泄放和安规接地导线分别选用了不同的规格。

3.6.2 PCB 布线

PCB 板上的布线包括了走线和过孔两部分，因为走线电感特性的存在，高频信号在其上流动时，会产生信号的变异。因此信号的变化、多层板布线方式、尽量减少过孔等做法，都是一些必要的技术手段。这里涉及的常用计算有如下三个方面。

（1）板层数确定

优选多层板设计，按照实例中的 PIN 密度计算结果选择板的层数，PIN 密度与板层的关系见表 3-6。

$$PIN密度 = \frac{板面积（平方英寸）}{板上引脚总数/14} \tag{3.17}$$

当 $f_{clk} \geq 5$ MHz，或 $t_r < 5$ ns，则推荐 PCB 优选多层板。

表 3-6

PIN 密度	>1.0	0.6～1.0	0.4～0.6	0.3～0.4	0.2～0.3	<0.2
信号层数	2	2	4	6	8	10
板层数	2	4	6	8	12	>14

（2）PCB 过孔计算

PCB 的过孔上走线电感对高速信号的影响较大，考虑到设计中的估算，给出下面的过孔估算式。

$$L = 5.08 \times h \times \left[\ln\left(\frac{4h}{d}\right) + 1 \right] \tag{3.18}$$

式中，

L 为过孔的寄生电感，单位为 nH；

H 为过孔的深度，与板厚有关，单位为 in（英寸）；

d 为过孔直径，单位为 in（英寸）。

例：过孔的长度为 $h=63$ mil（对应的板厚为 1.6 mm），过孔直径 $d=8$ mil，求过孔寄生电感的大小。

将 h 和 d 的数据代入公式（3.18），得

$$L = 5.08 \times 0.063 \times \left[\ln\left(\frac{4 \times 0.063}{0.008} \right) + 1 \right] = 1.4242 \text{ nH}$$

（3）信号线缆布线误差计算方法

PCB 板上布线的走线电感值为

$$L = 2a \times \left(\ln \frac{4a}{d} - 0.75 \right) \text{nH} \tag{3.19}$$

式中，a 为长度；d 为直径，单位均为 cm。

在信号布线中，因为走线不便，不得不考虑非同步走线的方式，即差分信号的去流信号布线和回流信号布线不等长或不同规格。凡此类问题，均易因为差分信号间的传输路径衰减程度不等而产生误差，这种误差在放大电路输入端差别虽然不是很大，但经过放大后则会影响很明显了。

下面通过案例说明，如图 3-52 所示，L_1 和 L_2 是两条差分线，长度差 $a=L_2-L_1$，在放大器输入端的电压为 U_1 和 U_2，差分信号 $\Delta U = U_1-U_2$，输入到放大器 K 后，经 K 倍放大，输出为 $U \pm \Delta U$。

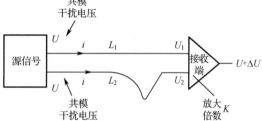

图 3-52

当 L_1 和 L_2 布线完全一致（长度、宽度、铜层厚度、过孔规格和数量等）的时候，共模干扰电压 U 经过了相同的电缆衰减分压，到达接收端的输入口处分别为 U_1、U_2，两线间的共模压差 $\Delta U = U_1 - U_2 = 0$，此时不会对信号造成干扰，误差为 0。

当 L_1 和 L_2 布线不一致的时候，输入口处的 U_1、U_2 将不再相同，$\Delta U = U_1 - U_2 = \omega L \times i$，$L$ 为两条线的走线电感之差。

放大器的输出偏差：$\Delta U = k \times \Delta U = k \times \omega L \times i$

$$\frac{\Delta U}{U} \leqslant \text{系统误差要求的百分比}$$

然后是用公式（3.19）计算导线上的走线电感差值。

系统误差要求 $\Delta U/U \leqslant$ 误差百分比（如 5%），U 是最小测量值，ΔU 是最大误差值，f 是信号最高频率（$\omega = 2\pi f$），则

$$\frac{\Delta U}{U} = \frac{k \times \omega L \times i}{U} = \frac{k \times 2\pi f \times i}{U} \leqslant 5\%$$

如果是低频或直流信号，则用走线电阻这个指标。走线电阻的最简方法是用毫欧表测量，直接测两条线的阻值 $\Delta R = R_2 - R_1$，$\Delta U = \Delta R \times i$，$\Delta U = k \times \Delta U = k \times \Delta R \times i$。

信号线上串磁珠或小电阻的计算基本同理，不过就是把磁珠的直流阻抗和交流阻抗上产生的压降作为误差来源，经过放大后产生误差而已。读者可自行推导。

3.7　保　险　丝

保险丝熔断电流的大小与时间、温度有关，以 Tyco Electronics 公司的 0402SFF050F/24

快断式保险丝为例，该型号保险丝的技术指标见表 3-7。

表 3-7

型号	典型电气特性		最大中断额定值	
	额定电流/A	标称冷电阻值/Ω	电压/V_{DC}	电流/A
0402SFF050F/24	0.50	0.380	24	35

额定电流指保险丝上可以长时间通过的最大持续电流。但当电流增大时，只要没超过最大中断额定电流值，保险丝上所通过电流的持续时间没有超过一定限度范围时，保险丝仍然是有可能不断的，这种情况下的熔断表现为＿＿A@＿＿s 的特性，见表 3-8。

表 3-8

序 号	额定电流百分比	25℃时的熔断特性
1	100%	最少 4 小时
2	250%	最长 5 秒
3	400%	最长 0.05 秒

0402SFF050F/24 保险丝通过过载电流的熔断反应时间如图 3-53 所示的 A 曲线。意指当保险丝电流约 1.1 A 时，持续约 5 s 后保险丝将会熔断；保险丝电流约 2 A 时，持续约 0.002 s 后保险丝将会熔断。

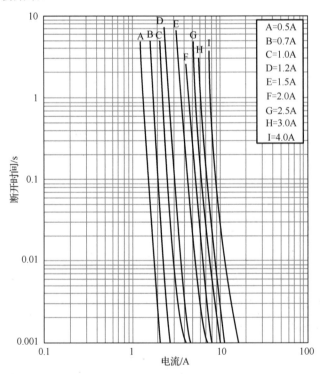

图 3-53

将保险丝熔断电流特性与时间的关系综合起来考虑，则形成一个统一的评价指标 I^2t，图 3-54 中 A 曲线表示的是 0402SFF050F/24 保险丝的 t-I^2t 曲线，由此图可以推断出比表 3-9 中更为细分的 _____A@_____s 特性，可以将每一个持续时间下所对应的最大持续电流计算出来。

如：电流持续时间为 0.4 s 时，由图 3-54，查出对应的 I^2t 为 0.9 A^2s，则此时

$$I^2t = I^2 \times 0.4\,\text{s} = 0.9\,\text{A}^2\text{s}$$

$$I = \sqrt{\frac{0.9}{0.4}} = 1.5\,\text{A}$$

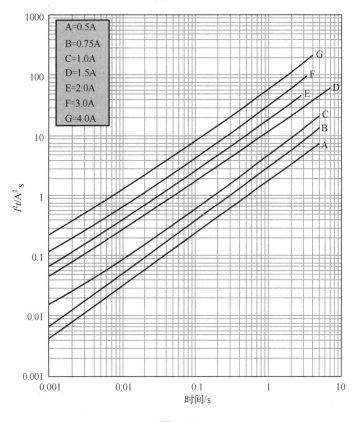

图 3-54

除了以上的关键参数指标，还有一些其他的环境和工艺特性参数（见表 3-9）。

表 3-9

工 作 温 度	$-55\sim+125℃$
机械振动	在用 MIL-STD-202 方法 204 评估时，在 30G 可耐受 5～3000Hz
机械冲击	在用 MIL-STD-202 方法 213 评估时，在 0.5 毫秒半正弦脉冲条件下可耐受 1500G
热冲击	在用 MIL-STD-202 方法 107 评估时，在 $-65\sim+125℃$ 条件下可耐受 100 个周期
焊接热耐受能力	在用 MIL-STD-202 方法 210 评估时，在 $+260℃$ 条件下可耐受 60 秒
焊接能力	在用 MIL-STD-202 方法 208 评估时，满足 95%的最小覆盖要求

续表

湿度耐受能力	在用 MIL-STD-202 方法 106 评估时，可耐受 10 个周期
盐雾试验	在用 MIL-STD-202 方法 101 评估时，可耐受 48 小时的暴露

以上指标均为在 25℃ 标准工况下的指标，因为温度的影响，随着工作环境温度的上升，还需要在由以上指标计算出来的额定参数指标下，进一步降额，降额因子按照图 3-55 所示的负荷特性曲线的要求进行选取。

保险丝有正常响应、延时、快动作和电流限制四种类型；降额的主要参数是电流。

电路电压之所以不可以超过保险丝的额定工作电压（见表 3-7），是为防止保险丝断路后产生电弧。

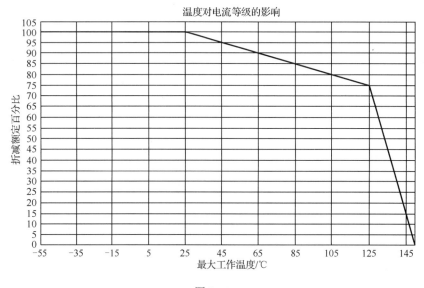

图 3-55

强振动和冲击可能使保险丝断路，耐震动冲击的能力在表 3-10 中有所体现。

求出在某一温度下的额定电流值之后，也可以按照降额表格（见表 3-10）中的降额参数和降额因子来进行计算。

表 3-10

参数	等级	降额等级 I 级降额	II 级降额	III 级降额
电流额定值/A	>0.5		0.45～0.5	
	≤0.5		0.20～0.4	
T>25℃时，增加降额比例 1/℃			0.005	

例：通过 1 A 电流，环境温度 40℃ 的情况下，要求III级降额，保险丝应选择何规格？

答：按照设计条件及规范要求，取电流降额因子为 0.5；在 25℃ 以上时，每增加 1℃，降额的程度增加 0.005，即最后的降额因子为：0.5-(40-25)×0.005=0.425。

所以，1 A/0.425≈2.353 A，应选择最接近于 2.353 A 的保险丝。

3.8 TVS

TVS 管，全称为瞬态电压抑制二极管，主要用于在电源端口和数据端口的异常尖峰电压防护。其分布特性的等效电路如图 3-56 所示。

其中，L 为引线电感，R_v 为压控可变等效电阻，当 TVS 两端的电压超过 U_{wm} 之后，随着电压的增大，TVS 上的通过电流会逐渐加大，等效表现为 R_v 逐渐变小；当电压增大到 U_{BR} 后，TVS 进入雪崩工作状态，电流快速增大，等效表现为 R_v 快速变小。

C 分布电容是一个寄生参数，是元器件的构造特性决定的，它影响了信号线上波形的质量，进而限制了数据传播速率。

R 绝缘阻抗，电压很低的时候，虽然 TVS 还未启动其保护机制，但 TVS 上面还是会有微小的漏电流，此时的电压/漏电流即为绝缘阻抗的大小。

图 3-56

TVS 元器件可用于 Surge 或 ESD 防护状态下，这两种干扰的特性决定了 TVS 的选型参数特点。表 3-11 和表 3-12 给出了这两种干扰的对比特性。

表 3-11

干扰	Surge 浪涌抗扰度	ESD 静电抗扰度
依据标准	IEC61000-4-5	IEC61000-4-2
特性	低电压大电流	高电压小电流
能量	大（J）	小（μJ）
时间	8/20 或 10/1000 μs	0.7～1.0 ns

表 3-12

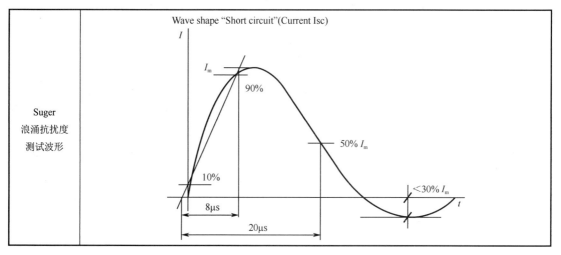

续表

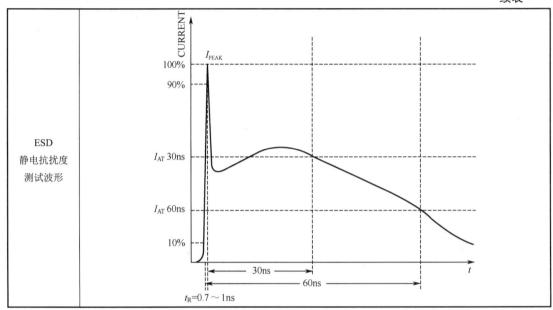

ESD
静电抗扰度
测试波形

选用 TVS 时，必须考虑电路的具体条件，无论是 Surge 防护，还是 ESD 防护，如下规则都是需要遵守的。

- 最大箝位电压 $U_c(max)$<电路的最大允许安全电压 $U_{safe}(max)$；
- 最大反向工作电压 U_{rwm}>电路工作电压的最大值 $U_{cc}(max)$；
- 如果工作电源为直流电源，U_{cc} 指的是标称工作电压与最大正向波动电压之和，且直流线路采用单向瞬变电压抑制二极管；
- 如果工作电源是交流电源，工作电压则是交流电的峰值电压与最大正向波动电压之和，交流则必须采用双向瞬变电压抑制二极管；
- TVS 管的额定最大脉冲功率，必须大于电路中出现的最大瞬态浪涌功率。

落实到具体的 Surge、ESD 防护上，TVS 的优点很多，但有一个需要特别注意的事项，常规元器件（电阻、磁珠、普通二极管等），其过流过压失效一旦发生，现象都是直接从工作正常变为开路；而 TVS、压敏电阻这两种保护性元器件恰恰不同，未过流过压时，表现为正常，不过是随着电压的逐渐升高漏电流逐步增大，可过流过压失效一旦发生，输入电压超出了 U_{BR} 的雪崩电压，保护元器件先变为短路，短路电流如果能把前端的供电线路或供电设备烧断，停止工作了之后，保护元器件表现为短路状态，但如果供电源能力及通路电流较强，短路电流持续下去，保护元器件会被烧成开路。这个特性对于评估电路过流过压的风险比较有用。如矿用设备，这个过流就有导致爆炸的风险；普通家电设备则会有因线路过流导致过热从而引燃非阻燃材料的风险。

除了以上问题，还有一些通用的具体设计注意事项。

选用浪涌防护用途的 TVS 注意事项如下。

① 计算电路电压的最大变化量是否小于所选型 TVS 的崩溃电压 U_{BR}（Breakdown Voltage）。

② 评估电路中零组件的最大耐突波电压值。

③ 计算电路中的最大突波电流，并由 TVS 元器件的 *I-U* 曲线找出 U_c（Clamp Voltage），及 U_c 的工作电流 I_c（Clamp Current）。

④ 由 U_c 和 I_c，并依据突波波形（8×20 μs），计算出元器件上所消耗的功率。

⑤ 比较线路消耗功率值，应小于元器件本身的可承受功率值，以免烧毁。

选用 ESD 防护的 TVS 注意事项如下。

（1）TVS 元器件的电容值依据 I/O 的传输速度来选，一般要求线路阻抗与分布电容形成的 *RC* 滤波电路的时间常数 $\tau = RC$ 的 3 倍，应小于 I/O 信号上升沿时间 t_r。

● 线缆上如果有串联电阻，则取该电阻的阻值来计算 *RC*；

● 如果串联的是磁珠，则取 ESD 波形上升沿的高次谐波频率 *f* 的交流阻抗值 $f = \dfrac{1}{\pi t_r} = \dfrac{1}{3.14 \times 0.7\text{ns}} = 455\text{ MHz}$，即 R@455MHz，然后计算 *RC*；

● 如果只有 PCB 布线，则近似取 50 Ω，然后计算 *RC*。

然后 $3\tau = 3RC < t_r$ 成立即可。

或者采取理论上较简单的办法，将电路设计好，将 TVS 位置焊上电容，容值与拟选用 TVS 型号寄生电容相等，然后在端口传输实际工作中的最高速率数据，用示波器测试波形，确保波形的高电平能可靠地超越高电平的下限值 U_{Hmax}。如果该波形不能保证可靠的高电平，则减小电容值继续试验，直到波形最高电压点满足高电平下限值要求，并最好适当超出电压余量。然后根据试验得出的容值去选取对应的 TVS 寄生电容值参数。

（2）TVS 工作电压 U_{wm} 略高于或等于系统工作电压。

（3）如果 TVS 接的是数字电路，则工作电压下的漏电流越小越好，就算稍大一点一般也不会有太大问题；但如果 TVS 保护的是模拟定量放大或采样电路，则应计算漏电流的分流对放大信号的误差影响。

（4）钳位电压 U_c 依据电路能承受的电压而定，钳位电压低于电路所能承受的最大电压值为佳。

（5）反应时间 <1 s。

（6）耐静电能力越高越好。

（7）优先推荐选用双向 TVS。

但是 TVS 也不是万能的，毕竟它还是有一定的反应时间的，因此，不宜将所有的外来 Surge 或 ESD 防护都压在 TVS 的动作上，必要的自我防护性电路设计措施还是要有的。常用的设计规范如下。

● 不将敏感和重要电路放在 PCB 板的边缘（如 clock、reset、cs、I/O 等信号）；

● 未使用的 PCB 空间大面积覆铜接地；

● 线路布线长度尽可能短，细长铜箔或信号线对高频 ESD 会容易发生尖端放电、尖端耦合的特性，会感应出异常高的电压；

● 优选多层板，多层板架构对 ESD 的影响有百利而无一害；

● 信号线两边并行布地线，便于 ESD 干扰通过分布电容泄放到地；

● I/O 端口可并联一个或多个 TVS，靠近被保护的装置；

● TVS 对地泄放的走线不要走长细线。

案例 1：直流电应用举例

某整机直流工作电压 12 V，最大允许安全电压 25 V（峰值），浪涌干扰波形为方波，T_p=1 ms，最大峰值电流 50 A。则浪涌防护 TVS 的选型计算为

① 通过 U_{cc}=12 V 确定最大反向工作电压 U_{rwm}=13 V；

② 击穿电压为：$U_{BR} = \dfrac{U_{rwm}}{0.85} = 15.3 \text{ V}$；

③ 从击穿电压 U_{BR} 的选取确定最大钳位电压 $U_{Cmax} = 1.3 \times U_{BR} = 19.89 \text{ V}$，取 U_c=20 V；

④ 再通过钳位电压 U_c 和最大干扰峰值电流 I_p，计算出方波脉冲功率 $P_{PR} = U_C \times I_p = 20 \times 50 = 1000 \text{ W}$；

⑤ 计算折合为 T_p=1 ms，折合系数 K=1.4，指数波的峰值功率 $P_{PR} = \dfrac{1000 \text{ W}}{1.4} = 715 \text{ W}$；

⑥ 通过元器件数据手册，查到 1N6147A，$P_{PR} = 1500 \text{ W}$，$U_{RWM} = 12.2 \text{ V}$，$U_{BR} = 15.2 \text{ V}$，$U_C = 22.3 \text{ V}$，最大浪涌电流 $I_p = 67.3 \text{ A}$，可满足设计要求。

案例 2：交流电应用举例

交流电网供电下，干扰的瞬变电压是随机的，有时还会有雷击（雷电感应产生的瞬变电压），很难定量估算出瞬时脉冲功率 P_R。如何选取浪涌 TVS 防护元器件？

对最大反向工作电压 U_{rwm} 的选取，应按照交流电压的峰值确定，即交流电压的 1.4 倍。以 220 V 交流输入端的防护为例来进行计算。

对于交流输入端，采用双向 TVS；双向 TVS 管的 $U_{rwm} = 220 \text{ V} \times 1.4 = 308 \text{ V}$，其他计算同案例 1 的步骤（2）～（6）。

3.9 压敏电阻

压敏电阻在预备状态时，相对于受保护电子组件而言，具有很高的阻抗（mΩ级别），基本不会影响原设计电路的特性。但当瞬间突波电压出现，超过 V_{BR} 的情况时，压敏电阻的反应时间在 ns 级别，迅速呈现优良的非线性导电特性，两端电压迅速下降，远小于 U_{surge}，这样被保护的设备及元器件上实际承受的电压就远低于过电压 U_s，且阻抗会瞬间变低（仅有数Ω），造成线路短路，从而使设备及元器件免遭过电压的冲击。最常见的压敏电阻是金属氧化物压敏电阻（Metal Oxide Varistor，MOV），它包含由氧化锌颗粒与少量其他金属氧化物或聚合物间隔构成的陶瓷块，夹于两金属片之间。颗粒与邻近氧化物交界处会形成二极管效应，由于有大量杂乱颗粒，使得它等同于一大堆背向相连的二极管，低电压时只有很小的逆向漏电电流，当遇到高电压时，二极管因热电子与隧道效应而发生逆向崩溃，流通大电流。因此，压敏电阻的电流-电压特性曲线高度非线性，低电压时电阻高，高电压时电阻低。

压敏电阻与 TVS 的不同点是反应时间稍慢，而通流量一般可以做得更大一些，压敏电阻的失效与 TVS 同理，也会经历一个正常—短路—断路的过程。不过，压敏在短路的过程中，长时间过流的情况下，有起火的风险。压敏电阻起火燃烧的原因，有老化失效和暂态过电压破坏两种类型。

老化失效，是指随着压敏电阻的低阻线性化逐步加剧，漏电流恶性增加且集中流入薄弱点，薄弱点材料融化，形成约 1 kΩ的短路孔。电源持续大电流灌入短路点，形成高热而

起火。可通过与压敏电阻串联热熔接点来避免。热熔接点与压敏电阻有良好的热耦合，当有最大冲击电流时不会断开，但当温度超过压敏电阻上限温度时即断开。

暂态过电压破坏，是指较强的暂态过电压使电阻体穿孔，导致产生更大的电流从而引起高热起火。整个过程在较短时间内发生，以至电阻体上设置的热熔接点来不及熔断，推荐给压敏电阻串联保险丝进行保护。

压敏电阻与 TVS 的工作机理不同。TVS 类似于四两拨千斤的旁路型防护方式，而压敏电阻则采取的是靠自身能力硬扛的方式，因此会产生累积损伤，压敏电阻防护元器件使用日久，需要及时更换，便是因为这个原因。

压敏电阻的常用场合：

- 电源线—大地间，电源线—电源线间，信号线—地间；
- 与感性负载并联，吸收突然开闭的感应脉冲；
- 与开关接点并联，防止电弧烧坏；
- 与可控硅、大功率二极管等半导体元器件并联。

高压型压敏电阻、高能型压敏电阻有应用"死区"，在 10 kV 电压输配电系统中，真空开关会瞬间造成极高过压和浪涌能量，高压型压敏电阻能量容量小，易损坏；高能型压敏电阻电压梯度低，成本太高。

压敏电阻的参数见表 3-13 A 和表 3-13 B，图 3-57 所示为压敏电阻两端电压变化时与导通电流的关系图。

表 3-13 A　（表中参数均为 25℃情况下测得）

Parameter（参数）	Symbol	Min.	Typ.	Max.	Unit
Operating Temperature（工作温度）	T_{OPR}	−40	25	+85	℃
Storage Temperature（储存温度）	T_{STG}	−40	25	+125	℃
Rated Wattage（额定功率）	P_W			0.60	Watt
Varistor Voltage Temperature Coefficient（压敏电阻电压的温度系数）	U_{TC}	0	0.01	0.05	%/℃
Response Time（响应时间）	T_r		10	25	ns
Varistor Voltage Tolerance（压敏电阻电压误差）	U_{tol}	−10	0	10	%

表 3-13 B

电气参数（以下参数均为@25℃时的数值，特殊说明除外）

Bourns Part No.	Max.Continuous Voltage(V)		Voltage @ 1 mA DC(V)			Voltage @ Class Current 8/20 μs		Max.Peak Current 8/20 us One Time	Max. Energy J 8/20 μs	Max.Cap. pF 1 kHz
	r.m.s.	d.c.	Min.	Nom.	Max.	Class current(A)	Max. Clamping Voltage(V)			
MOV-14D180K	11	14	16	18	20	10	36	1000	4.0	11100

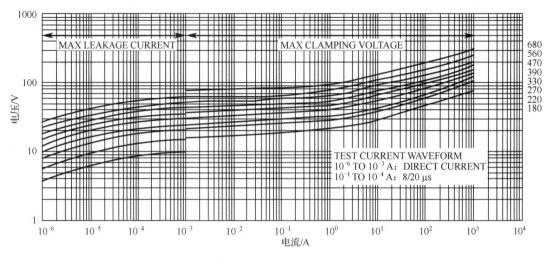

图 3-57

（1）额定功率（见表 3-12 A）

指消耗在压敏电阻上的平均电功率，当外来干扰为频发浪涌干扰时，单次的承受能力远没达到压敏电阻的限值，但过于频发的冲击电流仍然会导致压敏电阻的过热烧毁。这部分功率会以热的形式散掉。如果超出了，将有导致压敏电阻热烧毁的风险。它与温度有关，环境温度较低时，按照热计算公式

$$R = \frac{\Delta T}{Q} = \frac{T_j - T_a}{Q}$$

其中，R 为压敏电阻内核到外壳环境的热阻；

T_j 为压敏电阻的内核温度；

T_a 为压敏电阻工作的环境温度；

Q 为压敏电阻上消耗的电功率。

热阻 R 为元器件自身的定值，Q 为元器件消耗的电功率，随着 T_a 的升高，T_j 也会相应升高，当超出了元器件所能承受的结温限值，压敏电阻就有烧毁的风险。

此指标的设计控制可采取一些手段，估算压敏电阻频繁导通的消耗电功率，查阅压敏电阻数据手册找到其热阻指标，确定环境温度，可以计算出

$$T_j = RQ + T_a$$

将计算出的 T_j 与压敏电阻的结温进行对比，没有超出即可认为是安全的。

但上述指标经常是不可从厂家得到的，可以采取一种更简单的方式，估算压敏电阻上的平均消耗电功率，不超过额定功率数值即可认为是安全的。

（2）压敏电阻耐压温度系数（Varistor Voltage Temperature Coefficient）

（表 3-12 B）中耐压参数为标称温度 25℃时的耐压值，当应用环境温度上升后，其耐压特性会发生变化，变化的程度便由温度系数指标来表征。以 45℃时的状态为例进行计算。

由（表 3-12 B）查到直流持续电压为 14 V@25℃，由（表 3-12 A）查到温度系数 TC 为 0.5%/℃（max），则由 25℃变到 45℃时，耐压值的变化量为

$$\Delta U = U_{25℃} \times TC \times \Delta T = 14\ V \times 0.05\%/℃ \times 20℃ = 0.14\ V$$

$$U_{45℃}=U_{25℃}-\Delta U =14-0.14=13.86（V）$$

（3）压敏电阻电压容差（Varistor Voltage Tolerance）

任何元器件的生产都不是误差为 0 的，这个参数表示的是元器件的误差范围。使用中，应保证最坏情况下的 $U_{wm}>U_{ccmax}$（系统工作电压值的最大值）。

（4）最大限制电压 U_c

最大限制电压是指压敏电阻器两端所能承受的最高电压值，它表示在规定的冲击电流 I_p 通过压敏电阻时，压敏电阻两端所产生的电压，又称为残压，所以选用的压敏电阻的残压一定要小于被保护物的耐压水平，否则便达不到可靠的保护目的，例如表 3-13 B 中 $U_{cmax}=36V$，电路实际耐受的最大电压应不低于 U_{cmax} 的值。

（5）最大能量（Max Energy）

压敏电阻所吸收的最大能量。通常按下式计算 $W=kIUT(J)$，其中

I——流过压敏电阻的电流峰值；

U——在电流 I 流过压敏电阻时压敏电阻两端的电压；

T——电流持续时间；

K——电流 I 的波形系数，2 ms 的方波 $k=1$，8/20 μs 波 $k=1.4$，10/1000 μs 波 $k=1.4$。

（6）静态电容量（PF）

指压敏电阻器本身固有的电容容量。当压敏电阻用于信号端时，此参数会影响到信号传输的速率和信号的波形质量。其影响机理与 TVS 的分布电容相同，计算方法见 TVS 一节。在高速电路中，此值越小越好。

将压敏电阻接入电路的连接线要足够粗，尽可能短，且走直线，因为冲击电流会在连接线走线电感上产生附加电压，使被保护设备两端的限制电压升高。线径参考数值见表 3-14。

表 3-14

通过的电流	≤600 A	(600～2500)A	(2500～4000)A	(4000～20K)A
导线截面积	≥0.3mm^2	≥0.5mm^2	≥0.8mm^2	≥2mm^2

例：假设压敏电阻两端各有 3 cm 的接线，3 cm 导线的走线感抗约为 18 nH，若有 10 kA 的 8/20 μs 冲击电流流入压敏电阻，则引线电感上附加电压为

$$U = L\times\frac{\mathrm{d}i}{\mathrm{d}t}=18\times10^{-9}\times\frac{10\times10^3}{8\times10^{-6}}=22.5(V)$$

两根导线则为 $2U=45$ V。由此可以看出，导线的线长也是一个关键的影响因素。

压敏电阻选型的一般通用计算注意事项如下：

① 压敏电阻器过压保护时，$U_{mA}=aU/bc$

a，电压波动系数，一般取 1.2；U，电路直流电压（交流时为有效值）；

b，压敏电压误差，一般取 0.85；c，元件老化系数，一般取 0.9。

则可得：$U_{mA}=1.5\times U$。

在 AC 下要按照交流峰值的影响计算，因此要按照 $\dfrac{U_mA}{1.414}>U_{ccrms}$ 估算。

② 电压波动最大时，连续工作电压不应超过最大允许值，否则会缩短使用寿命。

③ 电源线与大地间用压敏电阻，接地不良会使线-地间电压上升，通常采用比线-线间

更高标称电压的压敏电阻器。

④ 压敏电阻所吸收的浪涌电流应小于产品的最大通流量。

3.10 气体放电管

气体放电管的工作原理是当两级间产生足够大的电压差时，会造成极间间隙被放电击穿，使放电管内部由绝缘状态转变成为近似于短路导通的状态，此状态下的两极间电压会较低，一般是在 20~50 V 之间，因此可以对后级电路起到钳位保护作用。

气体放电管的主要技术参数如下。

① 直流火花放电电压 U_{SU}（DC Spark-over Voltage，也译作标称直流击穿电压）：施加缓慢升高的直流电压（一般为 100 V/S）时，GDT 出现火花放电时刻的电压。

② 脉冲击穿电压（Maximum Impulse Spark-over Voltage，也译作脉冲火花放电电压）：施加规定上升率和极性的冲击电压（一般为 1000 V/μs）时，在放电电流流过 GDT 之前，其两端子之间电压的最大值。

③ 标称脉冲放电电流（Nominal Impulse Discharge Current）：给定波形（8/20 μs）的冲击电流峰值。

④ 交流放电电流（AC Discharge Current）：放电管能承受 50 Hz 市电耐工频交流电流的能力。

⑤ 脉冲寿命（Impulse Life）：在一定的电压波形和峰值下，能承受冲击的次数。

⑥ 最小绝缘电阻（Minimum Insulation Resistance）：在放电管两端施加一定的电压而测试出来的绝缘阻值。指在外部施加 50 V 或 100 V 直流电压时测量得到的气体放电管电阻，一般大于 10^{10} Ω。

⑦ 寄生电容（Maximum Capacitance）：放电管两端的寄生电容值，指在特定的 1 MHz 的频率下测得的气体放电管两极间电容量，一般不大于 1 pF。

⑧ 反应时间（Response Time）：指从外加电压超过击穿电压到产生击穿现象的时间，气体放电管反应时间，一般在μs 数量极。

⑨ 温度范围：其工作温度范围一般在-55~+125℃之间。

气体放电管的参数选型规则如下。

① 放电管的加入不能影响线路的正常工作，但又必须能保护电路，使其不被损坏。因此必须保证 $U_{ccmax}<U_{SU}<U_{safe}$，标称直流击穿电压 U_{SU} 要大于被保护电路的最大工作电压 U_{ccmax}，小于电路安全电压 U_{safe}。

② 确定线路所能承受的最高瞬时电压值，要确保放电管的冲击击穿电压值必须低于此值。以确保当瞬间过压来临时，放电管的反应速度快于线路的反应速度，抢先一步将过电压限制在安全值内。这是放电管的一个最重要的指标。

③ 根据线路中可能窜入的冲击电流强度，确定所选用的放电管必须达到的耐冲击电流能力等级（在室外一般选用 10 kA 以上等级；在入室端一般选用 5 kA 等级；在设备终端处一般选用约 2 kA 等级）。

④ 当过电压消失后，要确保放电管及时熄灭，放电管具有续流遮断特性，因此，放电管的过保持电压应尽可能高，以保证一旦放电管动作后，外来脉冲浪涌电压消失，线路的正

常工作电压不会引起放电管保持导通。

⑤ 若过电压持续的时间很长，气体放电管的长时间动作将产生很高的热量。为了防止该热量所造成的保护设备或者终端设备的损坏，同时也为了防止发生任何可能的火灾，气体放电管此时必须配上适当的短路装置，称之为 FS 装置（即"失效保护装置"）。

⑥ 气体放电管具有很强的承受大能量电流冲击的能力，但气体放电管放电时残压极低，近似于短路状态，因此不能单独在电源避雷器中使用。

⑦ 控制系统的浪涌保护系统常用二级或三级组成，充分利用各种浪涌抑制元器件的特点，实现可靠保护。气体放电管放在线路输入端，作为第一级浪涌保护，可承受大的浪涌电流；第二级保护用压敏电阻，在 μs 级时间范围内更快地响应；对于高灵敏的电子电路，可再加上三级保护元器件 TVS，在 ps 级时间范围内对浪涌电压产生响应。但应关注到气体放电管、压敏电阻、TVS 的反应时间，如果仅仅是简单的三者并联，则当较大的浪涌到来时，最先动作的是 TVS。而 TVS 的通流量恰恰又是三者里最弱的，极易在放电管和压敏电阻未来得及动作时，TVS 就已经启动了，而其不耐大电流的缺陷，又会导致其损坏。因此推荐用如图 3-58 所示的电路，在各级之间加入延时设计，一般可以用电感，此方法一般用于电源端输入的防护。如果是信号端入口的防护，电感大了会影响信号的质量，电感小了又影响延时效果，因此可以用电感配合电容的方式（见图 3-59）。

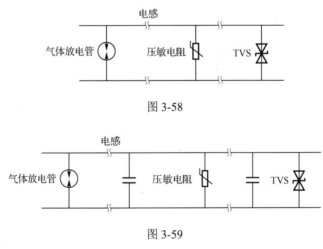

图 3-58

图 3-59

3.11　散　热　片

散热片常被提及的指标有结构、尺寸、材质、粗糙度、颜色等，但这些都不是最核心的，所有这些最终都表现在热阻上。热阻才是散热片的最核心参数。除了散热片自身的影响因素外，还与流经散热片表面的风速有关。鉴于尺寸、材质、结构形状、粗糙度、颜色等对热阻的影响较为复杂，因此没有应用于任何形状散热片的通用估算公式可以借鉴。在实际工程中，专门设计散热片的部门常用仿真方式模拟和测试方法验证的手段进行设计。而对于使用散热片的工程师，查阅数据手册的参数，或者实际测试热阻就可以了。测试的方法依据公式（3.20）即可。

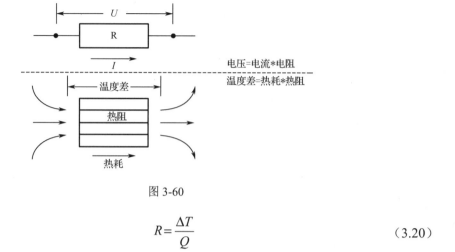

图 3-60

$$R = \frac{\Delta T}{Q} \tag{3.20}$$

其中，

R 为热阻，单位为℃ / W；

ΔT 为温度差，单位为℃；

Q 为热耗，单位为 W。

公式（3.20）是传导热计算的基础公式，其地位可与欧姆定律在电路设计里的地位相比。测试时，可以将一标准发热源紧贴放置于散热片的一面，接触面间加装导热橡胶垫或涂抹导热硅脂并压紧，以尽可能地减小接触热阻从而减小测量误差。然后测量散热片两面的温度差ΔT，最后将标准热源的热功率代入 Q，计算得出散热片热阻。

在使用散热片的时候，尤其需要关注风速对散热片热阻的影响。图 3-61 所示为同一款散热片在自然通风、200FPM（Feet Per Minute）、500FPM、1000FPM 几种情况下，热耗–温升的关系图。由图上可以看出，在风速不变的状态下，温升与热耗成正比；在相同热耗的情况下，风速越大温升越小。

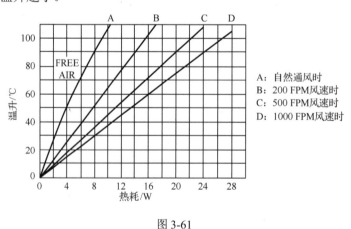

图 3-61

图 3-62 给出了一款散热片的参数曲线图，这是一个双坐标系，分别是①号的热耗-温升曲线和②号的风速-热阻曲线。实际设计中可以根据这两条曲线进行热设计，这两条曲线是风冷散热与传导散热之间的一座桥梁。由②号曲线上可以看出，在风速从 100FPM 上升到

500FPM 的过程中，热阻从 6℃/W 快速变到了 2℃/W，热阻减小到了原来的 1/3，意味着散热能力增大到了原来的 3 倍，这个变化还是很惊人的。而且，风速达到 500FPM 之后，再继续增大风速，对热阻的影响几乎可以忽略不计了，由此可以得出一个结论：散热片上的风速有一个最优值，达到最优值之后再提高风速将会变得毫无作用。

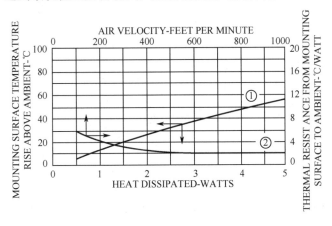

图 3-62

风道的设计、通风元器件的选型，最终的着力点是散热片上的风速，影响的是散热片的热阻。先确定了风速，然后根据图 3-62 中的②号曲线，查出所选型散热片的热阻，利用公式（3.20）计算出散热器在环境温度 T_a 基础上的温升 $\Delta T'$，$T_a + \Delta T'$ 即为元器件的表面温度 T_c，然后还是用公式（3.20）计算元器件的内部温度 T_j，计算如下

$$R_{jc} = \frac{\Delta T}{Q} = \frac{T_j - T_c}{Q} = \frac{T_j - (T_a + \Delta T')}{Q}$$

其中，

R_{jc} 为元器件的热阻，可以通过数据手册查到；

T_j 是集成元器件的晶圆热阻，俗称结温；

Q 为元器件的热耗。

如果元器件为信号类元器件，一般假设所有的输入电功率 P 都以热的形式消耗掉了，$Q \approx P$；如果元器件为能量转化类元器件，如 LDO、驱动芯片等，输入的电功率有很大一部分再行输出给别的元器件，只有一小部分以热的形式消耗掉了，则此时 $Q \approx (1 - K) \times P$，其中 K 为转化效率，P 为输入电功率。

最后确认 T_j 不能超出元器件的允许范围，(T_j, Q) 不能超出负荷特性曲线的范围（详见本书第 2 章 2.2.2 小节）。

3.12 风 扇

电子仪器中常用的风扇有两种，一种是轴流式风扇，进风方向与出风方向平行，其特点是风量大，风压小，常用于便于通风、风阻小的场合；一种是离心式风扇，进风方向与出风方向垂直，特点是风量小，风压大，常用于需要强通风的场合，如抽油烟机、公共场所、卫生间通风等。无论哪种规格的风扇，其参数指标类型都是一样的。如下以直流离心风扇

FD5215BLD12HS 为例来解释其参数（见表 3-15）的作用。

表 3-15

型号	轴承	电压/V	电流/A	功率/W	转速/rpm	风量/CFM	风压/mmH₂O	噪声/dBA
FD5215BLD12HS	S	12	0.13	1.56	5000	4.4	5.6	29.9

电压、电流、功率、转速、噪声的指标都比较常规，不再赘述，重点解释风量和风压的选型方法。

表格中的 CFM 为立方英尺每分钟（Cubic Feet Per Minute），

$$1CFM = 28.3\left(\frac{L}{min}\right) = 0.0283\left(\frac{m^3}{min}\right)$$

这里的风量其实是体积流速的指标，在整个风道中，只要风道导通路径是封闭的（风道单进口，单出口，无岔道口），在风道的每个截面上，单位时间内通过的空气体积流量是一样的，由此就会造成一种现象，风道狭窄的地方流速大，风道宽的地方流速小，但两个截面的单位时间流量相等。图 3-62 中②号曲线的横坐标为流速（英制单位 FPM），因此在选型时需要在体积流速与 m/s 流速之间做换算，风量单位换算表见表 3-16。

表 3-16　风量单位换算表

CFM	m³/s	m³/min	ft³/s
2118	1	60	35.31
35.31	0.01666	1	0.5885
60	0.02832	1.69833	1
1	0.00047	0.02832	0.01666

$$1CFM = 0.0283\frac{m^3}{min} = 60 \times V\left(\frac{m}{s}\right) \times S(m^2) \tag{3.21}$$

V 是 1CFM 的流量速下，在 S 截面积的风道中的 m/s 流速。这就建立起了一个流量流速与 m/s 流速之间的关系式。

除了表 3-15 中的常用参数之外，还有如下参数。

● 绝缘电阻：引线与机框之间直流 500 V 电压时测量其绝缘阻抗不低于 10 MΩ；

● 高压测试：交流 500 V/50～60 Hz 持续 1 分钟，漏电流<5 mA；

● 工作温度：-15～+75℃；

● 工作湿度：20%～85%；

● 工作电压：（12±15%）V；

● 寿命：滚珠轴承 60000 h，含油轴承 30000 h。

风压的指标选型与风道的风阻有关。风压须大于风阻，才能克服通道阻力实现散热风的流动，风冷散热需要两个条件，一个是热量要有足够的时间、足够的面积、足够小的热阻，将热量传导出来并散到空气中；还需要有足够的压力、风速，将变热的空气流走，不然，局部环境的温度过高，就会导致后续的热量不能散发出来，一样达不到散热的效果。但电子仪器的设计中，通道风阻的计算一般也是很难准确的，因为元器件的封装和安装、功能件的结构布局、各模块之间的相互影响，都会带来风阻的变化，推荐采用模拟安装后，用风速计测风速或用风压测量仪器测风压的方式得到相关数据，并核对确认风扇的风压不低于测量值。当然，也可以采用 icepark 热仿真方法模拟分析，不过，实际的内部结构是一个多变量方程，考虑再严密的参数模拟都会与实际的有些出入，虽然如此，仿真还是很有参考价值的。风压单位换算表见表 3-17。

表 3-17

mmH$_2$O	inH$_2$O	P$_a$=N/m	afm
1	0.03939	9.80665	0.00009
25.4	1	249	0.00246
0.10197	0.0040	1	0.00001
10332	407.1	101325	1

3.13 晶体振荡器

常见的晶振有四种，普通压电陶瓷晶体、温补晶振、恒温晶振、压控晶振。压电陶瓷晶体以其振动频率的稳定度而被选定为定时装置，事实上其频率稳定度确实也很高，但在对时间要求较为苛刻的场合（定量、定时的场合，电表、导航授时、计时计费系统等），晶振的温度漂移就成了一个严重的问题。晶振的误差用 PPM（百万分之一）来表示，由出厂误差、温度漂移、年老化率、匹配电容等部分构成。

- 出厂误差：一般是厂家出厂前筛选出一个范围来，比如±10 PPM；
- 温度漂移：图 3-63 所示为 32768 晶振的温度曲线；标称值一般取 25℃时的振动频率，随着温度的升高和降低，频率误差都会变大。

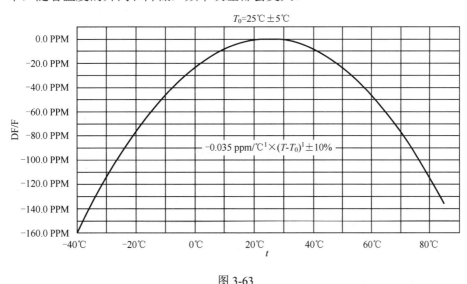

图 3-63

- 年老化率：这个是很容易被忽视的参数，但是关系到产品使用的寿命，比如长期运行的设备，用了劣质晶振，随着时间的漂移，几年后可能就误差很大了（特别是窄带通信、授时同步等场合）。

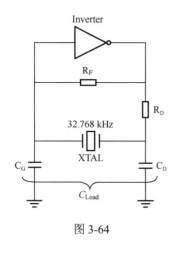

图 3-64

另一个参数就是晶振外部的匹配电容对频率稳定度的影响，晶振的常用电路如图 3-64 所示，常见的一个误区是元器件资料里给出一个指标——负载电容，设计师常有将负载电容的容值直接用于 C_D、C_G 的举动，但这种做法是错误的，负载电容与关系式见公式（3.22）。

$$C_{\text{Load}} = \frac{C_D \times C_G}{C_D + C_G} + C_{\text{stray}} \quad (3.22)$$

其中，C_D、C_G 是晶振两端的对地电容，C_{stray} 为杂散电容，由 PCB 走线、焊盘引起的寄生电容/杂散电容组成（2～5 pF）。负载电容由这两部分组成。通过微调 C_D、C_G 这两个电容，可以微调晶振的频率。在要求高的设计中，一般建议采用性能最稳定的 C0G（EIA 标准，美国电工协会）或者 NPO（美国军用标准 MIL）材质。

电表行业，要求出厂误差加温漂控制到小于 5PPM。解决方案有两个。

（1）SoC 方案，主控 MCU 配备支持误差修正的 RTC 模块以及温度采集。TI 的 msp430 系列，部分型号带有 RTC 模块，支持写入校准值和温度补偿值。

（2）使用外部已经做了温度修正的晶振模块，eg. ST 的 M41TC8025，EPSON 的 RX-8025T 等。

晶振的等效电路如图 3-65 所示，深入分析其内在特性可以从等效电路图展开。

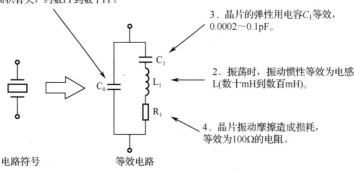

图 3-65

晶振的焊接工艺有 5 个注意事项。

（1）晶振外壳是否需要焊接接地？如果能焊接到地（大地 PE）最佳，但需注意烙铁温度过高或者焊接时间太长，很容易造成晶振的永久性损坏。

（2）潮湿环境，引脚涂三防漆保护。

（3）超声波焊接塑胶外壳，易引起晶振损坏（频率接近，超声波引起晶振内音叉共振）。

（4）焊锡膏等对弱信号是有影响的，清洗板子后工作正常。

（5）不易起振、振荡不稳定、或为获取快的起振时间，可以减小 CLKIN 对地电容量，而增加 CLKOUT 值以提高反馈量；这个电容会对晶振频率产生微弱影响。

有的单片机接了晶振，但是没接负载电容，因为有的 IC 配置了内部负载电容，详细内容可以通过查阅数据手册得到。

3.14　二　极　管

二极管的参数有很多个，每个参数对实际设计工作的影响是不一样的，在设计中，要学会抓住主要矛盾，对某特定的设计电路，影响电路状态的参数要抓得准，并用量化计算的方式找出最佳的元器件参数来。二极管常用参数如下（见表 3-18）。

表 3-18

环境温度 25℃时的最大额定值，有特殊说明的地方除外。

Maximum Ratings @TA=25℃ unless otherwise specified

参数 Characteristic	符号 Symbol	1N4148	单位 unit
非重复性峰值反向电压 Non-Repetitive Peak Reverse Voltage	U_{RM}	100	V
可重复性反向峰值电压 Peak Repetitive reverse Voltage	U_{RRM}	75	V
工作峰值反向电压 Working Peak Reverse Voltage	U_{RWM}		
直流阻断电压 DC Blocking Voltage	U_R		
反向电压有效值 RMS Reverse Voltage	U_R（RMS）	53	V
正向导通持续电流 Forward Continuous Current	I_{FM}	300	mA
平均整流输出电流 Average Rectified Output current	I_o	150	mA
非重复性峰值正向浪涌电流@1.0s @1.0us Non-Repetitve Peak Forward Surge Current@1.0s @1.0us	I_{FSM}	1.0 2.0	A
功耗高于 25℃后递减速率 Power Dissipation Derate Above 25℃	P_d	500 1.68	mW mW/℃
PN 结到环境空气的热阻 Thermal Resistance, Junction to Ambient Air	R_{ja}	300	℃/W
工作和储存温度 Operating and Storage Temperature Range	T_j　TSTG	−65～175℃	℃

如图 3-67 电路中，通过 D_7、D_8、D_9 串联的方式，实现压降，以得到 U_5-Vin 的较低电压。这种设计思路虽有不足之处，但在此处未必会引起致命性影响。

由二极管 S3MB 的伏安特性曲线（见图 3-66）可以看出，在管子上通过电流变化的时候，二极管上的正向导通压降并不是通常理解的 0.7 V（通常理解的为硅管 0.7 V，锗管 0.3 V），而是变化的，且变化范围较大。从 1～10 mA 的变化中，正向导通压降有 0.2～0.3 V，三只管子串联后，则有不低于 0.6 V 的波动范围。这对精度要求较高的电路或电流波动稍大的应用场合，因为此波动带来的影响，不容小视。如 V_{ref} 电平，放大电路的供电电压等。

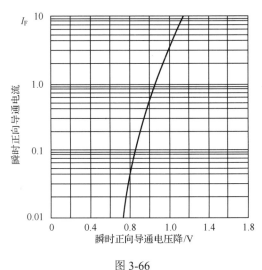

图 3-66

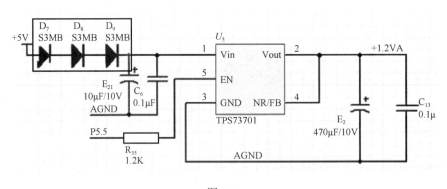

图 3-67

下面逐一解释表 3-18 中的参数，常规参数将不再赘述，仅择其中容易被忽略的参数逐一展开。

非重复性峰值反向电压（Non-Repetitive Peak Reverse Voltage，$U_{RM} = 100\,V$），意指 100 V 反向电压施加上去，二极管将一次性直接损坏。而如果是 75 V 以下单次的反向电压二极管尚可承受，多次后才会损坏（表 3-18 的第二行参数）。

非重复性峰值正向浪涌电流（Non-Reprtitive Peak Forward Surge Current），意指二极管的电流耐受能力，不过要注意其中一个细节，1.0A@1.0s 和 2.0A@1.0μs，虽然标称电流值只有 300 mA，但实际二极管能耐受的电流可以达到 1.0 A 或 2.0 A，不过是短时间的脉冲电流。由此也从侧面说明一个问题，二极管过流损伤的本质不是二极管承受不了较大电流，而是不能承受长时间的持续大电流。其实是因为长时间持续大电流导致的热量不能被及时散发而引起的 PN 结烧毁。在一些瞬间大电流脉冲的应用场合可以充分利用二极管的这个特性，只要确保控制住尖峰电流的时间即可。

功耗高于 25℃后递减速率（Power Dissipation Derate Above 25℃）：在 25℃以下时，二极管热耗 P_d=500 mW（图 3-68 AB 段），超过了 25℃，P_d 须以 1.68 mW/℃的斜率递减（图 3-68 BCE 段），但表 3-18 中的最后一行还有一项指标 T_{jmax}=175℃，意即 T_j 实际最大都不可以超过 175℃，因此在 T_j=175℃的位置截断，就形成图 3-68 中的 ABCD 段区域，这就是此型号二极管的负荷特性曲线。实际设计中，此二极管必须工作在不超出 ABCDOA 的闭合区间中，超出了此区域，实际上就超出了二极管的负荷能力，就有元器件损坏的风险。尤其是工作在 BCDEGB 的范围内，极易有产生误判的风险。

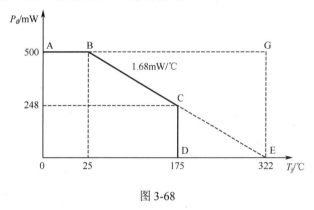

图 3-68

PN 结列环境空气的热阻（Thermal Resistance，Junction to Ambient Air）：这里给出的 $R_{\theta JA}=300℃/W$ 指的是二极管 PN 结到环境空气的热阻，一般是指元器件封装外壳的热阻 R_{jc} 和外壳表面到外壳表面 1 cm 位置的热阻 R_{ca} 之和。

第 **4** 章

集成元器件应用计算

4.1 数字 IC

数字集成 IC 的种类很多，指标也不少，但是有一定的规律性，电源、数字输入 I/O 口、数字输出 I/O 口（有上拉电阻、无上拉电阻 OC/OD 门）、驱动能力、输入阻抗、输出阻抗、偏置电流、温漂等关键控制项。下面以各类数字 IC 中的典型指标为例来逐一解释这些参数的含义和作用。

1）工作电压范围

表 4-1

工作电压	1.8～3.6 V

此指标表明芯片的工作电压范围为 1.8～3.6 V，最低为 1.65 V。因此，当由于各种原因导致电压跌落时，均不得低于 1.65 V，一旦低于此数值，则会导致本芯片关机或处于复位禁用状态。当此芯片的供电电源同时给一些较大负载供电时，大负载的导通瞬间会拉低电源的电压，从而产生瞬间电压塌陷，塌陷电压低于 1.65 V 时，即使反弹回来了，仍然会有引起芯片复位的风险。本书第 1 章 1.9 节中的电压塌陷波形即为此参数的运用。

2）电压容限

表 4-2

符号	参数	状态	最小值	典型值	最大值	单位
U_{IL}	低电平输入电压	漏极开路脚输入电压 Input voltage on True open-drain pins	U_{ss}-0.3	—	$0.3 \times U_{DD}$	V
U_{IH}	高电平输入电压	漏极开路引脚输入电压	$0.70 \times U_{DD}$	—	U_{DD}+3.6	V

表 4-2 中的 U_{IL} 和 U_{IH} 表示 STM8L15X KX 芯片的数字输入引脚所能接受的低电平和高电平的电压范围。这几个参数的表示含义如图 4-1 所示。

输入电压超出了 $U_{Hmax} = U_{DD}$+3.6 V，可能会对芯片造成损坏；

当输入电压低于 U_{Hmax}，但高于 $U_{Hmin}=0.70×U_{DD}$ 时，芯片会认为接收到的是高电平；

当输入电压在 U_{Hmin}～U_{Lmax} 之间时，芯片对电平的认定是不确定的；

当输入电压低于 U_{Lmax}，但高于 $U_{Lmin}=U_{ss}-0.3$ V 时，芯片认为接收到的是低电平；

输入电压低于了 $U_{Lmin}=U_{ss}-0.3$ V，可能会对芯片造成损坏。

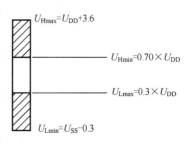

图 4-1

3）输入引脚

表 4-3

符号	参数	状态	最小值	典型值	最大值	单位
U_{IL}（NRST）	NRST 引脚输入低电平		U_{ss}		0.8	V
R_{PU}（NRST）	NRST 上拉等效电阻		30	45	60	kΩ

U_{IL}（NRST）的值是芯片的 NRST 引脚所能接受低电平输入的电压范围（见表 4-3）。当外部芯片给 $\overline{RSTIN}$ 输入低电平时，前端芯片的低电平电流为灌电流，电流方向如图 4-2 中的 I_{oL}。

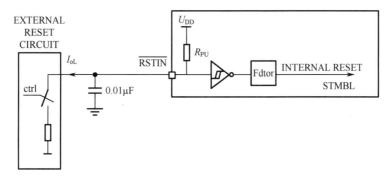

图 4-2

由表 4-3 可得 $U_{IL} < 0.8\,V$，

$$U_{IL} = U_{DD} - I_{oL} \times R_{PU} = 3.6 - I_{oL} \times 45k < 0.8$$

$$\frac{3.6 - 0.8}{45k} < I_{oL}$$

$$I_{oL} > 53\,\mu A$$

即是前端的匹配芯片输入端的 I_{oL} 电流必须保证不低于 53 μA，否则，两个芯片的引脚互联时就不能提供可靠低电平，从而导致信号控制出现问题。

4）输出引脚上拉电阻

芯片的输出引脚，一般有三种状态，高电平、低电平、高阻态。有的引脚是 OD 门（漏极开路）电路形式，这种情况下，片外必须单独加上拉电阻；

而有的引脚不是 OD 门，在片内引脚上有个弱上拉电阻接到 V_{CC}，这种情况下，如果后面所连接芯片引脚与前端引脚都是 CMOS 工艺电路，而且引脚输出所驱动的输入引脚数量不超过 3 个时，可以省略掉外接上拉电阻；但如果不属于这种情况，如后级连接为三极管放大或驱动、继电器驱动控制、多负载驱动等电路，则也需加上拉电阻，以增强带载能力。

引脚上拉电阻的设计出发点有两个。

① 在正常信号传输或信号线连接断开的故障状态下，引脚均不应出现电平不确定的状态，如不加上拉电阻，则可能在连接线接头脱落后，后级元器件的输入引脚悬空。这种情况极易引入外来空间耦合干扰；

② 在后级负载较大，需要较大的驱动电流时，单纯依赖芯片驱动引脚输出电流是不足的，可以通过上拉电阻从电源上取一部分电流，以增强电流驱动能力。

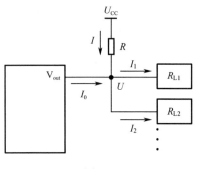

图 4-3

上拉电阻的参数选择计算方法如图 4-3 所示。

在前极 V_{out} 输出高电平时，输出电流 I_0，信号线上电压 U 须为高电平。有两种情况：

A．当 $I_0 \geqslant I_1 + I_2$ 时，

这种情况下，R_{L1} 和 R_{L2} 两个负载不必要通过 R 取电流，因此对 R 阻值大小要求不高，通常 4.7 kΩ<R<20 kΩ 即可。此时 R 的主要作用是增加信号可靠性，当 V_{out} 连线松动或脱落时，抑制电路产生鞭状天线效应吸收干扰。

B．当 $I_0 < I_1 + I_2$ 时，

$$I_0 + I = I_1 + I_2$$
$$U = U_{cc} - I \times R$$
$$U > U_{Hmax}$$

由以上三式计算得出，

$$R \leqslant \frac{U_{cc} - U_{Hmin}}{I} = \frac{U_{cc} - U_{Hmin}}{I_1 + I_2 - I_0} \tag{4.1}$$

其中，I_0、I_1、I_2 都是可以从数据手册查到的，I 就可以求出来，U_{Hmin} 也是可以查到的。

当前极 V_{out} 输出低电平时，各引脚均为灌电流，则

$$I' = I'_1 + I'_2 + I'_0$$
$$U' = U_{cc} - I' \times R$$
$$U' \leqslant U_{Lmax}$$

以上三式可以得出

$$R \geqslant \frac{U_{cc} - U_{Lmax}}{I'} = \frac{U_{cc} - U_{Lmax}}{I'_1 + I'_2 + I'_0} \tag{4.2}$$

由公式（4.1）、公式（4.2）得出，$\dfrac{U_{cc} - U_{Lmax}}{I'_1 + I'_2 + I'_0} \leqslant R \leqslant \dfrac{U_{cc} - U_{Hmin}}{I_1 + I_2 - I_0}$ ，得到 R 的上限值和下限值（也是上拉电阻的理论边界值），从中取一个较靠近中间状态的常用阻值即可。

特别提示：如果后接负载的个数不定的话，要按照最坏的情况计算，上限值要按负载最多时候的驱动电流计算，下限值要按负载最少时的驱动电流计算。

以下表 4-4 为例，$U_{DD} = 3\,V$，当输出低电平时，$U_{oLmax} \leqslant 0.45\,V$，输出引脚的灌电流为 $I_{IO} = 3\,mA$ 时，将以上数值代入公式（4.2），得

$$R \geqslant \frac{U_{DD} - U_{OLmax}}{I_{IO}} = \frac{3 - 0.45}{3 \times 10^{-3}} = 0.85\,k\Omega$$

表 4-4

端口类型	符号	参数	状态条件	最小值	最大值	单位
漏极开路	U_{OL}	低电平输出时的电流	$I_{IO}=+3mA$ $U_{DD}=3.0V$		0.45	
			$I_{IO}=+1mA$ $U_{DD}=1.8V$		0.45	

5）输入电容

元器件引脚的输入电容，如图 4-4 中的 C，其作用是稳定输入 pin 引脚的输入信号电平，电容的工作特性是抑制电压的突变，瞬间尖峰干扰脉冲耦合到引脚上时，电容吸收尖峰，信号波形变好，不至于出现瞬间的上升沿或下降沿而导致误触发，可使后续芯片对输入信号不会产生误判。

该电容的存在，会对信号的上升沿和下降沿时间产生直接的影响，使上升沿和下降沿变得平缓，从而限制数据传输的速率。当前端输出电平由低电平变为高点平时，输入电容端的输入信号将会发生由低电平到高电平的跳变，由 U_{cc} 通过 R 对 C 充电，但 RC 的充电电路有个积分时间常数 $\tau = RC$，在 $3RC$ 的时间时，电容充电可以充到 $0.95U_{cc}$ 的电压水平（见本书第 1 章 1.3 节）。

当输入信号频率比较低的时候，时间周期较长，RC 充电过程的波形如图 4-5a 所示，信号有足够的高电平保持时间，便于后级 pin 引脚读取高电平信号或识别上升沿过程；但当数据速率较高的时候，信号周期变得很短，RC 对 pin 引脚信号的延迟作用将会上升为主要矛盾，当频率高到一定程度的时候，信号高电平的时间里，如果不足以使引脚电容上的电压（图 4-5b 中的 U_a）达到高电平电压容限最小临界值 U_{Hmax} 的水平，则会导致输入引脚不能读到可靠的高电平或上升沿信号。

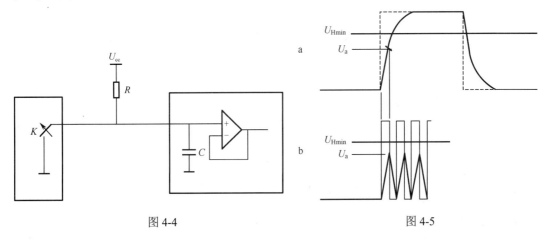

图 4-4　　　　　　　　　　　　　　　图 4-5

以表 4-5 为例计算信号传输速率的限值，$C=400\,pF$，当前端上拉电阻选值为 $10\,k\Omega$ 时，

则上升沿时间取 $3RC = 3 \times 10 \times 10^{3} \times 400 \times 10^{-12} = 12\,\mu s$，按照对称原则，下降沿时间也为 12 μs，高电平保持时间和低电平保持时间也均取 12 μs，则传输信号的周期 T=12+12+12+12= 48 μs，则信号频率 $f = \dfrac{1}{T} = \dfrac{1}{48\mu s} = 20.8\,kHz$，如果再适当留点余量，就可以考虑取 19200 bps 的波特率。

表 4-5

符号	参数	标准模式		单位
		最小值	最大值	
C_b	单根总线的容性负载		400	pF

6）静电等级

表 4-6

符号	额定参数	状态条件	最大值	单位
VESD（HBM）	放电模式下的静电电压	TA=+25℃	2000	V
VESD（CDM）	充电模式下的静电电压		1000	

芯片的防静电等级指标主要用于焊接加工现场静电等级的选择参考、维修场合静电等级的限制、应用工作状态下的静电等级限制几个方面。在表 4-6 中，人体接触放电模式（Human Body Model）下，该芯片能承受的最大 ESD 电压不高于 2000 V。因此，焊接现场的防静电要求必须不能产生 2000 V 以上的电压。超出了就有焊接过程中静电损伤的风险。而带电热插拔（Charge Device Model）的脉冲电压承受限值为 1000 V。

7）热阻

热阻的单位为 ℃ / W，表征的是元器件的散热能力，热阻越小，表示对热散发的阻碍越小，散热的能力越强。热阻的主要作用是用于做热计算。

$$T_{jmax} = T_{Amax} + (P_{Dmax} \times \theta_{JA}) \tag{4.3}$$

其中，

T_{Amax} 是环境温度的最大值；

θ_{JA} 是晶圆 PN 结到环境的热阻。

$$P_{Dmax} = P_{INTmax} + P_{I/omax}$$

其中，

$P_{INTmax} = I_{DD} \times U_{DD}$，片内功耗的总和；

$P_{I/omax} = \sum(U_{oL} \times I_{oL}) + \sum((U_{DD} - U_{oH}) \times I_{oH})$，引脚上消耗的电功率，引脚低电平时因为是灌电流，所以所有输入低电平引脚的输入功率 $\sum(U_{oL} \times I_{oL})$ 都会以热的形式消耗在芯片上；而高电平时，电流是对外输出的，且只有一部分电压被片内上拉电阻或元器件分担，因此高电平引脚的消耗电功率为 $\sum((U_{DD} - U_{oH}) \times I_{oH})$，这两部分构成了引脚的热耗 $P_{I/omax}$。

8）驱动能力

对于芯片来说，要想被驱动工作，需要两个条件：电压够高，电流够大。一个芯片中的所有引脚的总驱动输出电流会有一定的限制。当输出高电平时，其电流 $I_{U_{DD}}$ 是输出方向；当输出低电平时，其电流为灌电流 $I_{U_{SS}}$，由外部的元器件或电源输入到芯片中来。

符号	额定参数	Max.	单位
$I_{U_{DD}}$	由 U_{DD} 输入的全部电流	80	
$I_{U_{SS}}$	由 U_{SS} 流出到地的全部电流	80	
I_{IO}	IT_TIM 引脚输出电流（可驱动 LED 发光元器件）	80	
	其他控制 I/O 引脚输出电流	25	mA
	其他控制引脚输入电流	−25	
$I_{INJ（PIN）}$	其他引脚注入电流	±5	
$\sum I_{INJ(PIN)}$	所有引脚的总注入电流	±25	

对于每一只引脚，也有输出电流和输入电流的限制要求。这在芯片后接较多的引脚的时候需要认真对待。

例：74 系列 TTL 与非门的门电路输出引脚能驱动同类型门电路的引脚个数是多少？

$$N_{oL} \approx \frac{I_{oL(max)}}{I_{IL}} = \frac{16}{1.1} = 14.5$$

其中，

$I_{oL(max)}$ 是 74 系列芯片的低电平输出电流的最大值；

I_{IL} 是 74 系列芯片引脚低电平输入电流值。

$$N_{oH} \approx \frac{I_{oH(max)}}{I_{IH}} = \frac{0.4 \times 10^{-3}}{40 \times 10^{-6}} = 10$$

其中，

$I_{OH(max)}$ 是 74 系列芯片的高电平输出电流的最大值；

I_{IH} 是 74 系列芯片引脚高电平输入电流值。

由此得出，74 系列 TTL 与非门的门电路输出引脚能驱动同类型门电路的引脚个数约为 10 个。

4.2　A/D 转换器

4.2.1　ADC 选型参数

ADC 是一个将模拟信号变成量化数值的测量类 IC，因此，所有影响到转换偏差的参数都是关键参数。其中比较关键的是精度和分辨率。

精度是用来描述物理量的准确程度的；分辨率是用来描述刻度划分的。分辨率高并不代表精度也高。例如数字温度传感器 AD7416，有 10 位的 A/D 转换器，分辨率是 1/1024，可测量温度范围 $0\sim100℃$，$\frac{100}{1024} \approx 0.098℃$。貌似很高的精度，但是在数据手册里，测量精度写的是 0.25℃。这是为什么呢？

跟精度有关的有两个很重要的指标是微分非线性度（Differencial NonLiner，DNL）和积分非线性度（Interger NonLiner，INL，精度主要用这个值来表示）。它表示了 ADC 元器件在所有的数值点上对应的模拟值里，和真实值之间误差最大的那一点的误差值，即：输出数值偏离线性最大的距离，单位是 LSB（即最低位所表示的量）。

有的 A/D 转换器，如 Δ-∑ 系列，也用线性度偏差（Linearity Error）来表示精度。

分辨率同为 12bit 的两个 ADC，一个 INL=±3LSB，而另一个做到了±1.5LSB，价格可能相差一倍甚至更多。

LSB（Least Significant Bit，最低有效位）；MSB（Most Significant Bit，最高有效位），若 MSB=1，则表示数据为负值，若 MSB=0，则表示数据为正。LSB 这一术语有着特定的含义，它表示的既是 A/D 转换器结果中数字流的最后一位，也是组成满量程输入范围的最小单位。对于 12 位转换器来说，LSB 的值相当于模拟信号满量程输入范围除以 $2^{12}=4096$ 的商。对于满量程输入为 5 V 的情况，一个 12 位转换器对应的 LSB 大小为 $\frac{5\text{ V}}{4096}=1.22\text{ mV}$。如果失调误差 = ±3LSB =±3.66 mV，增益误差 =±5LSB = ±6.1 mV，则 ADC 转换引入的误差最大为 9.76 mV。编码的总误差为+8LSB=（（+3LSB 失调误差）+（+5LSB 增益误差）），12 位 ADC 的输出编码为 0～4088，丢失的编码为 4088～4095，相对于满量程这一误差为 $\frac{8}{4096}=0.2\%$。

当选择模数转换器（ADC）时，增益误差 =±5LSB，其含义是什么？由此参数可知，测量的最大偏差为±5LSB，这属于精度的内容，但分辨率仍然是 12 位。

电路的前端放大/信号调理部分通常会产生比 ADC 本身更大的误差，因此，为确保 A/D 转换器结果的准确性，首先要关注的是放大电路的精确度，然后才是 A/D 转换器的精度问题。

A/D 转换器误差的来源总结起来，有如下 5 类。

（1）零刻度误差

作为一个理想的 A/D 转换器，以 3 位 ADC 为例，从 000 到 111，总共分成了 8 段。当输入值达到总量程的 1/8 量化区间时，应该输出"001"。但实际上，A/D 的转换需要一定的电压阈值来触发，这个阈值的大小就是零刻度误差，或零刻度偏置误差。如图 4-6 中圆圈处所示。

（2）满量程误差

作为一个理想的 A/D 转换器，当输入的模拟值达到时，数字输出达到最大，即"111"。其中 G 表示转换器增益，表示 A/D 转换器的参考电压，或称为比较电压，n 表示精度，即 A/D 转换器的输出位数。而在实际情况下，使 A/D 转换器达到最大输出的模拟输入值与这个理想值存在一定偏差，这个偏差即被称作满量程误差，如图 4-7 所示。

（3）增益误差

增益误差可以理解为零刻度误差的另外一种表达方式，它是指对实际 A/D 曲线进行平移，使其零刻度误差为零，此时的满量程误差即被称作增益误差，如图 4-8 所示。

（4）微分非线性误差

微分非线性误差描述了实际 A/D 曲线与理想 A/D 曲线之间，引起数字输出值变化的模拟输入量宽度的差异。例如对于 3 位 A/D 转换器，理想的情况下应该是模拟输入量每增加 1/8 量化区间，就触发一个数字输出值的增加，而实际情况中，可能不到 1/8 或者超过 1/8 个量化区间才触发一个数字输出值的增加，如图 4-9 所示。

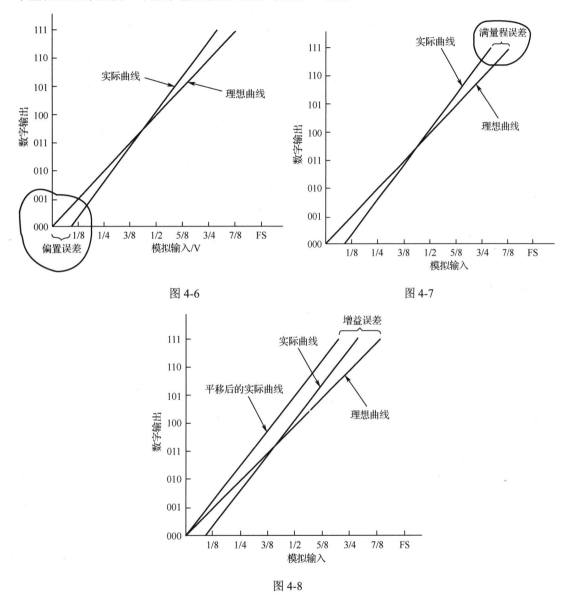

图 4-6

图 4-7

图 4-8

（5）代码缺失误差

代码缺失误差，有的时候随着模拟输入的增加，数字输出出现了阶跃，即跨过了某个值。这时，这个被跨过的值即被认为是缺失的，这样产生的误差称作代码缺失误差，如图 4-10 所示。

综合考虑了以上的 A/D 转换器误差之后，下面逐一分析 ADC 元器件的参数。以 ADC 0809 CCN（8 通道，8 位，多通道 ADC）为例来对参数进行逐一解释。仅将理解及设计上容易忽视、容易出错的、重要的核心参数逐一解释，其他本节未讲述的参数，并非不重要，而是因为比较好理解，而未做特殊说明。

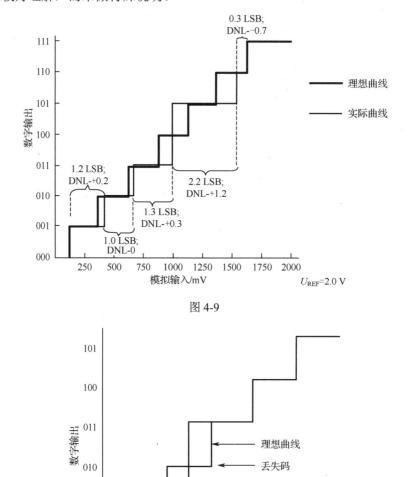

图 4-9

图 4-10

（1）供电电压

Supply Voltage(U_{CC})　　　　6.5 V

Range of U_{CC}　　　　　　　4.5U_{DC} to 6.0 U_{DC}

供电电压范围 4.5～6.0 V，最大不超过 6.5 V。在 ADC 的内部，电源 U_{CC} 对 Gnd，有一个稳压管，雪崩击穿电压为 DC 7 V。

在 PCB 布线时，须特别注意，ADC 的接地布线宜采用单点并联接地方式，即 AGnd 直接连到电源的 PGnd，而且这根连线要尽可能短宽；DGnd 也直接连到电源的 PGnd。二者不可有公共的对 PGnd 回流路径，不然会产生共地阻抗耦合干扰，从而带来较大误差。

（2）分辨率：8位

分辨率不等同于精度。

如 10 位 A/D 转换器，分辨率是 1/1024。如果用于测量温度 0～100℃，$\frac{100}{1024} = 0.098℃$，这仅仅是分辨率，即被测温度的变化量超出 0.098℃时，ADC 的结果对其变化有所反应，能够识别。但不代表测得准！如果去查阅该元器件的测量精度，可能会是精度 0.25℃！

甚至于，可以用一个 14 位的 A/D，获得 1/16384 的分辨率，但测量值精度仍然是 0.25℃。

简单来说，"精度"是用来描述物理量的准确程度的，而"分辨率"是用来描述刻度划分的。

简单做个比喻：一把塑料尺，量程是 10 cm，有 100 个刻度，最小能读出 1 mm 的有效值，则尺子的分辨率是 1 mm，或者说是量程的 1%；然而其实际精度就不得而知了（姑且认为是 0.1 mm）。然后用火烤，并且把尺子拉长一段，之后再看，刻度仍然是 100 个，即"分辨率"还是 1 mm，但精度就差远了。

因此，不可以用分辨率来评估测量精度，分辨率仅仅是 A/D 转换器中能分辨出来的被测变化细分量。而与精度有关的有两个很重要的指标是积分非线性度 INL 和微分非线性度 DNL。

① 积分非线性度 INL（Interger NonLiner）

A/D 转换器的精度用积分非线性度指标来表示，它指的是 ADC 元器件在所有的数值点上对应的模拟值，与真实值之间误差最大的那一点的误差值，也就是输出数值偏离线性最大的距离。单位是 LSB（即最低位所表示的量）。也有的芯片用 Linearity Error 来表示精度。

相同分辨率的 A/D 转换器，价格的差异与 INL 指标直接相关。例如分辨率为 12Bit 的两片 ADC，一个 INL=±3LSB，而另一个 INL=±1.5LSB，价格会差很多。

比如 12 位 ADC：TLC2543，INL 值为 1 LSB。那么，当基准电压 $U_{ref} = 4.095$ V 时，测某电压得到的转换结果是 1000，那么，真实电压值可能分布在 0.999～1.001 V 之间。

非线性积分（INL）关注所有代码非线性误差的累计效应，而非线性微分（DNL）主要是代码步距与理论步距之差。对一个 ADC 来说，一段范围的输入电压产生一个给定的输出代码，非线性微分误差为正时，输入电压范围比理想的大，非线性微分误差为负时输入电压范围比理想的要小。从整个输出代码来看，每个输入电压代码步距差异累积起来以后和理想值相比会产生一个总差异，这个差异就是非线性积分误差 INL。

② 微分非线性度（DNL，Differencial NonLiner）

理论上说，模数元器件相邻两个数据之间，模拟量的差值应该都是一样的。但实际并非如此。一把分辨率为 1mm 的尺子，相邻两刻度之间也不可能都是 1 mm 整。那么，ADC 相邻两刻度之间最大的差异就叫作微分非线性值（Differential NonLiner）。DNL 值如果大于 1 位，这个 ADC 甚至不能保证是单调的，即输入电压增大，在某个点的转换结果数值反而会减小。在逐位比较型 ADC 中较常见。

例如，12 位 ADC，基准为 4.095 V，INL=8 LSB，DNL= 3LSB，由基准和分辨率计算得出，1 LSB 对应的电压值为 1 mV。

测 A 电压读数 1000，A 对应的电压值为 1 V；

测 B 电压度数 1200，B 对应的电压值为 1.2 V。

如果不考虑 A、B 的任何误差，A 与 B 的电压差值应为 200 mV。但是 DNL=3LSB（对应的电压值为 3 mV），因此可判断 B 比 A 高出的电压值应在 197～203 mV 之间。

DAC 也是同理。

（3）温漂

基准源是测量精度的重要保证。基准的关键指标是温漂，用 ppm/℃（ppm 每摄氏度）或 ppm/K（ppm 每开氏度）来表示。

假设某基准温度系数为 30 ppm/℃，系统在 20～70℃之间工作，温度跨度为 50℃，那么，会引起基准电压 30×50=1500 ppm 的漂移，

$$1 \text{ ppm} = \frac{1}{10^6}$$

$$1500 \text{ ppm} = \frac{1500}{10^6} = 0.15\%$$

从而由温度变化带来 0.15%的误差。

温漂越小，基准源越贵。

（4）电压容限

ADC 转换后的数字输出电平有芯片自定的电压范围，见表 4-7。表中逻辑高电平输出的电压下限 $U_{Hmin} = 2.4$ V（当高电平输出电流大小为 360 μA 时，此时输出电流较大，芯片内阻或上拉电阻上的压降较大，导致输出电压偏低，输出电流的大小与后接芯片引脚的负载大小有关）；而当输出电流为 10 μA 时，芯片输出引脚内阻或上拉电阻上分担的电压较小，所以输出电压较高 $U_{Hmin} = 4.5$ V。以上数值为输出高电平的下限，输出高电平的上限则为芯片的电源电压 U_{CC}。

逻辑低电平输出的电平上限 $U_{Lmax} = 0.45$ V，低电平的下限值则为 ADC 芯片 Gnd 的电平（由于地线电平的波动，有可能 Gnd 电平相对于电源 PGnd 的电压会有一些波动）。

逻辑电平的高低主要影响后接电路的匹配。例如后接元器件引脚的输入电流为 360 μA，输入高电平下限值要求为 4 V，则有此片 A/D 转换器直接驱动是不够的，就需要在芯片的输出端串入缓冲器电路，缓冲元器件的输入对电流的需求很小，而输出能力却很强，就可以避免由 ADC 芯片直接驱动带来的逻辑电平过低而导致的读数错误。

表 4-7

符号	参数	状态条件	最小值	典型值	最大值	单位
U_{out}	逻辑"1"电平输出电压	U_{cc}=4.75 V				
		I_{out}=−360 μA		2.4		V（min）
		I_{out}=−10 μA		4.5		V（min）
U_{out}	逻辑"0"电平输出电压	I_o=1.6 mA			0.45	V

（5）转换时间

A/D 转换器的转换时间一般在 μs 级，不同结构、不同转换原理、不同等级的 ADC，转换时间也有所不同。这个参数在确定测控过程的时间、时序时比较有用。但是，在满足数据

采集速度要求的前提下，适当留出转换时间裕量即可，也不必为追求高速度选择较高速性能的芯片，性价比不是很合理。

（6）输入与输出阻抗特性

任何电路，都会有输入阻抗（见图 4-11）；任何电路也会有输出阻抗。按照最理想的情况，前端的输出阻抗与后端的输入阻抗会对前级的输出信号产生分压，分到后级输入阻抗上的电压即为实际的输入电压。因此，信号采集端需要考虑阻抗匹配的影响（详见本书第 2 章 2.6 节阻抗匹配）。而图 4-12 所示的信号端输入电容的作用与本章 4.1 节中的内容同理。

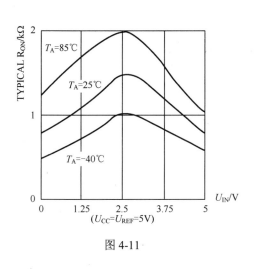

图 4-11

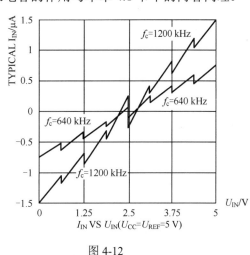

图 4-12

4.2.2　ADC 软件运算精度

软件的运算与硬件的运算有本质的区别，这里的运算包括了放大、微积分等。硬件的计算运行结果是连续可调的，也就是任何数值都会被处理出来，另一个特点是硬件元器件的参数是随环境的变化而变化的，这种变化都会体现在电路的运算结果中，从而导致随环境条件的变化而产生的偏移误差。而软件与之完全相对立，无论是其中的 A/D 转换，还是运算过程，一旦位数确定了，其最大误差就是确定的了，它的数值是离散性的，不会像硬件运算一样，任何数值都会运算得出来，A/D 转换后的数值总是最接近其精确值附近的一个量化值，其误差可控，而且其运算过程不会受环境条件变化的影响。

在具体的设计工作中，常发现一种现象，硬件工程师选择 ADC 芯片时，总是倾向于选择位数较多的 ADC IC，ADC 位数的选择并不是越高越好，从表面上看，ADC 精度高了对数据的精度有好处，但硬件的精度不够高的情况下，等于是把太多的压力加给了 A/D 转换器部分，这是不合理的。举例如下。

一个峰值不超过 5 V 的信号，精度为±0.1 V，输入到 A/D 转换器，ADC 芯片的 U_{ref} 参考电平为 5V，要求 A/D 转换器后的数值偏差不超过±0.15 V，则 ADC 的位数应该选多大的比较合理？

图 4-13 所示的是 ADC A/D 转换的过程，一个 U_{n-} 和 U_{n+} 之间的电压值，ADC 后，都会以同一个数字值 A_n 体现，U_{n-} 是 A_{n-1} 和 A_n 的中间值，U_{n+} 是 A_n 和 A_{n+1} 的中间值，即 A_n 的最

大量化误差为±1/2 位。

因此，由以上设计输入要求，U_{ref}=5 V，假设初步选定 8 位 A/D 转换器，则 8 位数里有 256 个数值，有 255 个空格，A_n-1 和 A_n 之间的一个间隔所对应的电压 U= 5 V/255=19.6 mV。则对于一个 8 位 AD 来说，其量化误差为±19.6 mV/2=±9.8 mV。

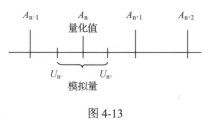

图 4-13

模拟输入信号误差为±0.1 V=±100 mV，设计要求总误差不超过±150 mV，即在模拟量误差最大的时候，假设数字部分误差也最大，两相叠加，总误差都不应超出±150 mV，此时模拟量误差为 100 mV，则数字部分量化误差必须控制在±50 mV 以内，这样即使在最坏的情况下，总误差都不会超出设计要求。

而实际上 8 位 A/D 转换器的误差为±9.8 mV，大约是实际误差要求的 5 倍，这样，A/D 转换器位数的裕量自然就选大了，降低 1～2 位选择都足以满足要求。（本例仅供举例说明问题之用，因为现在 8～10 位的 A/D 转换器芯片已是司空见惯，并不太影响成本，所以在此例中，即使 8 位 A/D 转换器位数高了点也无所谓）。

4.2.3 ADC 抗干扰措施

（1）ADC 芯片的接地布线

ADC 芯片内部的 AGND、DGND，并不肯定是在片内相通的。AGnd 与 DGnd 连接到 PGnd 的接法，须采用单点并联接地的方式，即 AGnd 到 PGnd、DGnd 到 PGnd，各自分别走线，两条走线之间不得有公共的走线。

切不可采用单点串联接地的方式，单点串联接法会产生共地阻抗耦合干扰。

（2）A/D 转换器软件自检抗干扰

在程序处理中，典型的编程操作步骤是：CPU 上电对 ADC 初始化（设置控制、模式、校准等寄存器），循环切换各通道进行采样处理。一般而言，ADC 的初始化设置在以后多路循环采样及 A/D 转换中是不再执行的，因为 ADC 模块的模式、滤波等寄存器，在运行中不必改动，并且有的 ADC 初始化要设置不少寄存器，也比较费时。

由于用户配置的 ADC 寄存器（如 ADS1240 的模拟控制寄存器、设置寄存器等），一般与 ADC 复位后的默认寄存器状态不一致，由此出发，用户可以在每次 ADC 通道采样前，读取 ADC 被配置的某个寄存器，看是否和用户原先配置的一致，否则认为 ADC 状态异常，进行软/硬件复位 ADC，对 ADC 重新初始化，然后再继续采样。在每次 ADC 通道采样后，再读取 ADC 被配置的某个寄存器，看是否和用户原先配置的一致，否则放弃该次采样值。

（3）delay 延时抗干扰

A/D 转换过程中，最容易被干扰到的脆弱时刻是采样的瞬间，此时如果有较强干扰进来，会通过传导方式（通过信号线、地线）影响到 A/D 转换的模拟输入电压。除了采用滤波、屏蔽等常规电磁抗干扰的 EMC 措施外，可以采用简单的软件抗干扰方式，惹不起，躲得起，采用采样与干扰启动的分时错开运行方式。具体措施有两种。

- 先 AD_START 启动采样，然后再启动干扰发射功能；
- 启动干扰源发射功能——delay（）一待发射干扰衰减到可忽略的时候再启动 AD_START 的采样功能

4.3　运算放大器

集成运算放大器是一种高增益（十万倍以上的放大倍数）、高输入阻抗（MΩ 级以上）、高共模抑制比的三级直接耦合放大器，用于直流或交流放大，名字来源于早期它的主要用途——模拟计算机的各种运算电路（如比例、加、减、乘、除、积分、微分等）。

运算放大器内部结构如图 4-14 所示，输入级采用差分放大的方式，中间级一般为单管共射放大，输出级多采用互补推挽功放电路，对称的正、负电源进行供电。

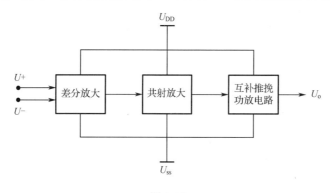

图 4-14

运放的开环放大倍数都很大，但在实际电路中，一般不会用到这么大的放大倍数，所以运放的常规应用都会引入负反馈，而且是深度负反馈，来组成所需的低增益的放大电路。由于深负反馈的引入，在闭环增益降低的同时，放大器的各种性能，如增益稳定性、带宽、失真、输入/输出阻抗等特性都会得到很大改善。这也是集成运放应用电路性能特别优越的原因。

运放使用时，当集成运放工作在线性状态，即输出、输入成比例，放大器任一级都工作在放大区而未进入饱和或截止态时，经常用"虚短"和"虚断"的前提假设，其原因是因为运放的输入阻抗都比较大，至少是 MΩ 级别，因此输入电流小到 μA 级，与输入通路、反馈通路的电流相比很小，小到可以忽略，就忽略输入偏置电流的影响而假设其为"虚断"了；

运放的开环电压增益很大，常用 V/mV，或 dB 表示。量级一般在数百个 V/mV，或 80～120 dB，例如运放的电压为 12V，开环电压增益为 400 V/mV，放大倍数 $k=400\times10^3=4\times10^5$，如图 4-15 所示。

$$\Delta U = U_+ - U_- \tag{4.4}$$
$$U_\text{o} = \Delta U \times K \tag{4.5}$$

则 $\Delta U = U_+ - U_- = \dfrac{U_\text{o}}{K} = \dfrac{12}{400000} = 30\,\mu V$，这个数值与输入电压（mV 级或 V 级）相

比，比例为 $\dfrac{1}{10^3} \sim \dfrac{1}{10^5}$ ，这个误差基本可以忽略了，因此近似认为 $U_+ = U_-$ ，称之为"虚短"。

图 4-15 所示的反相放大器，按照"虚短""虚断"的概念，分别得出

$$U_+ = U_- = 0$$
$$I = I_\mathrm{f}$$

则

$$I = \frac{U_\mathrm{i} - 0}{R_\mathrm{i}} = I_\mathrm{f} = \frac{0 - U_\mathrm{o}}{R_\mathrm{f}}$$

综合以上三个计算式，

$$\frac{U_\mathrm{o}}{U_\mathrm{i}} = -\frac{R_\mathrm{f}}{R_\mathrm{i}}$$

由此可见，设计一个放大倍数为 A_u 、输入电阻为 R 的高性能放大器的任务，变成了仅选两个合适的电阻这么简单的问题。而且可以看出，输出 U_o 与输入 U_i 反相。

这就是反相输入负反馈电路模式。

图 4-16 所示的是同相输入负反馈电路模式。

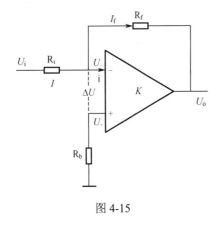

图 4-15

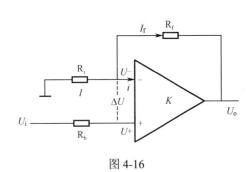

图 4-16

按照"虚短"的概念，得出

$$U_- = U_+$$

按照"虚断"的概念，得出

$$U_\mathrm{i} = U_+$$
$$I = \frac{0 - U_-}{R_\mathrm{i}} = I_\mathrm{f} = \frac{U_- - U_\mathrm{o}}{R_\mathrm{f}}$$

综合以上三个计算式，得出

$$\frac{0 - U_\mathrm{i}}{R_\mathrm{i}} = \frac{U_\mathrm{i} - U_\mathrm{o}}{R_\mathrm{f}}$$

$$\frac{U_\mathrm{o}}{U_\mathrm{i}} = \frac{R_\mathrm{i} + R_\mathrm{f}}{R_\mathrm{i}} \tag{4.6}$$

由图 4-16 可见，同相放大的特点是输入阻抗极高，因而适用于要求高输入电阻的场合，由公式（4.6），得出其输出与输入同极性。

以上两电路中的 $R_b = R_i // R_f$。以图 4-15 为例，当 $U_i=0$（接地）时，$U_o=0$（等同于接地），U_+端对 Gnd 的阻抗为 $R_i // R_f$，同相端 $U_+=R_b \times I_{bc}$（偏置电流，Bias Current）。当运放同相端、反相端的输入电压信号为 0 V 时，运放输入端要维持工作仍需要有微小的偏置电流，若 $R_b \neq R_i // R_f$，则同相、反相输入端的偏置电流流经两组并行但阻值不相等的电阻，在 U_+ 和 U_- 之间就会产生微小的压差，经过放大会导致运放出现输出零点漂移误差。尤其当输入偏置电流随温度、时间变化时，会导致放大器产生温漂和时漂。如果对比例放大电路的精度和漂移指标都要求不高，即工作时允许其放大倍数有微小变化的话，以上两图中的 R_b 甚至可以省去，使电路更加简单。

以上是运放的最简单应用，考虑的参数也很少。事实上，实际设计中，运放放大电路设计需要考虑的参数还有很多，如输入阻抗、共模抑制比、相位、频率特性、带宽、增益……

4.3.1 运算放大器参数指标分析

运算放大器的指标比较多，种类也比较多，但在一个具体的设计中，并不是所有的指标都会成为主要矛盾，通过对电路结构、应用场合、关键需求指标的分析，抓住重点，其他影响较小的指标就可以忽略了。例如普通的运算放大器可以作为比较器使用，专门的比较器运放也作为比较器使用，但普通运放里面的电路是负反馈，因此一旦发生反转，上升沿、下降沿相对比较平缓，而专用比较器里面电路是正反馈电路，翻转很快。因此，运放可以作为比较器使用（如果翻转响应时间能接受的话），比较器用于运算放大就有问题了。实际上，带宽特性、共模抑制比等指标，都有其特定的使用场合。

电路设计中的元器件选型，就是一个针对参数指标，进行抓大放小的选择过程，电路设计的魅力和美感大抵也就在于此。

下面以较为通用的 LM324 数据参数为范例来详细分析每个参数的实际应用（见表 4-8）。

表 4-8

参数	符号	LM324 / LM324A	单位
电源电压	U_{cc}	±16 或 32	V
差分输入电压	$U_{I(DIFF)}$	32	V
输入电压	U_I	−0.3～+32	V
对地输出短路电流（1A） $V_{CC} \leqslant 15V$, $T_A=25℃$	—	持续	—
功耗，$T_A=25℃$ 14-DIP 14-SOP	P_D	1310 640	mW mW
工作温度范围	T_{OPR}	0～+70	℃
储存温度范围	T_{STG}	−65～+150	℃

（1）电源电压（Power Supply Voltage）

运放一般有正负双电源和单电源两种输入电压，电源电压的选择根据信号的电压类型而定。如果信号电压有正负电压，则电源宜选择正负电源。反之，则选择单电源，既满足了使用需求，又可减少输入电源的种类。表 4-8 中的 ±16 V 和 32 V 则为此型号运放的电源电压。

（2）差动输入电压（Differential Input Voltage）

运放的差动输入电压指加在 U_+、U_- 两个输入引脚之间的电压差，不一定是对称的电压，如 $U_+=+18$ V，而 $U_-=-3$ V，都是对 Gnd 的电压，其差动输入电压为 18−（−3）=21 V。在差动放大电路中，信号输入采用 U_+、U_- 的差分输入方式，输入电压到运放输入同相、反相端脚的电平大小相同，但相位相反，这是差分放大器的双端输入方式，这种接法可以消除共模干扰，输入信号电压是单端输入信号的两倍。表 4-8 中此参数的数值为 32 V（最大输入差分电压值）。

（3）输入电压（Input Voltage）

U_+ 或 U_- 的单端对地之间的电压差值，是对输入信号质量的要求。

（4）对地短路电流（Output Short Circuit to Gnd）

万一运放不慎接到 Gnd 上时，对地短路电流虽然很大，但运放内部有限流保护机制，即使因为异常导致出现了短路电流，也不至于烧毁芯片。有一项可靠性设计措施，"能用 IC 实现的功能电路，就尽量就不要用分立元件来搭"，原因就是 IC 内部有较强的保护机制，而且综合考虑各种应用场合下的异常，都在片内设定了容错措施。如小功率驱动电路，可以用三极管驱动，也可以用运放驱动时，基于此规范，就优先推荐用运放电路驱动处理。其中主要考虑的就是此项指标。

（5）耗散功率（Power Dissipation）

耗散功率不是指芯片的输入功率，而是指输入电功率里被消耗在芯片自身上的那部分功率，这部分消耗功率会转变成热量，对芯片自身形成潜在伤害，还有一部分以电流驱动的方式输出给其他芯片了，这部分不属于耗散功率的内容。这个参数很重要，尤其是工作功率较大，输出电流较大的时候。耗散功率计算式

$$P_D = P_P + P_i - P_o \tag{4.7}$$

其中，

● P_P 为电源供给功率，即运放电源所供给的电功率，P_P =电源电压U×供电电流I；
● P_i 为输入功率，即运放芯片所有信号输入端，由上一级输入的信号功率，对于信号电路来说，这个数值一般很小，计算中常被忽略；
● P_o 为输出功率，运放后面有后接被驱动电路，但其驱动功率由运放输出端提供。

综上所述，可以简单理解为耗散功率就是输入电功率与输出电功率之差值，它最终都在运放元器件自身上以热的形式消耗掉了。因为热损伤热应力是对芯片的一个很大的潜在损伤，因此，这个指标是运放热设计的核心参数，在热计算时非常有用。

不过，在一般信号处理类电路里，都粗略估算为 $P_D \approx P_P$，另外两部分作为信号输入源和信号输出，功率都很小，都近似忽略掉了。然后根据如下热计算公式进行计算。

$$R(\text{℃}/\text{W}) = \frac{\Delta T}{Q} = \frac{T_j - T_c(\text{℃})}{P_P(\text{W})}$$

从数据手册上查出运放芯片的热阻 R，通过实际工作中的测试测得芯片表面温度 T_c，估

算出 P_P，可以求出运放结温 T_j，需要确保芯片的（T_j，P_D）在芯片的负荷特性曲线范围内。（负荷特性曲线的内容详见本书第 2 章）

（6）温度范围（Operating Temperature Range）

元器件的温度范围分为元器件工作温度和储存温度。宜按照元器件的实际环境温度来确定。注意：元器件的环境温度不一定是整机的环境温度，因为设备工作起来后，运放在机箱内，设备自身的发热会导致元器件的周边环境温度高于整机外部环境温度。

（7）输入偏置电流（Input Bias Current）

输入偏置电流指运放工作时同相端、反相端引脚的输入电流（见表 4-9）。这个指标易于理解，但难的是在何种电路中，这个指标会发生什么样的负面作用，应如何考虑和避免。

表 4-9

参数	符号	状态	LM324A			单位
			最小值	典型值	最大值	
输入偏置电流	IBIAS	VCM=0 V	—	40	100	nA

举例如下（见图 4-17）。

按照"虚短""虚断"的概念，（U_-）=（U_+）=0V，则

$$I = \frac{U_i}{R_i} = I_f + i = \frac{-U_o}{R_f} + i$$

当 $U_i = 0$ V 时（见图 4-17 b），

$$\frac{U_i}{R_i} = 0 = \frac{-U_o}{R_f} + i$$

$$U_o = R_f \times i$$

这样，即使 $U_i = 0$，U_o 也会有一定的电压输出，运放的输入偏置电流越大，反馈电阻 R_f 越大，放大电路输出 U_o 的零点输入漂移就越多。

另外，即使 U_i 有输入（见图 4-17a），但输入值很小，或者 R_i 很大的时候，电流 I 的值也会很小，再分一部分给 U_- 端做输入偏置电流，就会引起较大的放大误差，也是不好的。

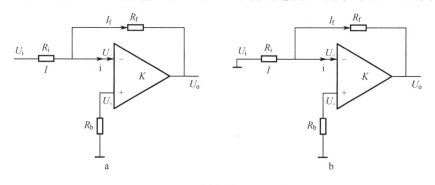

图 4-17

（8）输入失调电压（Input Offset Voltage）／输入失调电流（Input Offset Current）

即为使运放输出端为 0 V，所需要施加在两输入端的电压值（见表 4-10）。运放里面的电路，同相端和反相端的电路是对称的，如果其电特性、热特性完全一致，输入失调电压就为 0 V，但因为工艺的缺陷，两个通路不可能性能完全相同，总会有一点点的差异，所以，

即使同相端和反相端的电压完全相同，都为 0 V，输出端仍会有一定的电压输出。为了消除掉这种误差，在高精度要求的电路设计中，就需要加入补偿电压调节，以抵消掉集成运放内部电路缺陷的干扰。不过对于普通精度的电路，这个参数的影响很有限，基本就被忽略不计了。

表 4-10

参数	符号	状态	LM324A			单位
			最小值	典型值	最大值	
输入偏移电压	U_{IO}	$U_{CM}=0\ V\sim V_{cc}-1.5\ V$ $U_O(P)=1.4\ V,\ R_s=0\ \Omega$	—	1.5	3.0	mV
输入偏移电流	I_{IO}	$U_{CM}=0\ V$	—	3.0	30	nA

在运放工作中，其同相端和反相端都会有一个输入电流，这两路输入电流就是输入偏置电流，但因为运放两路输入电路的不对称，两路偏置电流会有一点差异，这个差值就是输入失调电流（见表 4-10）。一般运放的输入失调电流很小，影响微乎其微，因此在一般运放设计中会忽略。

（9）输入共模电压范围（Input Common-Mode Voltage Range）

运放的共模输入电压指运放正输入端和负输入端的中点电压，即

$$U_{CM} = \frac{(U_{in+} + U_{in-})}{2}$$

线性工作状态下，$U_{in+} = U_{in-}$，$U_{CM} = U_{in+} = U_{in-}$。对于大多数运放，$U_{CM}$ 最高不大于运放正电源电压，最低不低于运放负电源电压。示例见表 4-11。

表 4-11

参数	符号	状态	LM324A			单位
			最小值	典型值	最大值	
输入共模电压范围	U_I（R）	$U_{cc}=30\ V$	0	—	$U_{cc}-1.5$	V

（10）开环放大倍数（Large Signal Voltage Gain）

指在没有负反馈的情况下（开环路状况下），运算放大器的放大倍数，也称为开环增益，其理想值为无穷大，一般实际值也在数千倍到数万倍之间，其表示方法有 dB、V/mV 等。

如表 4-12 所示，典型值为 100 V/mV，如果用 dB 表示的话，则为 $20\lg\dfrac{100000\ mV}{1\ mV} = 100\ dB$。

表 4-12

参数	符号	状态	LM324A			单位
			最小值	典型值	最大值	
大信号电压增益	Gv	$U_{cc}=15\ V,\ R_L=2\ k\Omega$ $U_O(P)=1\ V\sim 11\ V$	25	100		V/mV

（11）运放的输出电压范围（Output Voltage Swing）

该数值受运放所接负载大小的影响，不同负载阻抗下会有不同的数值（见表 4-13），运

放内部输出端会有输出阻抗，驱动管输出一般会采用推挽电路，输出电流变化范围大时，驱动管导通，管上的压降会随电流的变化而变化，因此，运放输出范围跟负载有一定关系。后续所接电路的输入阻抗越大，从运放电路里所吸取的电流越小，则输出电压波动越小，越能反映其输出电压的真实值。

对于大负载电路的驱动，此数值值得关注。因为任何电路的驱动，都需要满足电压、电流两个条件，如果负载过重，电流太大，在运放内部驱动管上的压降较多，则会导致电流虽然供给了，但驱动电压不足的问题。因此，宜同步关注输出电压与电流的关系曲线。确保电流电压同步输出，均能满足后接电路的电压、电流要求。

表 4-13

参数	符号	状态	LM324A			单位
			最小值	典型值	最大值	
输出电压摆幅	U_O（H）	R_L=2 kΩ	26	—	—	V
		R_L=10 kΩ	27	28	—	V
	U_O（L）	U_{cc}=5 V，R_L=10 kΩ		5	20	mV

（12）共模抑制比（Common-Mode Rejection Ratio）

常用 K_{CMMR} 表示，单位为 dB，计算式为 $K_{CMMR} = 20\log\dfrac{A_{ud}}{A_{uc}}$。

A_{ud} 为运放对差模信号的放大倍数，A_{uc} 为运放对共模信号的放大倍数。因为运放是差分输入电路，进入运放的信号是同相端与反相端的电压信号差值，同相端和反相端上的输入共模信号，如果两路输入端的运放内部电路绝对平衡的话，会因为两路输入端电压相等而相减抵消掉；但两路输入端电路不可能是绝对平衡的，因为这种不平衡，会导致共模输入部分经过不同的阻抗通路后，产生不同的衰减，因此在输出端就会形成差模电平。电路的平衡程度会形成对共模输入的抑制，抑制的程度就是共模抑制比。

表 4-14

参数	符号	状态	LM324A			单位
			最小值	典型值	最大值	
共模抑制比	CMRR	—	65	85	—	dB

如表 4-14 所示，共模抑制比 CMRR=85 dB，即

$$K_{CMMR} = 85 = 20\log\frac{A_{ud}}{A_{uc}}$$

$$\frac{A_{ud}}{A_{uc}} = 17783$$

意指本运放对差模信号的放大倍数是对共模信号放大倍数的 17783 倍。

（13）电源抑制比（Power Supply Rejection Ratio）

在输入信号稳定的时候，把电源的输入与输出看作独立的信号源，电源输入的纹波与 U_o 输出端的纹波比值即是 PSRR，通常用对数形式表示，单位是 dB。

$$PSRR = 20\log\frac{Ripple_{in}}{Ripple_{out}}$$

对于高精度的运算放大器电路，电源电压发生变化时，要求对信号输出电压的影响极小。电源抑制比可分为交流电源抑制比和直流电源抑制比。外部电源的调整率会以电源抑制比的形式直接转变成运算放大器网络的输出误差。

表 4-15

参数	符号	状态	LM324A			单位
			最小值	典型值	最大值	
电源抑制比	PSRR	—	65	100	—	dB

如表 4-15 所示，电源抑制比 PSRR=100 dB，即

$$PSRR = 100 = 20\log\frac{A_{ud}}{A_{uc}}$$

$$\frac{Ripple_{in}}{Ripple_{out}} = 10^5$$

意指本运放工作时，当电源纹波为 1 V 时，运放输出端的纹波是 10 μV。

（14）输出短路电流（Short Circuit to GND）

运放输出端对地短路时，并不会像理论计算值一样输出一个无穷大的电流，因为其内部的过流保护和驱动能力受限，这个输出的电流就是输出短路电流，这个指标是为了保护运放的工作状态。这个指标就决定了一个运放所能驱动的最大负载。

表 4-16

参数	符号	状态	LM324A			单位
			最小值	典型值	最大值	
对地短路电流	I_{SC}	U_{cc}=15 V	—	40	60	mA

（15）输出驱动电流（Output Current）

指运放正常使用时，输出端对后续电路所接负载的电流驱动能力（见表 4-17）。

表 4-17

参数	符号	状态	LM324A			单位
			最小值	典型值	最大值	
输出电流	I_{SOURCE}	U_I（+）=1 V，U_I（-）=0 V U_{cc}=15 V，U_O（P）=2 V	20	40	—	mA
	I_{SINK}	U_I（+）=0 V，U_I（-）=1 V U_{cc}=15 V，U_O（P）=2 V	10	20	—	mA
		U_I（+）=0 V，U_I（-）=1 V U_{cc}=5 V，U_O（P）=200 mV	12	50	—	μA

（16）增益带宽积（GWB）

增益带宽积指标用来衡量一个放大器能处理信号的频率范围，带宽越高，能处理的信

号频率越高,高频特性就越好,否则信号就容易失真,这是针对小信号来说的,在大信号时一般用压摆率(或者叫转换速率)来衡量。

增益带宽积定义为:运放的闭环增益为 1 倍的条件下,将一个恒幅正弦小信号输入到运放的输入端,从运放的输出端测得闭环电压增益下降 3 dB(或是相当于运放输入信号的 0.707 倍)所对应的信号频率。这个信号频率与放大倍数 1 倍的乘积即为增益带宽积。

一个运放的增益带宽积指标,有一个简单的测试方法:把运放接成电压跟随器的形式,输入一个固定电压的信号,然后逐步提高输入信号的频率,当输出信号的电压下降到约为输入电压的 0.707 倍的时候,此时的频率就可以简单认为是运放的带宽,此时的放大倍数为 1,所以这个频率值与增益 1 的乘积就是运放的增益带宽积。

增益带宽积是一个很重要的指标,对于正弦小信号放大时,单位增益带宽等于输入信号频率与该频率下的最大增益的乘积,换句话说,就是当知道要处理的信号频率和信号需要的增益后,就可以计算出单位增益带宽,用以选择合适的运放。这项参数用于小信号处理中的运放选型。

例如某个运放的单位增益带宽=1 MHz,其增益带宽积为 1 MHz×1 倍;若实际电路闭环增益=100,则 1 MHz×1 倍=BW×100 倍,BW=10 kHz,即能处理的小信号的最大频率为 10 kHz。对于直流信号,一般不需要考虑带宽问题,主要考虑精度问题和干扰问题。

当输出信号幅度很小,在 $0.1U_{p\text{-}p}$ 以下时,主要考虑增益带宽积的影响。而输出信号幅度很大时,主要考虑转换速率 SR 的影响,单位是 $\dfrac{V}{\mu S}$。

(17)压摆率(转换速率)(SR)

运放接成闭环的条件下,将一个大信号(含阶跃信号)输入到运放的输入端,从运放的输出端测得运放的输出上升速率。由于在转换期间,运放的输入级处于开关状态,所以运放的反馈回路不起作用,也就是转换速率与闭环增益无关。

例如某运放的压摆率 $SR > \dfrac{15\ V}{\mu s}$,输出电压 $U_{\text{P--P}} = 30\ V$。在这种情况下要算功率带宽,

$$\text{FPBW} = \frac{SR}{2\pi U_{\text{P--P}}} = \frac{15}{2\pi \times 30} = \frac{0.0796}{\mu s} = 79.6\ \text{kHz}$$,设计电路时,要同时满足增益带宽和功率带宽。即此运放能处理的大信号的最大频率为 79.6 kHz。

集成运放从性能上可分为"通用型"和"特殊型"两种。"通用型"运放指其特性参数照顾到大多数常规应用电路的需要,各项技术指标比较均衡。适用于要求不那么苛刻的大多数应用场合。而"特殊型"运放是指在诸多特性参数中特别突出其中某一项或某两项,而其他指标基本与通用运放相当的元器件。例如"单电源""高阻抗""高速""低漂移""高精度"等,更适用于特殊要求的应用场合。

从工作环境温度范围分,集成运放又分为军品(-55~+125℃)、工业品(-40~+85℃)、民品(或称商业品,0~+70℃)三种。其中军品均采用金属圆壳或双列直插(DIP)陶瓷封装,工业品除采用金属圆壳或陶瓷双列外,也大量采用塑料双列直插封装,而民品则一律采用塑料双列直插封装。为满足厚膜、薄膜及模块电路的需要,厂家也有供表面安装用的贴片式封装。

运放的选型,首要考虑工作温度范围。石油钻探井卜测试电路,因地温梯度问题(地

壳内的温度随着离地面深度的加深，压强逐步加大，温度会逐渐升高），温度随井深而增加，故必须选用军品，甚至选用专门的耐高温元器件（可工作于 175℃）；用于野外作业的仪器设备，我国东北冬季气温可达-40℃，因此要用工业品；如一般在室内工作的家用电器和仪器设备，在精度满足的条件下用民品即可。

至于选择通用型运放还是特殊型运放，要由技术要求确定。如要求高精度，则应选低漂移运放；用作音响放大时，则选宽带或高速运放；积分电路要求高阻抗运放；便携式仪表则用单电源运放等。

运放型号选定后，下一步就要考虑用什么样的电源工作。集成运放供电电源的典型值是±15 V，但实际应用中没有必要都用±15 V，可按电路需要灵活选择。目前使用的绝大多数运放都能在很宽的电源电压范围（如±3～±18 V）内正常工作，这是因为许多集成运放采用镜像微电流源来为输入级建立工作点，使输入差分级工作点电流仅与电源电压的对数成比例，即使电源电压在很大范围内波动，其输入级工作点仍变化不大，故不影响其正常工作。因此，只要选择运放手册中有关电源电压指标的范围内电压即可。只要在其范围内的电压，均是合理可行的。

除了运放的电压要求外，还考虑电路的具体需要和设备中已配置的电源。如放大电路的输出电压范围在±3 V 以内，那么选用±5 V 的电源就可以了。用±15 V 供电虽然也能工作，但没必要。

如果设备中已有现成的±15 V 电源，也不必去另设计一套±5 V 电源。电路系统中所用电源种类较少、电压较低为好。元器件在低电压下工作，当不慎出现意外事故如输出短路时，可大大降低元器件损伤比例。

在电路要求稳定性好、电网干扰较强以及印制板上电源引线过长时，在印制板上靠近运放正、负电源端对地接 0.01～1 μ 的去耦电容，以提高其抗扰性。在要求安全防爆设计的应用场合如用于矿井下的设备，去耦电容的容量不能大于 0.01 μF。

集成运放是一个高增益的三级直接耦合放大器，用它组成的线性电路大多工作在深度负反馈状态，工作应该是很稳定的。但在实际中，有时却会出现自激现象，即使输入信号为零，放大器输出端仍能观察到有高频振荡的输出波形，有时甚至是幅度相当大的自激振荡。若不"消振"，放大器是无法正常工作的。

负反馈放大器为什么会表现出正反馈电路的自激状态呢？这是因为，集成运放输入级和中间级的增益相当高，因此，集成晶体管哪怕很小的 PN 结电容在高频时也会形成较大的附加相移，如果在某一高频下集成运放各级所形成的附加相移累计达到 180°，则在直流或低频下接成的负反馈，在这个高频的频点下就变成了正反馈。只要有一点幅值的干扰谐波，在这个频点上就会因正反馈而被加强，出现自激振荡。

消除自激的方法有两个，一个是在附加相移为 180° 时，增益小于 1；二是在增益大于 1 时，附加相移小于 180°。可在电路反馈回路中加一个很小的跨接补偿电容 C，以附加高频负反馈来降低集成运放在高频段的增益，以使附加相移虽达到 180° 而变成正反馈时，其回路增益被降至小于 1。但低频和直流放大不受影响。这样即使放大器在高次谐波干扰下出现正反馈振荡，但因回路增益过小，振荡无法维持，电路也就稳定了。

目前集成运放中，大多数电路内部已用集成工艺制造了补偿电容，并保证在最坏的情况下运放都能稳定工作，使用这种元器件时不考虑补偿，也不会出现自激。但也有些运放内部没有加这个电容，而是从应该接补偿电容的地方引出两个引脚来供用户外接补偿电容用，习惯称之为外补偿运放。这两种元器件各有其特点，内补偿运放使用方便，但补偿电容的容量按最坏情况下设计，因而电容量较大，致使集成运放的高频增益明显下降，频带变窄。这对放大直流信号或低频交流信号当然影响不大，但信号频率一高，放大器就不能正常工作了。而外补偿运放的外接补偿电容容量可以根据需要灵活选用。

这样，在要求集成运放有较宽的频带，例如用作音响前置放大时，就可根据放大器的增益选择补偿电容：增益越低（反馈越深），越容易振荡，可加较大的补偿电容；增益越高，越不容易振荡，电容可相应减小，甚至不加。一般情况下，外补偿运放补偿电容容量与放大器闭环增益间的对应关系在元器件手册中均有参考数据，用户在此基础上经过实际调试即可确定所需容量。调试时不仅应保证所取电容能消除自激，还应适当增大使其有一定的稳定裕量，以保证在环境条件（如温度等）变化时仍能正常工作。

在消除放大器自激后，下一步是"调零"。当输入信号 $U_i = 0$（即输入端接地）时，若把运算放大器看成"理想运放"（放大倍数 $A_{VD}=\infty$、输入电阻 $R_{ID}=\infty$、共模抑制比 $K_{CMR}=\infty$、失调 $U_{IO}=0$、$I_{IO}=0$……），并有 $R_B=R_I//R_f$，则输出电压 $U_0=0$。加入信号后，输出从零开始变化。但实际上，由于运算放大器输入级差分电路总有不对称，因而存在输入失调电压 V_{IO} 和输入失调电流 I_{IO}，而且不可能绝对做到 $R_B=R_I//R_F$，因此，输入为零时输出不会是零。所谓调零，就是希望通过外加的调零电路，能在 $U_1=0$ 时将输出 U_0 调到零。

通常外加的调零端均自运放输入差分级集电极负载处引出，通过引脚接入的电位器串，并在 R_C 上，以改变差分电路两边的集电极负载电阻，通过两边的集电极负载电阻调成某种程度的不对称，以抵消原电路中两边 R_C、两只晶体管以及偏置电路等所有的不对称因素的影响，恰好使输出 $U_0=0$。

调零电位器的阻值在元器件手册及典型应用电路中会给出。不过，调零尽量不用电位器。电位器的特点是对振动应力敏感，因此，在出厂前，把运放电路的精度调得很好，但经过运输、安装磕碰、工作中的振动环境，电位器极易产生机械转动位移，反而导致出现长期工作的不稳定性。即使加了固定胶将可调螺丝固定定位，但因为可调螺丝、胶、电位器外壳塑料等几种材料的特性不同，遇到温度冲击时，因为三种材料的收缩系数和膨胀系数不同，温度变化较大时，三种材料的接触部分可能会产生互相拉伸的内应力，容易使粘接拉开。粘接被拉开后，遇到振动应力，仍然会发生调零漂移的问题。最好的方法是调零完成后，换成定值电阻替代调零电位器，这样，虽然出厂时的参数不一定很准，但长期稳定性较好。

4.3.2 单端输入运算放大电路计算

设计一交流放大器，放大倍数 $A_v=500$，输入阻抗 $R_i\geqslant100k\Omega$。如何选择电路方案，同相输入还是反相输入更好？

如采用反相输入的方式，电路如图 4-18 所示。按照"虚短"的概念，运放输入的同相端与反相端的电位近似相等，同相端接地为低电平，反相输入端的电平也约为低电平。因此，对于 V_i 输入，对地输入阻抗 R_i 即为 R_1 的阻值。因此，为保证输入电阻 $R_i\geqslant100k\Omega$，则 R_1 至少取 100 kΩ；

而为保证放大倍数 $A_v=500$，

$$\frac{U_i}{R_1} = \frac{-U_o}{R_f}, \quad 则 \ R_f = \frac{-U_o}{U_i} \times R_i = A_v \times R_i = 500 \times 100 \ \Omega = 50 \ M\Omega$$

且为实现同相端与反相端的阻抗对称，$R_B = R_i // R_f = 100 \ k // 50 \ M\Omega \approx 100 \ k\Omega$。

如采用同相输入的方式，电路可如图 4-19 所示。由于同相输入阻抗近似无穷大，因此对 R_B 无特殊要求，可以随意选。取 $R_1 = 1 \ k\Omega$，则 $R_f = 499 \ k\Omega$，可满足 $A_v = 500$，R_B 的值近似取 1 kΩ 即可。

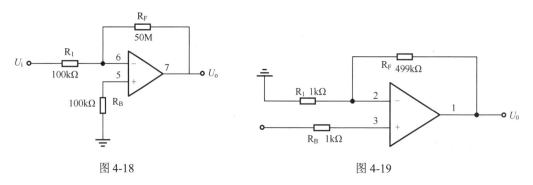

图 4-18   图 4-19

分析以上两种设计方案。

图 4-18 中反相输入电路，无论运放输入信号 U_i 多大，其 U_+ 和 U_- 两输入端对地的电压值始终近似为 0，即共模输入电压为 0，这样即使运放的共模抑制比（CMRR）较差，不能对共模输入有很好的抑制也没关系，因为输入 U_{cm} 本身就接近于 0，即使抑制不掉太多也没大影响。

而在图 4-19 中的同相输入电路中，当同相端的输入电压为 U_i 时，U_+ 与 U_- 之间的差值，即为差模信号。但同时，只要 U_i 不为 0 时，运放两输入端都会有较大的共模电压。例如差模信号 $(U_+)-(U_-)= 5.00001 \ V - 4.99999 \ V = 20 \ \mu V$，则此时共模电压为 $((U_+)+(U_-))/2 =(5.00001 \ V +4.99999V)/2= 5 \ V$。

集成运放虽有较高的共模抑制能力，但其共模放大倍数总是大于零的，因此多少会带来一点误差，这是同相输入的缺点。但本例要求放大器有较高的输入电阻和较大的放大倍数，如采用反相输入形式，则 R_1 和 R_f 的值至少要取到 100kΩ 和 50MΩ。运放电路中，如果使用这么大的电阻，R_1、R_f 上流过的电流就不会太大，而运放输入端的输入偏置电流 I_+ 或 I_- 会对 R_1 和 R_f 上的电流分流，这个分流占 R_1 或 R_f 上流过电流的比例就会比较大了。从而形成较大的干扰电压，并影响整个电路的工作精度。因此，本例同相输入电路形式更好些。就比如生活中，如果我有 100 万现金，有人来借 2000 元，2000 元在 100 万里占的比例太低都可以赠送了；而如果手里只有 2200 元，有人来借 2000 元，这个额度占总现金量的比例有点大，就会斟酌是否借出了。运放的各参数对最终的电路工作结果多少总是会有影响的，但在实际设计中，按照抓主要矛盾的思想，也不必面面俱到全部考虑其影响，仅抓住其对最终核心性能参数影响最大的因素为关注重点，影响后果的判定以电压容限（见本书前言）不超标为标准，例如模拟放大电路误差要求不超过 ±5%，则图 4-18 中 R_1 上流过的电流 I_1 与运放反相输入端的输入偏置电流 I 的比值为

$$\frac{I_-}{I_1} < 5\%$$

其他参数的影响考虑同理。

还有一个常引起困惑的问题：图 4-19 中，取 $R_1 = 1\ \text{k}\Omega$、$R_f = 499\ \text{k}\Omega$，从理论计算上其参数是可以接受的，或 $R_1 = 1\ \Omega$、$R_f = 499\ \Omega$，或 $R_1 = 100\ \text{k}\Omega$、$R_f = 49.9\ \text{M}\Omega$，在工程计算时都是能保证放大倍数 $A_v = 500$ 的，那 R_1 和 R_f 的值是否可以随意取呢？如果不能，其取值又受哪些因素制约呢？

前面分析，R_1 和 R_f 的值过大可能会带来输入偏置电流导致的输出电压漂移干扰，从减小偏置电流、失调电流及其漂移所造成的误差来看，R_1 和 R_f 的值取小些好；但也不是越小越好，在电路中，R_1、R_f 同时也是放大器的负载，当输出电压不为零时，运放除了向后端的负载电路提供电流外，也同时向 R_f 提供支路电流。例如，若取 $R_1 + R_f = 500\ \Omega$，则当输出电压 $U_o = 10\ \text{V}$ 时，就应该有 20 mA 电流自运放输出端流入 R_f、R_1，而集成运放的最大输出电流通常只有约 ±10 mA，过重的负载会使运放提前进入饱和状态，输出动态范围减小，还可能使管耗增大，发热严重，而造成元器件的损坏。因此 R_1 和 R_f 的阻值应该有一个合理的范围，在适当的阻值范围内，阻值大小影响不大，可以接受，但超出了阻值范围，则会有较大的问题。

运放的另一个问题：如何选取电阻的精度等级。无论精度要求高低，都要用最坏电路情况分析法（WCCA）做选型计算，确保在最坏元器件参数的情况下，电路仍能正常工作而不超标。切不可仅凭经验值选择电阻，然后做几台样机测试合格后，就认为产品设计没有问题了。

最坏电路情况分析法示例如图 4-20 所示。假设在图 4-20 所示的电路中，放大倍数要求为 1（为了较容易说明问题和便于计算），放大倍数误差上下限范围 ≤±10%，则 R_1 和 R_2 的精度等级如何选取？

选择 5% 够不够？如果选 5% 的电阻，然后制作几台样机，样机测试结果几乎有 99% 以上的概率是满足要求的。但绝对不能认为 5% 的精度就可以满足精度要求。分析如下。

$$U_o / U_i = R_2 / R_1$$

把 ±10% 的误差考虑进去，得出

$$(1 - 10\%) \leqslant \frac{R_2}{R_1} \leqslant (1 + 10\%)$$

因为放大倍数要求为 1，所以 R_1、R_2 取相同的阻值 R，但加上其误差所导致的阻值变化值假设为 ΔR，则 R_2 / R_1 会出现两种极端情况，

$$\frac{(R + \Delta R)}{(R - \Delta R)} \leqslant 110\%$$

这种阻值的组合结果使放大倍数最大；

$$\frac{(R - \Delta R)}{(R + \Delta R)} \geqslant 90\%$$

这种阻值的组合结果使放大倍数最小。

从上例计算得出，精度 $\Delta R \leqslant 4.76\% \times R$。即如果选择了 ±5% 精度的电阻，在特定情况 $R(1-5\%) < R_1 < R(1-4.76\%)$，而 $R(1+4.76\%) < R_2 < R(1+5\%)$ 时，放大电路精度会超出 ±10% 的要求。这是一个设计缺陷，但这个设计缺陷在研发样机的设计和测试中未必能被发现，因为 R_1 和 R_2 的这种匹配组合关系，是一种小概率事件，批量很小的时候发生概率很低，但在大样本量的时候，各种阻值的配对情况都可能出现，出现少数的因为此原因产生的超差就不可

避免了。

比例放大器的基本电路就是反相输入、同相输入两种，但通过电路的变化，可以派生出各具特色的电路来。

例：设计一款直流放大器，要求增益 500，输入电阻 100 kΩ，输入/输出反相。

输入/输出反相的要求决定了应当选取反相输入的方式；

若采用如图 4-17 所示的电路，输入电阻 100 kΩ 的要求决定了 R_1=100 kΩ；

放大倍数 500 倍的要求决定了 R_f =50 MΩ。

就这几个参数，如果仍用图 4-18 中的电路，R_f 太大会导致对运放输入偏置电流的要求太高。用图 4-21 中的电路可以解决这个问题。

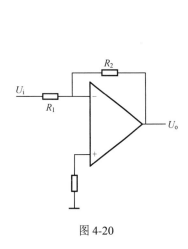

图 4-20

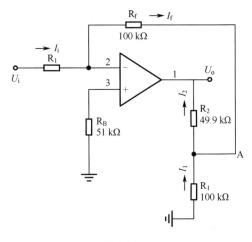

图 4-21

计算如下。

由"虚短""虚断"特性，运放输入端 $U_2=U_3= 0$，可分析出

$$I_i = \frac{U_i}{R_1} \quad = \quad I_f = \frac{-U_A}{R_f}$$

推导得出：$U_A = -\dfrac{R_f}{R_1} \times U_i$

流入节点 A 的电流和流出它的电流

$$I_1 = \frac{0 - U_A}{R_1}$$

$$I_2 = \frac{U_A - U_o}{R_2}$$

则求出

$$I_2 = \frac{U_A - U_o}{R_2} = I_1 + I_f = \frac{-U_A}{R_1} + \frac{-U_A}{R_f}$$

图 4-21 中的电路放大倍数 A 则可由上式求得：

$$A = \frac{U_o}{U_i} = -R_f \times \left(\frac{1}{R_1} + \frac{1}{R_2} + \frac{1}{R_f} \right)$$

在图示参数下 $A=500$，计算中略去了 I_f 的影响，虽会造成误差，但因为 I_f 在本例中仅为 I_1 的千分之一，在精度要求不高的时候，这种近似通常是允许的，其判断的依据是被忽略掉的部分对最终结果的影响是否超出了设计输入目标的要求。若为了设计较高精度的电路，不略去 I_f，也可通过公式计算出精确的 R_1、R_2 分压值，并通过可变电阻的选型方式精确调出所需增益。

如需输出、输入同相，可采用同相输入方式，如图 4-22 和图 4-23 所示。两个电路的放大倍数推导和各自缺点请自行分析。

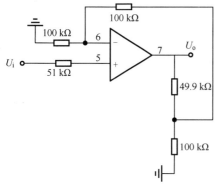

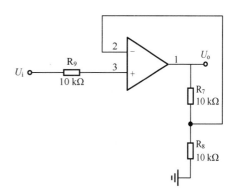

图 4-22   图 4-23

4.3.3 双端差分输入运算放大电路计算

实际应用中，常用电桥型电路（图 4-24）作为传感器信号电路，其产生的信号为差分信号，如各种硅压阻式压力传感器、各种热敏电阻组成的测温电桥等。

桥式信号源电路有两个都不接地的输出端，当电桥平衡无信号时，$U_a = U_b = 0$，而当压力或温度变化时，电桥两臂电压不平衡产生压差 $\Delta U = U_a - U_b$，ΔU 与被测参数的变化直接相关，称为差模信号，用 U_{DM} 表示。

把 U_a 和 U_b 的平均值称为共模信号，大小为 $U_{CM} = \dfrac{U_a + U_b}{2}$。例如测温电桥式传感器，共模电压 2.5 V，而差模信号 U_{DM} 则可能只有数十 mV。

这样的一个桥式电路输出信号里，既有微弱的差模信号，又有很大的共模信号，我们希望放大器不但放大有用的差模信号部分，还能抑制很大的无用共模信号部分。而 4.3.2 节中的电路显然不能做到。

例：如图 4-25 所示，传感器在零信号输入时，$U_a = U_b = 4\ V$，在传感器最大测量输出时，$U_a - U_b = 100\ mV$，设计期望：

在传感器桥式电路输出信号为 0 时，运算放大电路输出 $U_o = 0$；

最大传感器桥式电路信号输出（100 mV）时，$U_o = 10\ V$。

即要求放大器：

① 对共模信号 $U_{CM} = \dfrac{U_a + U_b}{2} = 4\ V$，即共模放大倍数 $A_{CM} = 0$；

② 对差模信号，差模放大倍数 $A_{CM} = \dfrac{U_o}{U_a - U_b} = \dfrac{10\,\text{V}}{100\,\text{mV}} = 100$。

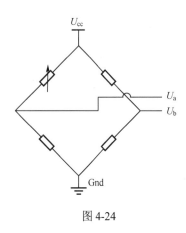

图 4-24

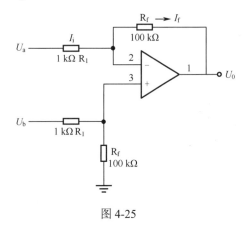

图 4-25

图 4-25 电路中电阻取值 $\dfrac{R_f}{R_1} = 100$，可实现上述要求。

当输入共模电压为 4V 时，按照运放输入端"虚断"的要求，可求出同相端输入电压

$$U_{IN+} = \frac{U_b \times R_f}{R_1 + R_f} = \frac{4\,\text{V} \times 100\,\text{k}\Omega}{1\,\text{k} + 100\,\text{k}\Omega} = \frac{400\,\text{V}}{101}$$

按照同相端与反相端"虚短"的要求，可知 $U_{IN+} = U_{IN-} = \dfrac{400\,\text{V}}{101}$

由反相端"虚断"，可求出

$$I_i = \frac{U_a - U_{in-}}{R_1} = \frac{4\,\text{V} - \dfrac{400}{101}\,\text{V}}{1\,\text{k}} = \frac{4}{101}\,\text{mA}$$

因 $I_f = I_i$，所以 $U_o = U_{in-} - I_f \times R_f = \dfrac{400}{101}\,\text{V} - \dfrac{4}{101}\,\text{mA} \times 100\,\text{k} = 0$，说明共模放大倍数 $A_{CM} = \dfrac{0}{4\,\text{V}} = 0$。

当传感器桥式电路输出共模电压最大为 4 V 时，同时有 $U_a - U_b = 100\,\text{mV}$ 的差模信号，则 $U_a = 4.05\,\text{V}$、$U_b = 3.95\,\text{V}$，它包含 4 V 的共模信号和 100 mA 的差模信号。同样计算可得

$$U_{in+} = U_b \times \frac{100\,\text{k}\Omega}{100\,\text{k}\Omega + 1\,\text{k}\Omega} = 3.95 \times \frac{100}{101}\,\text{V}$$

$$U_{in-} = U_{in+}$$

则

$$U_a - U_{in-} = U_{in-} - U_o$$

$$\frac{U_a - U_{in-}}{1\,\text{k}\Omega} = \frac{U_{in-} - U_o}{100\,\text{k}\Omega}$$

$$U_o = 101 \times U_{in-} - 100 \times U_a = 101 \times 3.95 \times \frac{100}{101} - 100 \times 4.05 = -10\,\text{V}$$

以上计算说明图 4-25 中的电路在放大差模信号的同时抑制了共模信号。

上述结论的前提是电路中元器件处于两个理想条件下：两个 1 kΩ 的电阻和两个 100 kΩ 的电阻分别完全相等；而且运算放大器具有真正的"虚短""虚断"特性，即同相端和反相端的输入偏置电流都为 0，同相端、反相端的电压差也近似为 0。

但实际上，以上两种理想情况是不可能出现的。在差模信号为零、仅仅改变共模信号时，放大器的输出电压并不总是为零，而是随 U_{CM} 的变化而变化。实际放大器对共模信号也有一定的放大能力，即 $A_{UCM} = 0$。放大器对有用差模信号的放大倍数 A_{UDM} 与对无用共模信号放大倍数 A_{UCM} 的比值，称为共模抑制比 CMRR，用来衡量这种放大器对共模信号的抑制能力。对本例电路，若要提高其共模抑制能力，除了选高 CMRR 集成运放外，选用严格对称的电阻也是非常必要的。通常选用高精度电阻，必要时，可通过配对挑选的办法来提高电阻的匹配精度。

图 4-25 中电路的另一个缺点是它的差模输入电阻 $R_i = 2 \times R_1$，只有 2 kΩ，虽然通过增大 R_1 能提高输入电阻，但 R_f 也会随之增大，这不是设计者所希望的。因为一般的桥式传感器均有一定的内阻，且其内阻会随环境温度而变化。例如硅压阻式压力传感器的电桥内阻约 5 kΩ 并有约 0.22%/℃ 的温度系数，如果与其接口的放大器内阻过小，会因为传感器输出阻抗的变化而使测量产生误差。

假定信号源有一定内阻 R_0，在传感器满量程且空载时，输出差模信号为 100 mV，对外没有输出，因此不会在内阻上产生压降，但一旦传感器接上了后续电路，信号电流就会流经传感器内阻和放大电路的输入阻抗，从而在输入阻抗上产生分压，这个分压后的电压值会小于开路时传感器的输出值，由此产生误差。更严重的问题是，传感器内阻还会随环境温度的变化而变化，这样，系统误差就会因环境温度的变化而受影响。若放大器的内阻趋于无穷大，则传感器信号电流趋于 0，传感器内阻上就没有压降损失，100 mV 的有用信号就可全部被送入放大器。

综上所述，具有高输入阻抗的差动放大器才是最佳的。最常用的是三运放电路（见　图 4-26）。不过现在设计师已经不必自行搭建类似电路了，很多现成的仪表用放大器内部电路就是这个结构，设计师只是在外部配电阻调整放大倍数即可。而且因为芯片内部制造的特点，对称电路上的对称元器件的漂移一致性也比较好，较好的对称性也就保证了较好的共模抑制比。

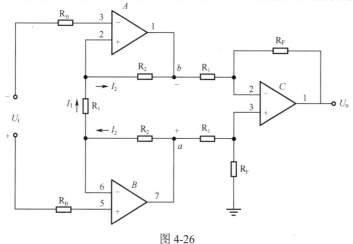

图 4-26

运放 A、B 组成差动输入、差动输出的第一级放大器。A、B 均采用同相输入的方式，由于其"虚断"特性，可使对输入信号具有极高的输入电阻（近似等于无限大）。

由"虚断"和"虚断"可看出，R_1 两端压降即为输入电压 U_i，则有 $I_1 = \dfrac{U_i}{R_1}$。

再由"虚断"及基尔霍夫定律，得出 $I_2 = I_1$。

可求出第一级差动放大器输入电压

$$U_{ab} = U_a - U_b = I_1 \times R_2 + R_1 + R_2 = \frac{U_i}{R_1} \times (R_1 + 2 \times R_2)$$

第一级差动放大倍数

$$A_{u1} = \frac{R_1 + 2 \times R_2}{R_1}$$

第一级差放输出信号 U_{ab} 再送入与图 4-19 所示的相同的第二级差放电路，且 $U_o = \dfrac{U_{ab} \times R_f}{R_1}$。

这种由三个运放组成的电路因大量应用于仪表测量系统，故常称之为"仪表放大器"或"仪用放大器"。这种电路主要靠第一级电路得到高输入阻抗，第二级电路抑制共模信号。

但如果不选用集成的仪表放大器，而是用运放和电阻搭接如图 4-26 所示的电路，则元器件选型需遵循如下原则。

● C 运放应选用高共模抑制比的运放；
● A 运放、B 运放的参数（主要指失调电压、失调电流及其漂移）应尽可能对称；
● 所有匹配电阻阻值和温度系数应尽可能相等。

所需的电压增益应尽量由第一级差放承担，以提高仪表放大器的共模抑制比。

掌握了集成运放电路的基本分析和计算方法，再根据应用电路的具体要求，就可以灵活地选择不同的输入方式和不同结构的电路，并计算出所需电阻的阻值及精度要求。

4.3.4 集成运放技巧

1. 运放调零

有些运算放大器，尤其是在一只管壳中封入 2～4 个运放的多元集成运放，受限于引脚数目，往往没有调零端。对这类运放，在需要调零时可采用如图 4-27 所示的电路调零。图 4-27 为反相输入电路，调零电路的电源 U_+、U_- 即为集成功放的供电正、负电源。为保证零位的稳定，U_+、U_- 应具有较好的稳定性。为使调零更加灵敏，在电位器 R_P 两边可串入 R，在 $R_B \approx R_1//R_F$ 时还应保证 $R_P + 2R \ll R_S$，在 R_B 阻值较小时应基本保证 $(R_B + R_+) \approx R_1//R_F$。这是为了保持运放两输入端偏置电阻的对称以减小放大器的零漂。图 4-28 所示为同相输入电路，同理在 R_1 较大时应有 $R_B \approx R_1 R_F$，$(R_P + 2R) \ll R_1$。否则应有 $(R_1 + R_+) R_F \approx R_B$，且闭环增益为 $1 + R_F/(R_1 + R_+)$。

这种调零电路是在无法改变电路内部参数时，靠改变本应接信号地的输入端电位，使之稍稍偏向正或负，以补偿电路内部的不对称，使输出在 $U_I = 0$ 时变为零。

并不是所有的应用电路都要被调零。例如，在非线性应用电路中（如运放）作为比较器或接成振荡器，这时运放的输出要么是正的饱和值，要么是负的饱和值，这种电路不需要调零；另一种情况就是当运放组成反相器 （$A_u=-1$）、跟随器（$A_u=1$）或增益很低的比例器，而用户对电路的精度及零位又要求不太高时（这时零位一般只偏差数毫伏），也可以省去调零电路以降低成本并简化电路。

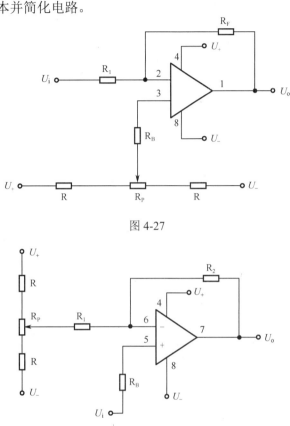

图 4-27

图 4-28

初学者在设计、调试电路时常常会提出这样的问题，即对于由若干级放大器组成的控制电路是否需要对每个运放级都调零？答案是否定的。以图 4-29 所示的低速转台调速电路为例加以说明。

电路中用了三个运放，其中 N_1、N_2 组成两级比例放大，N_3 组成反相器。N_2 N_3 输出的差动信号控制桥式功放电路驱动低速力矩马达 M_1，并通过测速电机 M_2 反馈，形成闭环。这里即使对三个运放电路分别调好零再连在一起，电路的输出仍不一是零。这是因为在高增益电路中，每级运放的放大倍数可能都很高，而所谓调零并不是真能把运放的输出调到零，而是让 U_o 小到电压表的量程分辨率之外，看不出 $U_o\neq0$ 罢了。将这些输出并不真正是零的放大器串在一起，前级的极微小零位输出被后几级放大后，仍能表现出相当大的零位输出。因此，即使每个运放级都调好零，各级串在一起后仍然还要再调零。既然如此，我们就不必要求每级运放都调零，而只在其中调零最灵敏的第一级加上调零电路，并在电路串成闭合回路后一起进行调零。这时，第一级运放的输出并不一定是零，但它可以补偿第二级、反相器及功放电路所有的零位偏移，并保证系统总的输出为零。

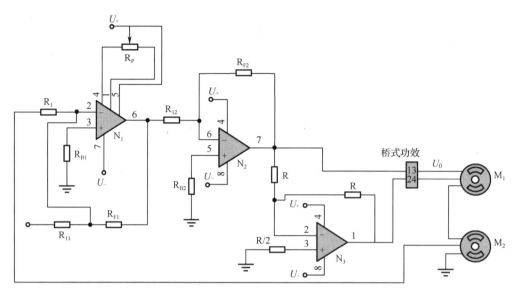

图 4-29

电路调零并不是一劳永逸。因为集成运放的失调电压 U_{IO}、失调电流 I_{IO} 虽然可以通过调零加以补偿使运放输出为零，但运放的 U_{IO} 和 I_{IO} 具有温度系数指标，会随环境温度的变化而变化。今天调好零，到明天温度变了，输出又不是零了。因此，对某些要求高的应用电路，在每次使用前应预热一段时间后重新进行调零。

2. 运放类型选择

1）峰值检测电路用放大器

如图 4-30 所示，当输入信号增大时，根据运放的"虚通"特性不难分析出运放 A 的输出必然随之增大至约为 $U_1+0.7V$，使积分电容被充电至与 U_1 相等，运放 B 组成的电压跟随器隔离使输出电压 U_0 始终等于 U_1，并随 U_1 的增大而增大；当输入信号减小时，运放 A 的输出电压将随之减小，而电容 C 上已经储存的电荷不可能经二极管 D 反向流回运放 A，也不应该从运放 B 的同相端流入运放 B（假定运放 B 的输入偏置电流小到只有数 pA，能被忽略不计的话），这时运放 A 将被反偏截止而工作在非线性状态（此时"虚通"已不存在），并输出负的最大值（正、负电源供电），或输出为零（单电源供电），二极管 D 也处于反偏截止状态，这时电容上存储的电荷处于"保持"状态。其保持精度取决于积分电容是否漏电、二极管 D 的反向漏电流以及运放 B 的输入偏置电流的大小。所以，运放 B 一定要选用具有极低输入偏置电流（pA 级）的高阻抗运放，才能保证峰值检测电路的精度。否则，电容上的电压就保持不住，电容上存储的电荷将作为运放的偏置电流注入运放，使输出电压随着时间衰减。不能"保持"的话，"峰值检测"也就名存实亡了。为提高峰值电路的精度，运放 B 应选用"高阻抗"运放，积分电容亦应选用漏电小

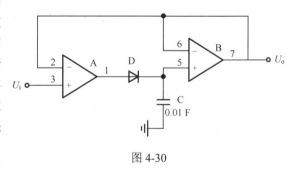

图 4-30

的聚酯类电容，二极管 D 的反向漏电流也应尽可能小。由此可见，在设计积分器电路，或是以积分器为核心的采样/保持、峰值检测以及 D/A 转换等应用电路时，一定要选用具有高输入阻抗和低偏置电流的运算放大器，即"高阻抗"集成运放，才能达到满意的效果。

2）高输出阻抗电路的后接运算放大器

例如，在一些高温、高压等环境条件极为恶劣的场合需要测量压力、剪切力时，常常采用压电传感器。由于传感器本身由压电陶瓷材料制成，自身具有高达 $10^{14}\Omega$ 的阻抗，因此与它接口的放大器不仅要求高输入阻抗，还要求极低的输入偏置电流。这种传感器当它受力变形时，内部产生极化现象，同时在材料表面产生电荷。因为产生的电荷量极微弱，形成的电流约为 pA 级，如果与传感器连接的运算放大器输入偏置电流不是极小的话，这些电荷就将被运算放大器"吃掉"，而大大影响测量的精度。在这种场合，前述高阻抗运放因其输入偏置电流也是 pA 量级，放大这种电荷信号已经力不从心，这时只能选用具有极低输入偏置电流的"静电计型"高阻抗运算放大器组件。

3）同相端输入电路用运放

由于采用同相输入，因此，当输入信号变化时，运放两输入端上必须存在着与输入信号相等的共模电压，因此，为避免共模电压在不对称电路上转变成差模干扰信号，宜选取高共模抑制比 K_{CMR} 的运放。

4）高精度电路

运放的失调电压 U_{IO}、失调电流 I_{IO} 虽会造成输出失调误差，但通过调零电路完全可以将其影响消除，但是 U_{IO}、 I_{IO} 随环境温度不断变化的话，就将造成运放输出值不断随环境温度的变化而"漂移"，且电路的放大倍数越大，其漂移越严重。则会出现在生产厂内恒定温度下调节很准确，但在不同用户现场的不同温度下，或同一现场的温度波动情况下，输出的高精度是保证不了的。因此，对要求高精度的应用场合，更看重的是集成运放的输入失调电压漂移 α_{VIO}、输入失调电流漂移 α_{IIO} 两个指标，而并非 U_{IO} 和 I_{IO} 本身。

对微弱信号放大及其他高精度应用场合，必须用"低漂移运放"才能保证精度。否则，即使在通电时调好零位，调好放大倍数，随着通电时间的持续及环境温度的变化，电路的输出也将出现相当大的正比于 α_{VIO}、 α_{IIO} 和电路放大倍数的输出漂移。

5）交流放大电路

在电路中，除了电压、电流的指标之外，还有一个变化率的指标 du/dt、di/dt，甚至有的时候，对运放工作状态的影响比电压、电流都大。

集成运放是一种直耦电路，所以它既可以用于直流放大也能用于交流放大。但是，在交流频率较高的时候，运放对瞬间 du/dt、di/dt 的反应取决于其频率特性。

集成运放都是引入深负反馈工作的，随着闭环增益的降低，增益降低的倍数，就是带宽亦相应增大的倍数，即每个运放的增益带宽积是一个常数。例如 μA741，当用作 10 倍放大器时，由于深负反馈的作用，其带宽可扩展到 100 kHz。如果不注意这个指标，设计出的交流放大器就可能出问题。

当输入信号中的频谱成分较为复杂时，如果放大器选型未关注到频率带宽特性，则有可能导致较高频率的信号不能被（与较低频率信号一样）同比例放大，从而导致放大失真。常见的故障现象是放大器也可以工作，但实测的放大倍数比理论计算值要小得多。

一般运放手册中给的"带宽"指标，通常均指单位增益带宽（或增益带宽积）。即放大倍数为 1 时的频带宽度，如果闭环增益增大若干倍，带宽也要相应降低若干倍，不能仅以手册中给的带宽典型值作为选型依据。更值得注意的是，这里所说的带宽仅指"小信号"带宽（指运放的交流输出幅度峰—峰值仅 100mV 量级），如果输出交流波形的幅度较大，或接近运放的最大输出幅度时，则集成运放的工作频率范围将比手册中从幅频特性典型曲线上查出的带宽值要小得多。这是因为，由于集成运放中的放大级晶体管的结电容和电路分布电容等的影响，使运放的输出电压不能随输入信号的变化而立即变化，当输入信号正、负向跳变时，其输出电压只能以一定的速率变化（即运算放大器的"压摆率"或"摆动速率"SR，单位为 V/μs，通常取正、负向中的最低者）。当输入正弦信号的频率不断增高时，运放的输出波形受 SR 指标的限制，最终必然产生波形失真。而且，在不同频率下，输出正弦波幅度越大，其波形过零时的速率也就越大，这个变化速率若超过元器件的 SR 指标（如 μA741 的 SR 典型值仅为 0.5 V/μs），必将导致输出波形失真，并最终变成正向和负向不一定对称的三角波。所以，对同一信号频率，即使在输出幅度小时未发生波形失真，当信号增大、输出幅度增大时，仍可能出现波形失真，所以，对设计电路更为重要的带宽指标应该是"全功率带宽"，即指当运放输出幅度达到最大峰—峰值（例如 $U_{OPP}=20\text{ V}$）时，正弦信号的不失真工作带宽，这个值一般要比小信号带宽低数十倍。除此之外，当信号频率增高时，不仅运放的开环增益要减小，其共模抑制比、电源抑制比、输入电阻还要降低，而输出电阻将变大。这些，对放大器的工作精度都是不利的。因此，在设计交流放大器，尤其是在放大高频信号时，一定要注意这个指标，并选用合适的运放才能还到满意的效果。

4.4　电源滤波器

电源滤波器是应对电快速瞬变脉冲群 EFT 干扰、传导发射 CE 超标、传导抗扰 CS 的关键组件。其指标有多个，常见的滤波元器件选型问题是"拉郎配"，逐个尝试，哪个滤波器好用，能让产品通过标准，正式产品定型时就选择该型号滤波器。至于其指标会不会在临界值（如果在临界值，稍有异常就可能出现滤波不足从而导致超标，如元器件参数一致性差导致的组件批次质量一致性差），会不会出现余量过大的情况而浪费成本，且部分功能实际并没必要等问题，就很少做到了然于胸了。作为定量化电路设计的理念，设计中的每一点都应该是确定的，余量的具体值是多少，风险发生的概率有多大，都应该是被设计师准确量化掌握的。

滤波器的参数指标如下。

1）电压

作为模块选型，对于交流滤波器，工作电压值应按照交流标称电压的有效值与交流波动的最大值之和来确定；交流滤波器内部，元器件的耐压值，尤其是共模电容和差模电容的耐压值，均是按照交流电压的峰值与交流波动的最大值之和来确定的。

而对于直流滤波器的模块选型，则按照直流电压标称值与直流波动的最大值之和来确定；模块内部，元器件的耐压值也是按照这个值来确定的。

因此，交流滤波器与直流滤波器的互换要慎重。如果将 220 V 的直流滤波器用于交流滤波场合，则滤波器内部的电容耐压则会超标从而导致损毁。而将交流滤波器用于直流滤波则没有这个问题。

2）电流

滤波器的电流指标很关键，它是由滤波器内部的电感绕组铜线耐电流值和引出线的耐电流值决定的。如果滤波器的电流比实际电流小了，电感上的细导线上流过大电流，如小马拉大车，会引起发热甚至烧毁。因此，滤波器的电流值必须大于滤波器工作中的最大电流值。

3）插入损耗

滤波器的插损指标单位是 dB，但这个指标后面有两个隐含的约束条件，一是频率，二是阻抗。如 20 dB@200 kHz，这个是很容易查到的，但另外一个就是默认的行规了，在厂家的产品手册里并不一定给出，那就是 20 dB@200 kHz 这个指标是在滤波器的前端电源的输出阻抗 R_o=50 Ω，滤波器输出端所接负载的输入阻抗 R_i=50 Ω 的情况下测得的。实际应用中，几乎可以肯定的是，滤波器的输入端设备源阻抗与输出端所接负载的输入阻抗不会是50 Ω。由此在实际应用中，20 dB 的滤波效果是会打折扣的。所以一般工程上推荐滤波器选型时，插损指标宜留出 20 dB 的余量。

如当设备传导测试在某频点 f_0 上超标 5 dB 时，滤波器宜选择 25 dB@ f_0，这其中多出来的20 dB，就是为实际使用中预留的余量，因为源阻抗和负载阻抗不是 50 Ω 的时候会带来滤波器插损特性的打折，只要这个打折没超过 20 dB 的预留，此款滤波器滤除 5 dB 的干扰是绰绰有余的。

滤波器组件厂商给出的插损指标通常是表格或插损曲线图（见图 4-31 某型号滤波器的共模插损图）。选型之前须先知道传导超标的频点 f、超标的 x dB 数，然后拿到滤波器的数据手册，查阅该频点时的插损应≥20+x。

表 4-18

频率/MHz	0.01	0.03	0.05	0.07	0.1	0.3	0.5
共模插损/dB	3.96	32.78	49.85	59.53	70.29	78.87	78.87
频率/MHz	0.7	1	3	5	7	10	30
共模插损/dB	78.87	78.87	78.87	78.87	78.87	78.64	38.76

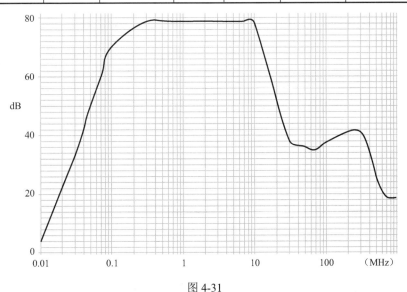

图 4-31

另外，插损分为共模插损和差模插损，超标频率点偏高（$f > 10\text{MHz}$）的时候，以共模插损为主，此频点下的滤波器有效插损指标应为共模插损；而超标频率较低时（$f < 1\text{MHz}$），一般为差模插损，在中间频段（$1\text{MHz} < f < 10\text{MHz}$）时，差模插损和共模插损都需要关注。

不过，在任何频段时，共模插损和差模插损都是同时存在的，只不过在不同频段时，作为主要矛盾表现出来的干扰形式有所侧重而已。如果条件允许的话，任意超标的频点的插损选择共模插损和差模插损兼顾都留足余量，效果是最佳的。如果实在难以兼顾，则抓主要矛盾选择也是可以的。

4）安规标准要求

不必奇怪，事物本来就是普遍联系的。一个电子系统，热设计、腐蚀、强度、电磁兼容、安规要求，多个技术要求之间本来就会相互影响，甚至会出现夹缝中求生存的设计方案。

这里要探讨的滤波器与安规的矛盾问题，对于 I 类安规设备（有 PE 保护接地的），滤波器的通用电路如图 4-32 所示，其中，

- C_1、C_2、C_4、C_5 为共模电容，用于共模干扰滤除泄放到 PE 大地（如 EFT 干扰就以共模干扰为主）；
- L_3 为共模电感，用于吸收共模干扰的能量，将共模干扰电流转变为电感磁环中的闭合磁场，通过磁性材料的磁滞效应，实现将脉动共模电能量削峰填谷的方式抑制掉；
- C_3、C_6 为差模电容，专门滤除差模干扰，抑制 L、N 之间的电压变动；
- L_4、L_5 为差模电感，用于利用磁环的磁滞效应对差模干扰削峰填谷；
- R_5 是泄放电阻。电源断开后，滤波器里的电容和电路中电容储存的电荷如果不能在短时间内泄放掉，人手一旦摸到电源插口的插针，就会有发生对人体放电的危险，安规里的评价指标为剩余电压和剩余能量。但为于滤波的效果，电容又不能不用，因此需要加入一个高阻值电阻（一般用 1 M，1/4 W 直插电阻），滤波工作时电阻上的电流很小，基本可以忽略，但能在短时间内把储能电荷泄放掉就足够了。

交流电源滤波器

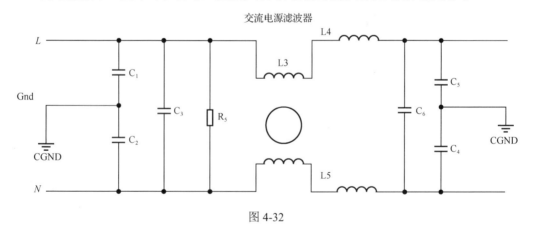

图 4-32

因为滤波器一般用在电源输入端和板卡的接口处，这些部位都是安规问题的重灾区。与滤波器有关的安规重点是三个指标：绝缘耐压、漏电流、剩余电压剩余能量。

绝缘耐压测试的是 L、N 与保护大地 PE 之间的绝缘强度，考验的是共模 Y 电容（C_1、C_2、C_4、C_5）的耐压值，Y 电容大了，漏电流就会大，容易导致安规要求上的漏电流超标。医疗器械产品对安全很看重，漏电流指标要求比较严格，因此医疗设备专用滤波器大都采用了输入端无 Y 电容的设计。即使个别场合不得不采用共模 Y 电容，也会尽量采用低容值、低漏电流安规电容。

安规测试时，漏电流的大小和施加的绝缘耐压是正相关的，同一个滤波器，应用于不同的行业，对测试电压的要求不同，对漏电流的要求也会有所区别。例如 1500V 时漏电流为 3 mA，当测试漏电流限值要求为 2 mA 时，则此滤波器是不合格的；当测试漏电流限制要求为 5 mA 时，此滤波器就是合格的了。

5）安装工艺规范

滤波器的安装措施细节会影响到滤波器的工作效果。具体体现在滤波器的安装位置、接地的方法两个方面。滤波器安装位置要求靠近机箱的输入或输出端，如果滤波器不安装在输入/输出口的位置，电源线从机箱入口到滤波器的连接线上的高频干扰辐射出来会影响到其他电路；

滤波器的输入线、输出线不得紧挨着并行走线，不得靠近其他信号和电源走线，以免相互串扰。

电源滤波器的壳体一般都是金属壳体，接地要求必须采取"面"接地而不是"线"接地或"点"接地。面接地的意思是须保证整个面与地接触良好，不能仅靠固定引脚的螺丝或上面引出的接地导线来接地，导线接地的引线电感量大，高频接地阻抗偏高会导致高频接地不良，滤波器外壳上的高频干扰泄放不畅；地线不干净，其他线缆上的干扰对地泄放自然也会很差。

6）滤波器的 Q 值

Q 值对实际滤波效果影响不大，但 Q 值代表的是损耗／输入功率，Q 值越高，说明损耗越大，意指会有部分能量在滤波器的电感上被损耗掉。在一般的低功率电源滤波器和信号滤波器上，此问题不会太突出。但在较大功率的滤波器上，这个损耗不可小视，一是会引起发热，发热后的电容会引起较大的负面影响，漏电流、耐压、容值等都会随温度的变化而变化；二是耗电量大会导致无谓的电损失。

了解了以上的参数指标之后，下一步研究滤波器如何选型。首先确定超标频点 f，然后测试确定超标频点的强度（分贝数）。滤波器在超标频点的插入损耗必须大于该频点超标的分贝数，因为滤波器测试得出的插损是在 50 Ω 的标准负载下测得的，实际电路中，滤波器的前端输入电路阻抗匹配的不可能也是 50 Ω，因此插损的指标在使用时会打些折扣。所以选型时要留出余量（推荐留出 20 dB 余量）。

如某低频无极灯产品，整流器开关频率 213 kHz，此频率是干扰的基频，其他干扰频率基本都是此频点的高次谐波，频谱图如图 4-33 所示。画黑圈的是两个主要的超标频点，最左侧的点是 213 kHz，超标约 7 dB，右面一个是它的高次谐波，可以不必理它，213 K 滤掉了，那个也就跟着消除了。因此，选择一款共模插损 $IL_{DM} \geqslant 27$ dB@213 kHz 的滤波器（1 MHz 以下的频段，以差模干扰为主，因此这里只关注差模插损）。

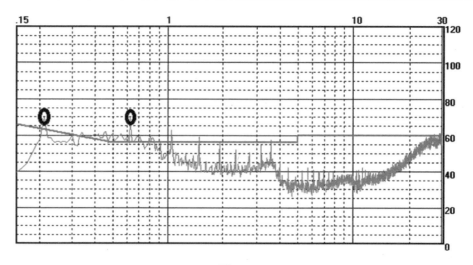

图 4-33

4.5　传　感　器

　　传感器的种类有很多，参数指标之间差异也很大，但有一个指标是所有传感器使用者都要用到的，那就是输出阻抗。因为传感器的输出一般都会接入一个放大电路，而放大电路都会有输入阻抗，前级传感器的输出阻抗和后级输入阻抗如果匹配不佳的话，则会带来固有的原理性误差，这部分误差是通过元器件选型时提高精度补偿不了的。因此，必须从原理设计上解决。

　　图 4-34 中画出了某流量传感器的内部结构图，非电量的流量指标输入传感器，通过传感器自身的原理转换转变成参数电压 U，任何电路都会有输出阻抗 R_o，然后参数电压 U 经过输出阻抗输出到外部为电压 V，当传感器后面悬空开路，什么电路都不接时，R_o 上没有电流流过，因此 R_o 两端没有压降，则此时 $V=U$，输出电压可以真实地反映输入流量的大小。

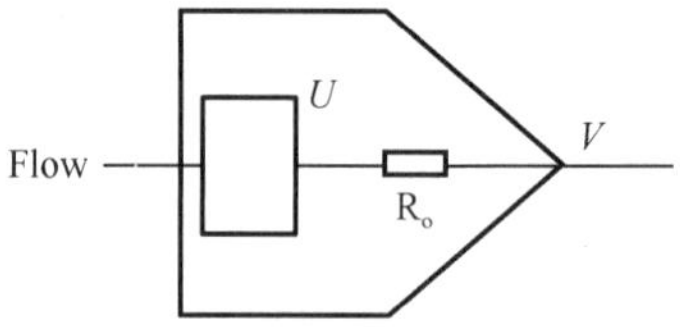

图 4-34

　　当将传感器接入电路时，如图 4-35 所示，按照理论的理想情况，传感器输出的电压 U 输入到放大电路，经过 R_3、R_4 分压，则在 A 点得到的预期信号电平为 $U \times \dfrac{R_4}{R_3 + R_4} = U \times \dfrac{50\text{ k}\Omega}{100\text{ k}\Omega + 50\text{ k}\Omega} = \dfrac{1}{3}U$。此信号电平为无误差的理想信号电压值。

　　但是，实际工作中，传感器会输出电流 i 对放大电路的输入端，R_o 上有电流流过，会产生压降，大小为 $i \times R_o$。则实际放大电路输入点的电压信号值为 $V = U - i \times R_o$，A 点的实际电平则为 $\dfrac{V}{3}$。

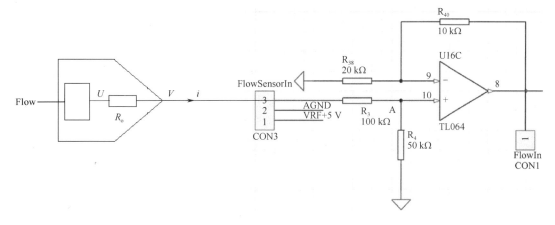

图 4-35

如果系统设计目标要求 A 点的电压误差不超过±1%，则须有

$$99\% < \frac{\text{实际电压}}{\text{理想电压}} = \frac{V/3}{U/3} = \frac{V}{U} < 101\%$$

因为 $V<U$，所以 $\frac{V}{U}<101\%$ 恒成立，不必再进行计算。只计算 $99\% < \frac{V}{U}$ 即可。

$$\frac{V}{U} = \frac{U - i \times R_o}{U}$$

将 $i = \frac{U}{R_o + R_3 + R_4}$ 代入上式，则

$$\frac{V}{U} = \frac{U - i \times R_o}{U} = \frac{U - \dfrac{U}{R_o + R_3 + R_4} \times R_o}{U} = \frac{R_3 + R_4}{R_o + R_3 + R_4} > 99\%$$

$$R_3 + R_4 > 99 \times R_o$$

$$99 \times R_o < 150\text{ k}$$

$$R_o < \frac{150\text{ k}}{99} = 1.515\text{ k}\Omega$$

由计算得出，如果传感器的输出阻抗不小于 1.515kΩ 的话，则传感器与放大电路的匹配结果，会导致 R_o 上的分压超出 1%的误差。但是在无从得知传感器的输出阻抗值时，可以通过实测的方式估算得出 R_o 的数值。实测估算方式如图 4-36 所示。

先给传感器输入一个流量 Flow，传感器开路下测试输出电压为 $V=U$，然后将输出接上一电位器 R，再测输出电压 V，调节电位器 R，直到 $V = 0.9U$，此时，R 上的分压为 0.9U，R_o 上的分压为 0.1U，则

$$\frac{0.9U}{0.1U} = \frac{R}{R_o}$$

将 R 拆下，测量其组织，根据上式可得出

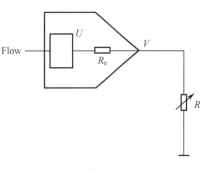

图 4-36

$$R_{\mathrm{o}} = \frac{R}{9}$$

4.6 LDO 电源模块

表 4-19 所示为某厂家 7805 的参数指标，工作低温下限-30℃。

表 4-19

热耗（T_{c}=25℃）	P_{D}	20	W
结温	T_{j}	150	℃
热阻	$R_{\mathrm{th}}\,(j\text{-}c)$	6.25	℃/W

根据表 4-19 所示的数据，可以推导出如图 4-37 所示的波形（某厂家电压调整元器件 7805 负荷特性曲线）。

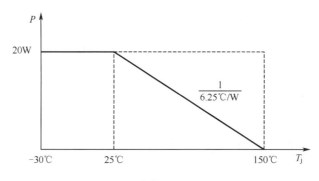

图 4-37

其中，斜率为热阻的倒数，从 25℃开始，随着壳温的上升，7805 元器件的热耗应按照 $\dfrac{1}{6.25\,℃/W}$ 的幅度递减。按照计算，当达到 T_{jmax}=150℃时，该元器件的热耗应为 0，才可以保证 7805 不会因为过热而损坏。因此在此元器件的应用场合，整机测试的时候，需要测试 7805 的壳温 T_{c}，根据壳温 T_{c}、热阻 R_{j} 和实测 7805 自身的热损耗 P，用公式（4.8）推导出实际结温 T_{j}，在图 4-37 中找出（T_{j}，P）的工作点，检查该点是否在负荷特性曲线范围内，如果超出该范围，则元器件应用的热设计上存在致命的问题。

$$R_{\mathrm{jc}} = \frac{(T_{\mathrm{j}} - T_{\mathrm{c}})}{P} \qquad (4.8)$$

除了负荷特性曲线，再加上降额的考虑，得出功率-温度负荷特性曲线降额计算示例如图 4-38 所示。

图 4-38 中的 3 个关键点是曲线 A、B 平行，斜率是由元器件的热阻决定的，属于固有参数，不会随着工作状态的改变而改变；

功率的降额系数和结温的降额系数查阅标准《GJB/Z 35 元器件降额准则》；

B 段曲线的转折点由解析几何的方法计算得出。

这个计算方法不仅仅适用于电阻、电压调整元器件，还适用于所有电子元器件的负荷特性与降额的综合量化评估。

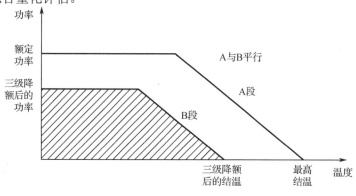

图 4-38

4.7　功率开关管

4.7.1　功率开关管失效机理

功率开关管的种类有很多，常用的有 MOSFET、IGBT 等，无论其制作工艺、材质、适用范围有什么不同，其工作原理基本是一致的，无非就是通过弱电电压信号的控制，实现电流方波脉冲的输出。是开关功率控制中较容易损伤的元器件之一。

开关功率管的损伤较常见的有两种，热损伤、高压击穿。热损伤的症状为炭化、外壳熔化、焦痕、裂纹、轻微变色、有焦糊味等。这些现象都是显性的，容易识别，采用望、闻、切的方式即可定性。

高压击穿症状为外观无明显损伤痕迹，也无焦糊异味，但测试 GD、GS、DS 三路（MOSFET），均表现为小电阻特征。对于 IGBT 则为 GC、GE、CE 三路。无损坏的元器件如图 4-39 所示，按照其制作工艺和原理，G 级为绝缘栅结构，GD 路、GS 路应断开，DS 路应为 PN 结特性，但是损坏后的特性则变为电阻特性（图 4-40、图 4-41、图 4-42）。

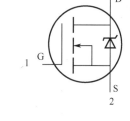

图 4-39

图 4-40、图 4-41、图 4-42 所示的是功率开关管的良品与故障元器件的 IU 曲线对比，图中所有曲线横轴均为电流，纵轴均为电压。

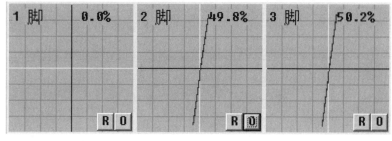

图 4-40

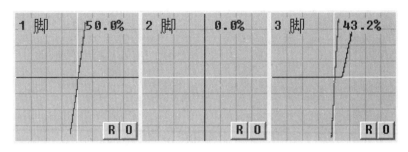

图 4-41

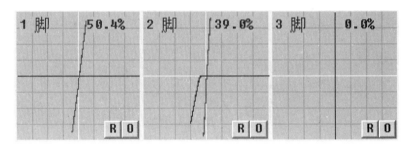

图 4-42

图 4-40 是以 G 级 pin 为基准，测量 GD、GS 之间的 *IU* 特性，图中的 2 脚—1 脚的良品曲线与横轴重合，但故障元器件则表现为一条斜线；3 脚—1 脚特性同理。

图 4-41 是以 S 脚为基准，测量 GS、DS 之间的 *IU* 特性，图中编号为 3 脚的曲线为 pin2-pin3 的 *IU* 曲线对比图，良品的曲线表现为 PN 结的典型特征，在两端的电压达到 1V 以下的某个电压时，电流快速增大。而故障元器件则表现为一条斜线，电压与电流呈线性比例关系，而且斜率较高，为典型的小电阻特性。

图 4-42 与图 4-41 同理，唯一不同的是基准参考引脚变成了 D 引脚。因此，图中编号为 2 脚的良品元器件 *IU* 曲线的 PN 结特性与 B 图 3 脚反向。

IU 曲线的测试方法是一种无损探伤的有效手段，它通过两只元器件的对比测试，一只良品、一只故障品，通过相对应引脚的 *IU* 曲线对比，不能重合的则可判定为故障品的引脚有质量偏差或损坏。可很方便简单地定位到故障引脚，并能定性确认故障引脚损坏的程度，再通过一些分析经验即可确定出其损伤应力和失效机理，从而推导出设计的防护措施（但因属于元器件失效分析的内容，若需进一步了解，可联系本书作者进行探讨交流）。

4.7.2 功率开关管防护设计

本节专门分析导致 MOSFET、IGBT 类开关功率元器件损坏的原理设计，并由基本机理给出改善的技术措施。

按照本书第 2 章 2.2.8 小节的讲述，功率开关元器件的降额跟负载特性有关。不同的负载类型，降额的参数和降额因子是不同的。

当开关管控制的是感性负载时（图 4-43a），因为感性的特点是抑制电流的突变，抑制的方式是反向电动势。所以开关管上不会有突变的冲击电流，但是反向电动势会产生尖峰电压，而这正是高压击穿的来源。因此，感性负载需特意关注U_{DS}指标，并做较大幅度的降额，甚至要做专门的钳位和阻容吸收，而I_D就不会成为主要矛盾，可以降额幅度小。

而当开关管控制的是容性负载时（图 4-43b），电池是典型的容性负载。因为容性的特点是抑制电压的突变，但会产生瞬间的充电电流。所以开关管上不会有突变的电压，但是会产生较大的尖峰电流，而这正是电流损伤的来源。因此，容性负载需特意关注I_D指标，并做较大幅度的降额；U_{DS}就可以小幅度降额。

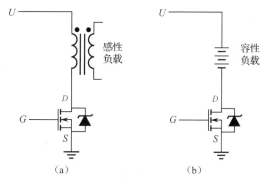

图 4-43

开关方式控制容性负载不太常用，所以此处不赘述。但 PWM 控制感性负载的应用相当广泛，因此下面针对感性负载（以 DCDC 开关电源为例）的开关功率控制重点展开。

MOSFET 开关管的栅极控制信号分成四部分（见图 4-44），T_r 为开关导通控制的上升沿时间、T_{on} 为开关管导通时间、T_s 为开关关断控制的下降沿时间、T_{off} 为开关关断时间。

在T_r时，DS 端瞬间导通，会有一个较大的电流流经开关变压器的源边线圈，电感有抑制电流突变的能力，抑制的方式是产生反向电动势$V = L\dfrac{\mathrm{d}I}{\mathrm{d}t} = L\dfrac{I_R}{T_r}$，而且上正下负，则此时，

$$U_{DS} = U - V = U - L\frac{I_R}{T_r} \qquad (4.9)$$

由公式（4.9）可以看出，此种情况下，$U_{DS} < U$，只要选型时确保$U_{DS} > U$，则 MOSFET 就肯定不会被电压击穿。防护电路在这种状态下没有实际意义。

随后，进入T_{on}阶段，开关管持续导通，此时的导通电流I_R应小于开关管允许的额定电流I_D，开关管参数选型时保证这一点即可。

然后就进入了T_s阶段，开关管关断，电感一旦检测到有电流减小的趋势，就会条件反射式地发生反应，阻碍电流的减小，减小的方式是将电感中储存的能量以电流的形式释放出去，来补充减小部分的电流，此时的电感放电，并且产生反向电动势$V = L\dfrac{\mathrm{d}I}{\mathrm{d}t} = L\dfrac{I_R}{T_s}$，与上升沿不同的是，此刻的反向电动势下正上负，则

$$U_{DS} = U + V = U + L\frac{I_R}{T_s} \qquad (4.10)$$

T_s 的大小是由 G 极的控制信号决定的，一般都很短（ns 级或 μs 级），计算出来的$U + L\dfrac{I_R}{T_s}$一般会有一个较大的尖峰电压，这个电压一旦超出开关管的U_{DS}最大值，则有击穿开关管的风险。这种情况，单纯地对U_{DS}指标降额，会大大增加成本，而且仅仅是一瞬间的状况，性价比较差。因此，通用电路常用钳位电路（见图 4-45）或阻容吸收回路（见图 4-46）的方式解决。

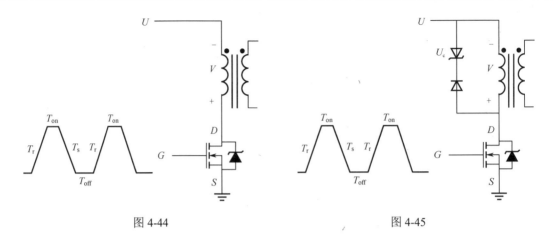

图 4-44   图 4-45

在图 4-45 中，选定了钳位稳压管，再串入整流二极管，整流二极管的连接方式如图。在 T_r 时，图 4-45 中电感上的反向电动势，输入端为正，输出端为负，整流二极管的反向接法，此钳位同路视同断路。在 T_s 时，下正上负，一旦反向电动势 $V = L\dfrac{I_R}{T_s} > U_C$（稳压管钳位电压），则稳压管导通，将电感两端的电压钳位在 U_C，此时，$U_{DS} > U + U_C$ 则可保证开关管免受高压击穿。

也可以采用阻容吸收回路的做法，将 RC 的串联电路与 DS 并联（见图 4-46）。因为电容抑制电压的突变，在 T_s 时，DS 通路断开了，V 的尖峰将会施加到 RC 上来，尖峰电压通过 R 对 C 充电，可以将尖峰电压吸收，从而减轻尖峰电压对 DS 两端的潜在损伤。那么 RC 的选值如何确定，如果参数选择不对，RC 的吸收作用将打折扣，DS 的损伤仍然是难以避免的。

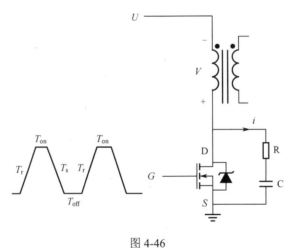

图 4-46

最需要吸收的是 T_s 时的尖峰电压，此时电压 $U_{DS} = U + V = U + L\dfrac{I_R}{T_s}$，也可以通过电路实测观察波形得到。则此时，电容上没有电荷，近似于通过电阻给电容短路充电，通过 RC 通路的电流为

$$i = \frac{U_{DS}}{R} = \frac{U + L\dfrac{I_R}{T_s}}{R}$$

但电流是从电感线圈流过来的，而线圈的最大电流为 I_R，因此必须保证 $i < I_R$，由此可以求出

$$R > \frac{U + L\dfrac{I_R}{T_s}}{I_R} = \frac{U}{I_R} + \frac{L}{T_s} \tag{4.11}$$

电阻确定了之后，下一步是电容的参数。C 在 T_s 与 T_{off} 阶段充满了电荷，如果不能被及时泄放掉，则在下一周期的 T_s 来临时，不能再继续充电，则对尖峰电压的吸收作用就没有了，因此必须要能在下一个 T_s 到来之前充分放电。在整个周期中，能让电容放电的时间只有 T_{on} 阶段，此时 DS 导通，电容通过 R-DS 放电，因此 T_{on} 必须有足够的时间给电容放电，放电时间

$$T_{on} > 3RC$$

3RC 时间的选取依据本书第 3 章 3.2.3 小节中的讲述。

则电容的取值为

$$C < \frac{T_{on}}{3R}$$

不过，这些防护设计并不是完美的，能量总是守恒的，尖峰的能量没有施加到开关管上，但他们并没有消失，而是转嫁到了整流管稳压管或电阻电容上，因此稳压管整流管的热设计需要加强，阻容吸收通路的电阻应选择功率型电阻，以免烧毁。

由以上可以看出，高压主要是由 $L\dfrac{\mathrm{d}I}{\mathrm{d}t}$ 产生的，L 的电感值和 $\mathrm{d}I$ 的变化范围均影响到了变压器的设计，牵一发而动全身，涉及的内容较多，一般不太方便调整。不过 $\mathrm{d}t$ 的调整是比较方便的。将 $\mathrm{d}t$ 变大，$L\dfrac{\mathrm{d}I}{\mathrm{d}t}$ 则可以变得较小，$\mathrm{d}t$ 变大的方式是将 T_r、T_s 变得较为平缓，这在栅极的控制信号端通过串入小电阻（或磁珠）、或栅极-源极间跨接小电容均是比较容易实现的。但是，也有另一个负面问题，上升沿、下降沿变平缓了，$\int_0^{T_r} U_{DS}(t) \times I_D(t)\,\mathrm{d}t$ 与 $\int_0^{T_s} U_{DS}(t) \times I_D(t)\,\mathrm{d}t$ 构成了开关管的开关损耗，开关损耗变大，与开关管的导通损耗 $I_{Don}{}^2 \times R_{on}{}^2 \times T_{on}$ 一起发热（R_{on} 是开关管的导通阻抗），会导致开关管壳温、结温升高，又容易导致开关管的烧毁。

因此，开关功率管的控制，需要在高压击穿、热损伤之间取得一个折中的平衡。设计永远是妥协与权衡的艺术，在此处得到了充分的体现。

4.8　软 件 计 算

除此外，人眼还有个关于分辨率的问题，看大的户外 LED 显示屏时，从远处看，图像清晰，整体效果好；从离近看，则屏幕发花，图像的美感荡然无存。这个现象的原因就是人眼的分辨率所致。人眼有一个最小分辨角，如图 4-47 所示。在图中，人眼睛的最小分辨角

度为 1.5′（即 0.025°），换算成弧度为 θ=0.000436，人眼睛到被视像素点的距离为 R，因此，AB 段的圆弧长度（人眼睛所能分辨的最小间距）则为 $\theta \times R$=0.000436$\times R$，意指 AB 之间间距小于 $\theta \times R$ 时，人眼睛在 R 的距离看像素时，会分辨不出独立的像素，看起来图像是细腻而连续的，反之，图像则会显得粗糙。

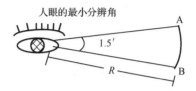

图 4-47　人眼最小分辨角示意图

第 5 章

电子产品统计过程控制（SPC）

统计过程控制（Statistical Process Control，SPC）。它是指应用统计分析技术对产品的生产过程进行实时监控，通过过程质量数据的记录和分析，科学地区分出生产过程中产品质量的随机波动与异常波动，从而对生产过程的异常趋势提出预警，以便及时采取措施，消除引起异常的因素，恢复过程的稳定，从而达到提高和控制质量的目的。这是电子产品批量生产过程质量分析的一个有效手段，它可以消除过程影响质量的要素，使制造可靠性尽可能地逼近于设计可靠性。

在生产过程中，产品元器件的参数波动是不可避免的。它是由人、机器、材料、方法、生产厂家、采购渠道、环境条件等基本因素的波动影响所导致的。波动分为两种：正常波动和异常波动。

正常波动是由随机偶然性原因（不可避免因素）造成的，它对产品质量影响较小，在技术上难以消除，在经济上也不值得消除。当过程仅受随机因素影响时，过程处于统计控制状态（简称受控状态）；当过程受控时，过程特性一般服从稳定的随机分布。

异常波动是由系统原因（异常因素）造成的。它对产品质量影响很大，但能够采取措施避免和消除。过程控制的目的就是消除、避免异常波动，使过程处于正常波动状态。当过程中存在系统因素的影响时，过程处于统计失控状态（简称失控状态）。由于过程波动具有统计规律性，而失控时，过程分布将会发生改变。

SPC 强调全过程监控、全系统参与，并且强调用科学的方法（主要是统计技术）来保证全过程的预防。它是概率论与数理统计知识在电子产品开发与生产单位的应用，可实现

- 对过程做出可靠的评估；
- 确定过程的统计控制界限，判断过程是否失控以及生产过程是否有能力保证产品质量的一致性；
- 为过程提供一个早期报警系统，及时监控过程的情况以防止废品的发生；
- 减少对常规检验的依赖，定时观察并用系统的测量代替大量的检测和验证工作。

实施 SPC 分为分析阶段和监控阶段。在这两个阶段所使用的控制图分别为分析用控制图和控制用控制图。

分析阶段的工作是生产准备—收集数据—计算控制界限—做控制图或过程能力分析—确认是否处于统计稳态—如不是统计稳态则寻找原因并改进—改进完成—继续收集数据，重复这个过程，直到过程进入统计稳态为止，分析阶段才结束。

监控阶段的工作是使用控制用控制图进行监控。此时控制图的控制界限已经根据分析阶段的结果而确定，生产过程的数据及时绘制到控制图上，并密切观察控制图，控制图中点的波动情况可以显示出过程受控或失控，如果发现失控，必须马上寻找原因并消除其影响。

控制图的种类又分为计量型、计数型，计量型控制图针对测量对象为量化波动的数据，如定量测量温度的波动范围，90±5℃之内的波动数据；计数型控制图指的是测量控制参数仅有判定合格和不合格状态，而不是波动的具体数值。

计量型数据分析工具常见的是直方图和控制图。其基本控制图有：均值-标准差图（$\bar{X}-s$）、中位数-极差图（$\tilde{X}-R$）、单值-移动极差图（$X-R_S$）等。

计数型数据分析工具常见的是排列图和控制图。其基本控制图有：不合格品率（p）控制图、不合格品数（np）控制图、单位不合格数（u）控制图、不合格数（c）控制图等。

控制图的选择见表 5-1。

表 5-1

数据		分布	控制图	用途
计量值		正态分布	均值-标准差图（$\bar{X}-s$）	样本量 $n \geq 10$ 或 $2 \leq n \leq 10$ 计算量较大时采用
			中位数-极差图（$\tilde{X}-R$）	计算机普及之前常用，逐渐减少
			单值-移动极差（$X-R_S$）	样本量 $n=1$，多用于测量费用很大（如破坏实验）或输出性质比较一致时采用
计数值	计件值	二项分布	均值-极差图（$\bar{X}-R$）	样本量 $2 \leq n \leq 10$ 时采用
			不合格品率（p）控制图	样本容量不相等时采用，计算量大，控制线凹凸不平
			不合格品数（np）控制图	样本容量相等时采用，计算简单，容易理解
	计点值	泊松分布	单位不合格数（u）控制图	样本容量不相等时采用
			不合格数（c）控制图	样本容量相等时采用

附注说明：

（1）计件值指按件计数的数据，如不合格数。

（2）计点值指按缺陷点计数的数据，如显示屏上的斑点个数。

（3）判定加工过程是否稳定，需同时满足两个条件，即

● 代表数据的点应全部在控制限内；

● 控制限内的点波动应符合统计规律。

控制图可以帮助比较两类产品或不同操作者生产产品质量的优劣，不仅可以比较质量的平均水平（$\bar{X}$ 图）和质量的稳定性（R 图）；也可以比较产品的废品或不合格率的高低（c 图和 p 图）。一般来说，对于 $\bar{X}-R$ 图来说，点越靠近中心线，说明质量越稳定，对于 c 图和 p 图来说，c 和 p 则越低越好，但评定时要注意以下 4 点。

（1）$\bar{X}$ 图和 R 图如过于集中，超出了目标设定值，说明加工精度和加工成本提高，也是没必要的，从分布规律来看，这也是一种异常。

（2）c 和 p 超过下限当然好，但从统计观点来讲，同样是"不正常"的一种表现，不过这种不正常是一种好的现象。比如异常的"干扰"——操作技术或工艺方法得到了改进，使原来的分布发生了改变。在这种情况下，也应分析原因，并重新设计一个符合实际的控制图，并推广其改进措施。

（3）分析质量不稳定的原因。

当控制图中的点超过控制界限或点分布不正常时，依据专业知识和过程特点，在过程中都能找到一种或数种与之对应的原因（条件因素），将这些情况加以完善，对电子产品的质量提升是有益的。

比如一批测控板卡，当 $\bar{X}$ 超出了控制线，而 R 在控制线以内时，则可能是元器件的批次一致性还不错，但是换生产厂家了。

如果是多个人同时加工一批电路板，多张控制图中的点都有共同的起伏。这说明一定有共同的条件因素（环境条件或其他条件）在起作用，从而可排除设备或操作不当等因素。比如五名工人同时焊接（自动焊）一批零件，在某段时间内质量都普遍下降，此时就只检查质量下降这一时间段内有哪些共同因素的改变，如被焊零件有无问题、焊料是否变质、厂房湿度甚至包装材料是否有问题、光线是否合适等。

（4）根据点的移动趋向，预防不合格品。

控制图上的点有定向而缓慢的趋向时，一般都有条件因素的作用。这种趋向直观观察是很难发现的。如不作控制图，等生产过程持续了一段时间后才会严重到板卡不合格，会产生不少废品或临界超标值的产品。

5.1　选点及数据采集

5.1.1　选点

开展 SPC 工作的过程控制点，也并不是每一个都需要做，工作量太大反而不利于此项工作的推行，推荐选择针对关键件的重要件（如电源模块）、需要质量改进或整改的元器件部件（如传感器电路）、容易产生批量事故的工序（如老化筛选）、对过程影响很大的工序（如补焊）进行。

5.1.2　数据采集

数据的采集必须是同一个人操作、用同一台工具设备加工或测量取得的数据；必须是相同的生产工艺、相同厂家的元器件材料、相同的环境、相同的测量工具和测量方法。即"人、机、料、法、环、测"中没有任何一方面改变，这样的数据才具有充分的分析价值。否则，如上因素的改变都可能引起直方图的变异。

数据采集频率根据具体情况而定，要求随机地抽取采集数据，但采集的数据又要有规律性，如：每天生产了 1000 套板卡，从中随机抽取 20 块，抽取哪些板卡是随机的，但数量和采集的数据又是有规律的。

5.2 控制图的制作

5.2.1 直方图的制作

直方图，全称频率直方图。由一系列宽度相等、高度不等的长方形表示数据的图。长方形的宽度表示数据范围的间隔，高度表示给定间隔内的数据数。

直方图是从总体中随机抽取样本，将从样本中获得的数据进行整理，从而找出数据变化的规律，以便预测工序质量的好坏等。步骤如下。

（1）采集数据（可以把前面采集的数据作为直方图制作的数据）；

（2）找出数据中的最大值 X_{max} 和最小值 X_{min}；

（3）算出极差 $R = X_{max} - X_{min}$；

（4）选取组数 k，可参考表 5-2。

表 5-2

数据总个数 n	组数 k
$n<50$	5～7
$50 \leqslant n<100$	6～10
$100 \leqslant n<250$	7～12
$n \geqslant 250$	10～20

（5）确定组距：$h = R/k$（推荐组距取最小测量单位的整数倍，便于分组）；

（6）确定各组的组界：

第一组下限值=X_{min}-最小测量单位的 1/2

第一组上限值=第一组下限值+h

第二组下限值=第一组上限值+h

……

（7）从收集的数据中查找落在各组的频数；

（8）根据组和频数作直方图（例子看直方图模板）；

在电子产品质量控制中，常见到的几种直方图形态和成因分析如（见表 5-3）。

表 5-3

序号	图形	名称	分析
1	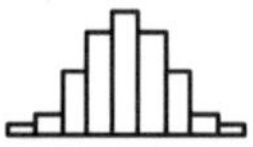	标准型	中部有一顶峰，左右两边逐渐降低，近似对称，类似正态分布。说明工序运行正常，处于稳定状态。
2	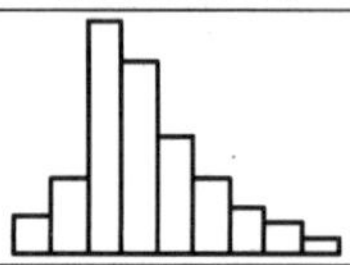	偏向型	元器件选型参数未经过严密的工程计算，应从设计改进上进行。

续表

序号	图形	名称	分析
3	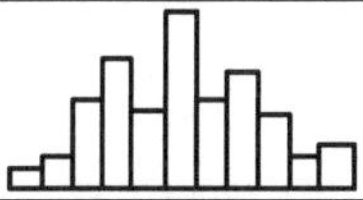	锯齿型	像锯齿一样不平，可能是由分组不当（如分组过多）或检测数据不准确造成的，应查明原因，重新进行作图分析。
4	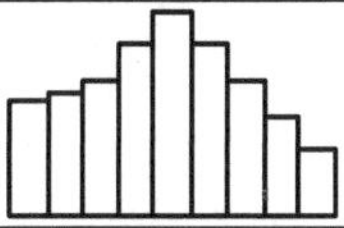	平顶型	直方图没有突出的顶峰，接近于随机分布但又不是顶部为平的随机分布，这主要是由生产过程中有缓慢变化的因素影响而造成的。
5	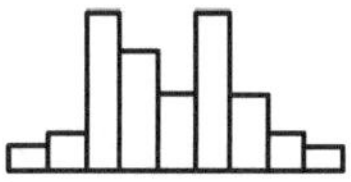	双峰型	直方图出现两个双峰，是由于数据来源不同，如把两个操作者、两批原材料、不同的操作方法或两台加工设备生产的产品混在一起造成的。
6	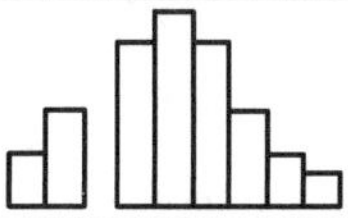	孤岛型	在直方图的左边或右边出现孤立的长方形。这是由于测量有误（或测量工具有误差），或是原材料一时的变化、不熟练工人替岗、操作疏忽或混入了规范不同的产品等造成。

当直方图的形状成正常形态时，虽然表明此刻工序处于稳定状态，但仍可能存在其他的隐患问题，需要将直方图同规范界限（公差）进行比较，以分析工序满足公差的程度。常见的典型状况见表 5-4，表中 T_L、T_U、M 分别表示的是规范的上、下限及中心；$\overline{X}$ 是直方图的中心。

表 5-4

形状	类型	调整要点
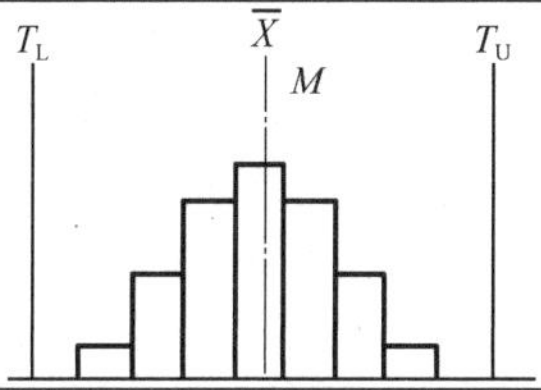	理想	直方图分布中心与公差中心近似重合，直方图分布在公差范围内，且距规范上、下限还有些裕量。这种情况不易出现不合格品。 　满足公差要求，不需要做调整。
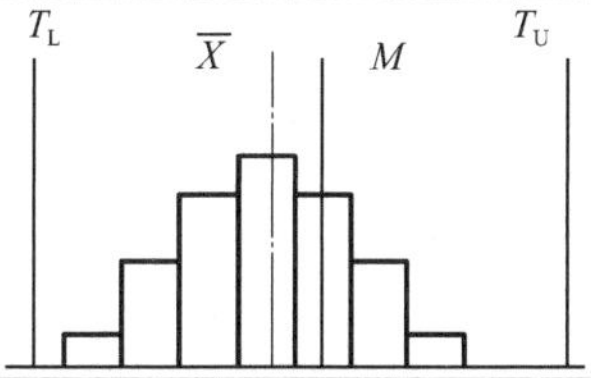	偏心型	直方图的分布在公差范围内，但分布中心和公差中心有较大偏移。这种情况，过程稍有变化，就可能出现不合格品。 　应分析原因采取措施，使分布中心和公差中心近似重合。
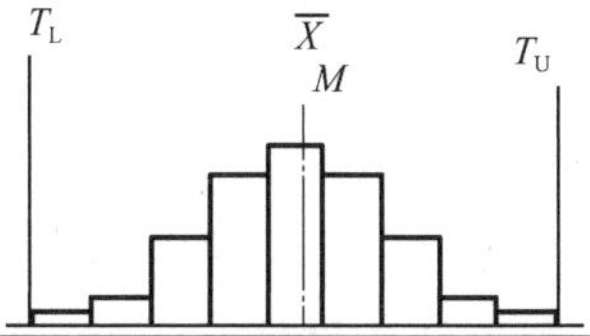	无富余型	直方图的分布在公差范围内，但两边均没有裕量。 　应采取措施提高工序能力，缩小标准差。
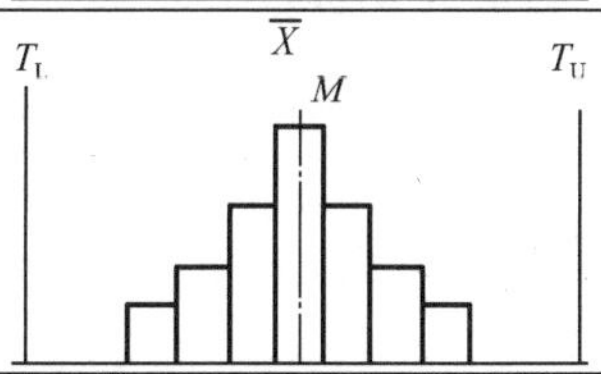	能力富余型（工序能力过剩）	直方图分布在公差范围内，且两边有过大的裕量。这种情况不会出现不合格品但很不经济，属于过剩质量，除特殊精密或主要的零件外，其他应适当放宽材料、工具与设备的精度要求，或放宽检验频次以降低检定成本。

续表

形状	类型	调整要点
	能力不足型	直方图的分布超出公差范围，已出现不合格品。 应多方面采取措施，减少标准偏差或放宽过严的公差范围。

5.2.2 均值极差图制作

均值极差图用于样本量 $2 \leqslant n \leqslant 10$，且服从正态分布的计量值数据中，灵敏度高，对过程产生异常能起到及时告警作用，步骤如下。

（1）采集数据；假设采集的数据记为：$X[m][n]$，其中 m 是组数，n 是个数。

（2）找出每组数中的最大值 $X[m]\max$ 和最小值 $X[m]\min$。

（3）计算每组数据的极差值和极差平均值。

● 极差值 $R[m]=X[m]\max-X[m]\min$

● 极差平均值$(\bar{R}) = \dfrac{(R[1] + R[2] + \cdots + R[m])}{m}$

（4）计算极差图的上下控制限。

● 极差图上限：$UCL_R = D_4 \bar{R}$

● 极差图下限：$LCL_R = D_3 \bar{R}$ （式中 D_3、D_4 为常数，查表 5-5）

（5）作极差图，根据极差上下限、极差值、极差平均值作极差图；观察图形是否是受控状态，若未处于受控状态，则查出原因，并采取措施，防止它再次出现；然后把超出界限的点组去掉，重新计算极差平均值和极差上下控制限，重新作极差图，再观察有无点超出控制限，若有，再重复上述步骤，若没有，则执行下一步。

（6）计算每组数据的平均值和均值平均：

● 平均值：$\bar{X}[i] = (X[i][1] + X[i][2] + \cdots + X[i][n]) / n$

● 均值平均：$(\bar{\bar{X}}) = (\bar{X}[1] + \bar{X}[2] + \cdots + \bar{X}[m]) / m$

（7）计算均值图的上下控制限：

● 均值图上限 $UCL_{\bar{X}} = \bar{\bar{X}} + A_2 \bar{R}$

● 均值图下限 $LCL_{\bar{X}} = \bar{\bar{X}} - A_2 \bar{R}$ （式中 A_2 为常数，查表 5-5）

（8）作均值图，根据均值图上下限、平均值、均值平均作均值图；观察图形是否为受控状态，若未处于受控状态，则查出原因并采取措施，防止它再次出现；然后把超出界限的点的组去掉，再回到步骤（3），重新计算各参数值，重新作极差图和均值图，再观察有无点超出控制限，若有，再重复上述步骤，若没有，则执行下一步。

注意： 作 $\bar{X}$-R 图应倒过来作，先作 R 图，R 图判稳后，再作 $\bar{X}$ 图。若 R 图未判稳，则永不能作 $\bar{X}$ 图。

表 5-5

系数 n	A_2	D_2	D_3	D_4	A_3	C_4	B_3	B_4
2	1.8800	1.1280	0.0000	3.2670	2.6590	0.7979	0.0000	3.2670
3	1.0230	1.6930	0.0000	2.5740	1.9540	0.8862	0.0000	2.5680
4	0.7290	2.0590	0.0000	2.2820	1.6280	0.9213	0.0000	2.2660
5	0.5770	2.3260	0.0000	2.1140	1.4270	0.9400	0.0000	2.0890
6	0.4830	2.5340	0.0000	2.0040	1.2870	0.9400	0.0300	1.9700
7	0.4190	2.7040	0.0760	1.9240	1.1820	0.9594	0.1180	1.8820
8	0.3730	2.8470	0.1360	1.8640	1.0990	0.9650	0.1850	1.8150
9	0.3370	2.9700	0.1840	1.8160	1.0320	0.9693	0.2390	1.7610
10	0.3080	3.0780	0.2230	1.7770	0.9750	0.9727	0.2840	1.7160
11	0.2850	3.1730	0.2560	1.7440	0.9270	0.9754	0.3210	1.6790
12	0.2660	3.2580	0.2830	1.7170	0.8860	0.9776	0.3540	1.6460
13	0.2490	3.3360	0.3070	1.6930	0.8500	0.9794	0.3820	1.6180
14	0.2350	3.4070	0.3280	1.6720	0.8170	0.9810	0.4060	1.5940
15	0.2230	3.4720	0.3470	1.6530	0.7890	0.9823	0.4280	1.5720
16	0.2120	3.5320	0.3630	1.6370	0.7630	0.9835	0.4480	1.5520
17	0.2030	3.5880	0.3780	1.6220	0.7390	0.9845	0.4660	1.5340
18	0.1940	3.6400	0.3910	1.6080	0.7180	0.9854	0.4820	1.5180
19	0.1870	3.6890	0.4030	1.5970	0.6980	0.9862	0.4970	1.5030
20	0.1800	3.7350	0.4150	1.5850	0.6800	0.9869	0.5100	1.4900
21	0.1730	3.7880	0.4250	1.5750	0.6630	0.9876	0.5230	1.4770
22	0.1670	3.8190	0.4340	1.5660	0.6470	0.9882	0.5340	1.4660
23	0.1620	3.8580	0.4430	1.5570	0.6330	0.9887	0.5450	1.4550
24	0.1570	3.8950	0.4510	1.5480	0.6190	0.9892	0.5550	1.4450
25	0.1530	3.9310	0.4590	1.5410	0.6060	0.9896	0.5650	1.4350

5.2.3　均值标准差图的制作

当样本量比较大时（$n>10$），采用均值标准差图，作图法和均值极差图差不多，计算公式如下

$$S = \sqrt{\frac{1}{n-1}\sum_{i=1}^{n}(X_i - \overline{X})^2}$$

$$\overline{S} = \frac{1}{m} \times \sum_{i=1}^{m} S_i$$

- 均值图参数：

$$\sigma = \overline{S} / C_4$$

- 均值图上限：

$$UCL_{\overline{X}} = \overline{\overline{X}} + A_3 \overline{S},$$

- 均值图中心：

$$UCL_S = B_4 \overline{S},$$

- 标准差图中心：

$$CL_S = \overline{S}$$

- 标准差图下限：

$$LCL_S = B_3 \overline{S} \quad （式中 B_4、B_3 为常数，查表 5-5）$$

5.2.4　不合格品数 np 图的制作

当某个计数值数据符合二项分布，并且各阶段的子组的样本容量相同时，可选用不合格品数 np 图。计算步骤如下。

（1）记录被检验项目数量（n，恒定）和不合格项目数量（$c[i]$）；

（2）计算过程不合格率（$p[i]$）；

$$np[i]=c[i]$$

（3）计算过程平均不合格率，即 np 图期望值：

$$n\overline{p} = (c[1]+c[2]+\cdots+c[m])/m，\quad 其中 m 为子组数目$$

（4）计算标准差：

$$\sigma = \sqrt{\overline{p} \times (1-\overline{p})n}$$

（5）计算上、下控制限：

$$UCL_p = n\overline{p} + 3\sigma$$

$$LCL_p = n\overline{p} - 3\sigma$$

（如果值为负数，则下控制限为零）

5.2.5　不合格品数 c 图的制作

当某个计数值数据属于泊松分布，并且样本容量相等时，通常采用不合格品数 c 图，计算步骤如下。

（1）记录样本容量（n，恒定）和不合格项目数量（$c[i]$）；

（2）计算过程不合格数均值 $\overline{c}$，即 c 图期望值：

$$\overline{c} = (c[1]+c[2]+\cdots+c[m])/m，\quad 其中 m 为子组数目$$

（3）计算标准差

$$\sigma = \sqrt{\overline{c}}$$

（4）计算上、下控制限

$$UCL_c = \bar{c} + 3\sigma$$
$$LCL_c = \bar{c} - 3\sigma$$

（如果值为负数，则下控制限为零）

5.3 过程能力指数的计算

过程能力：又称工序能力，指过程的加工质量满足技术标准的能力。用 6 倍标准差（6σ）表示。

$$\sigma = \bar{R} / D_2$$

（D_2 是常数，查表 5-5）

过程能力指数：又称工序能力指数。

5.3.1 过程能力指数的计算

1）双边容差的情况

当 $\mu = M$ 时，M 为设计中心值。

比如某电路放大倍数为 10 倍±5%，则 $M=10$，μ 为过程平均值 $\bar{\bar{X}}$，则称过程能力"无偏"，用 C_p 表示，其计算公式为：

$$C_p = \frac{T}{6 \times \sigma} = \frac{T_U - T_L}{6 \times \sigma}$$

其中，

C_p——过程能力指数；

T——公差；

σ——总体标准差（或过程标准偏差）；

T_U——公差上限；

T_L——公差下限。

当容差的中心值 M 与数据分布中心 μ 不一致时，称"有偏"或有漂移，用 C_{pk} 表示工序能力指数，其计算公式为：

$$C_{pk} = (1-K)C_p = \frac{T-2\varepsilon}{6 \times \sigma}$$

其中，K——平均值偏离度，

$$K = \frac{\varepsilon}{T/2}$$

ε——偏移量，$\varepsilon = M - \mu$（μ 即总体均值）

2）单边容差情况

（1）若无上差（单侧下限）

$$C_{pL} = \frac{\mu - T_L}{3 \times \sigma}, \quad (\mu > T_L)$$

（2）若无下差（单侧上限）

$$C_{pU} = \frac{T_U - \mu}{3 \times \sigma}, \quad (T_U > \mu)$$

计算过程能力指数的前提条件是，过程的极差和均值两者都处于统计控制状态。

5.3.2 提高过程能力指数的方法

由公式 $C_{pk} = (1-K)C_p = \dfrac{T - 2\varepsilon}{6 \times \sigma}$ 可知，提高过程能力指数有以下方法。

1）减少中心偏移量

- 通过收据数据，进行统计分析，找出大量连续生产过程中，由于工具磨损、加工条件随时间逐渐变化而产生偏移的规律，及时进行中心的调整，或采取设备自动补偿偏移等；

- 根据中心偏移量，通过首件检验，可调整加工设备、检测设备等的定标定位；

- 改变操作者的倾向性加工习惯，应以公差中心值为加工依据；

- 按期校准量具，配置更为精确的量规，由量规检验改为量值检验，或采用高一级的量具检测。

2）减少标准偏差

- 修订工序，改进工艺方法，修订操作规程，优化工艺参数，补充增添中间工序，推广应用新材料、新工艺、新技术；

- 检修、改造或更新设备，改造、增添与公差要求相适应的、精度较高的设备；

- 增添工具工装，提高工具工装的精度；

- 改变材料的进货周期，尽可能减少由于材料进货批次的不同而造成的质量波动；

- 改造现有的现场环境条件，以满足产品对现场环境的特殊要求；

- 对关键工序、特种工艺的操作者进行技术培训；

- 加强现场的质量控制，设置过程质量控制点或推行控制图管理，开展 QC 小组活动，加强质检工作。

- 修订（增大）公差范围，即对过高的公差要求进行修订，以提高过程能力指数。

5.4 统计控制状态

统计控制状态：简称控制状态，是指过程中只有偶因（而无异因）产生的变异状态，属于稳态。

非统计控制状态：过程中存在系统因素（异因）的影响叫作非统计控制状态，属于异常。但经过执行"查出异因，采取措施，加以消除，不再出现，纳入标准"，进行调整，非统计控制状态是可能达到控制状态的。

控制图判断准则如下。

1）判稳准则

在数据点随机排列的情况下，符合下列条件之一则判为稳态。

（1）连续 25 个点，界外点数 $d=0$。

（2）连续 35 个点，界外点数 $d\leq1$。

（3）连续 100 个点，界外点数 $d\leq2$。

这三条判稳准则的可靠性依次递增，所需的样品个数也依次递增，成本越来越高。

2）判异准则

（1）点出界就判异。

（2）界内点排列不随机判异，有如下 7 种情况（见表 5-6）。

表 5-6

序号	控制图形状	情况分析
1	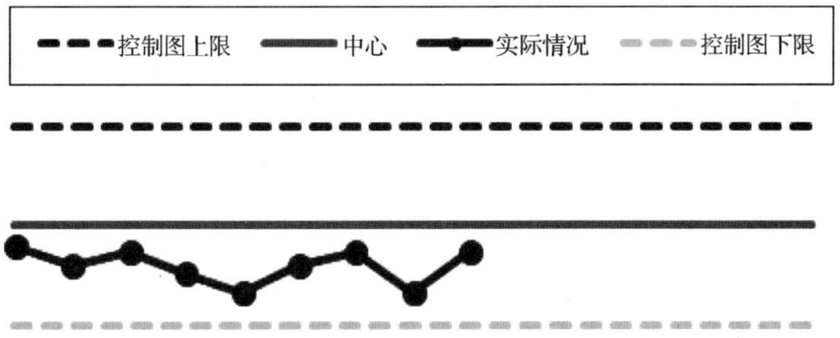	图 a：连续 9 个点落在中心线同一侧；主要是分布 μ 减少的缘故。
2	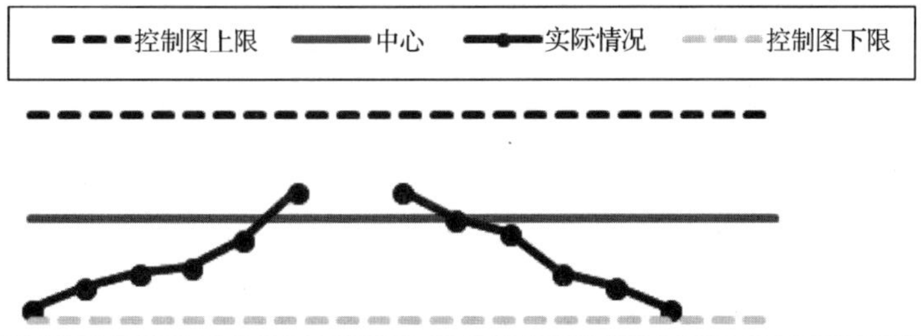	图 b：连续 6 个点递增或递减；产生趋势的原因可能是工具逐渐磨损、维修水平逐渐降低、操作人员技能逐渐提高等。
3	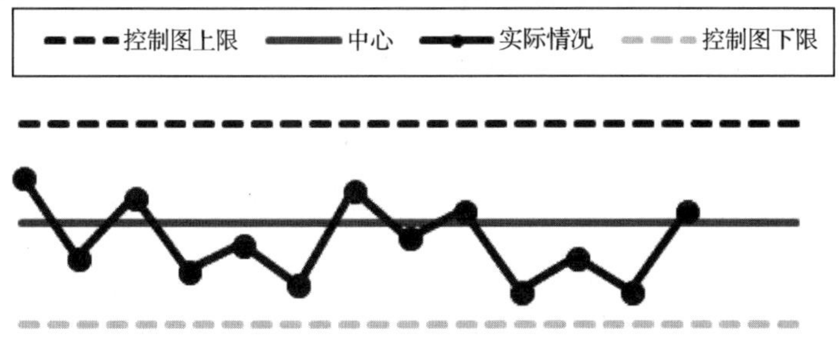	图 c：连续 14 个点相邻两点上下交替；出现这种情况可能是由于轮流使用两台设备或两位操作人员轮流进行操作而引起的。

序号	控制图形状	情况分析
4	μ+3σ　μ+2σ　μ+σ　μ　μ-σ　μ-2σ　μ-3σ　实际情况	图 d：连续 3 点中有 2 个点落在中心线同一侧的 $\mu+2\sigma$ 线或 $\mu-2\sigma$ 线以外。
5	μ+3σ　μ+2σ　μ+σ　μ　μ-σ　μ-2σ　μ-3σ　实际情况	图 e：连续 5 个点中有 4 个点落在中心线同一侧的 $\mu+\sigma$ 线或 $\mu-\sigma$ 线以外；出现这种现象是由于参数 μ 发生了变化。
6	μ+3σ　μ+2σ　μ+σ　μ　μ-σ　μ-2σ　μ-3σ　实际情况	图 f：连续 15 个点在 μ 线附近（$\mu+\sigma$ 线和 $\mu-\sigma$ 线之间）；出现这种现象的原因可能有：数据弄虚作假或数据分层不够等。
7	μ+3σ　μ+2σ　μ+σ　μ　μ-σ　μ-2σ　μ-3σ　实际情况	图 g：连续 8 个点在中心线两侧，但无一在 $\mu+\sigma$ 线与 $\mu-\sigma$ 线之内。造成此现象的主要原因是数据分层不够。

　　控制图仅能识别过程是否稳定，以及不稳定时所出现的异常模式，而不能直接诊断出引起过程不稳定的具体环节和具体原因。因此，一旦 SPC 识别出工序异常时，还必须对引起工序异常的加工误差源进行诊断。分析方法有因果图分析法、FTA（故障树分析）、FMEA（故障模式及影响分析）等。

附录 A

过程能力指数与不合格率的关系表

表 A-1

西格玛水平	过程能力指数	无偏移时不合格率	有偏移（偏移 1.5σ）时不合格率 $\times 10^{-6}$
一西格玛水平	$C_p \geqslant 0.33$ C_{pk} 无意义（$k>1$）	31.7×10^{-2}	697670
二西格玛水平	$C_p \geqslant 0.67$ $C_{pk} \geqslant 0.17$	4.55×10^{-2}	308770
三西格玛水平	$C_p \geqslant 1$ $C_{pk} \geqslant 0.5$	2.70×10^{-3}	66807
四西格玛水平	$C_p \geqslant 1.33$ $C_{pk} \geqslant 0.833$	63.3×10^{-6}	6210
五西格玛水平	$C_p \geqslant 1.67$ $C_{pk} \geqslant 1.17$	0.573×10^{-6}	233
六西格玛水平	$C_p \geqslant 2.0$ $C_{pk} \geqslant 1.83$	0.002×10^{-6}	3.4

过程能力指数 C_p 值的评价参考表

表 B-1

C_p 值的范围	级别	过程能力的评价参考
$C_p \geq 1.67$	I	过程能力过高
$1.67 > C_p \geq 1.33$	II	过程能力充分，表示技术管理能力已经很好，应继续维持
$1.33 > C_p \geq 1.0$	III	过程能力较差，表示技术管理能力较勉强，应设法提高为 II 级
$1.0 > C_p \geq 0.67$	IV	过程能力不足，表示技术管理能力已经很差，应采取措施立即改善
$0.67 > C_p$	V	过程能力严重不足，表示应采取紧急措施和全面检查，必要时可停工整顿

附录 C

SPC 统计过程控制实例

C.1 设备验收测试数据统计分析质控方法

本示例的目的是在设备验收中引入测试数据统计分析，深度挖掘批量数据后面潜藏的产品设计和工艺隐患。电子设备检测验收时，即使单台抽样测试数据合格，产品中仍然会存在着设计、批产过程质量的隐患问题。而分析统计数据时，正常情况下，同一批次产品的同一技术指标，或单台产品同一指标的多次测试结果，汇总后的数据应符合标准正态分布。当不符合标准正态分布时，其分布偏差的趋势将会暴露出产品的各类隐患问题。在统计分析理论基础上，通过统计过程控制（Stastic Procedure Control，SPC）和 SDA（Stastic Data Analysis），结合实际项目，得出了实践中的数据分析结果，发现了设计和生产过程中过去未曾发现的一些隐患问题。

电子产品的验收，尤其是大批量产品，只能采用抽样的方式，限于时间的关系，几乎无可能做到全检，最常见的方法是抽样，对小量的抽取样机进行性能参数的测试，然后将每一台的测试结果与预期设计的性能指标进行对比，如果都在指标要求范围内，则批次性放行。但是这种貌似验收合格的方法里，就蕴藏着一些潜在的隐患。如何确认单台产品工作状态的稳定性和多台产品批次生产质量控制的一致性呢？这两项正是产品长期工作稳定和批次稳定所必须的。这两个问题的验证方法就是测试数据的统计分析。

1. 单台产品测试数据统计分析

例如：一台测温设备，设计要求测温精度为±5%。

技术人员设计出来了一台样机，测试五次，精度测试结果分别为+3.4%、+4.5%、+2.9%、+3.6%、+3.9%，这种情况下，这台设备能否算是通过？

但如果测试结果为+3.4%、−2.1%、−3.9%、+1.8%、+4.2%，这台设备能否算是通过？

如果以±5%为判定标准，这两种情况都应该是合格的。但实际上，在大量的测试后，将数据做一个统计分析来看，这两种情况都隐藏着设计问题。

正常情况下的产品，工作时测出的批量数据应符合正态分布，如图 C-1 所示，μ 是正态分布的位置参数，描述正态分布的集中趋势位置。概率规律为取与 μ 越近的值的概率越大，而取离 μ 越远的值的概率越小。正态分布以 $X=\mu$ 为对称轴，左右完全对称。正态分布的期望、均数、中位数、众数相同，均等于 μ。而 σ 描述正态分布资料数据分布的离散程度，是正态分布的形状参数，σ 越大，数据分布越分散，曲线越扁平；σ 越小，数据分布越集中，曲线越瘦高。$\mu \pm 1\sigma$ 范围内的分布概率是 68.3%，$\mu \pm 2\sigma$ 范围内的分布概率是 95.4%，$\mu \pm 3\sigma$ 范围内的分布概率是 99.73%。

基于"小概率事件"和"假设检验"的思想，"小概率事件"通常指发生概率<5‰的事件，认为在一次试验中该事件是几乎不可能发生的。由此可见 X 落在（$\mu-3\sigma$，$\mu+3\sigma$）以外的概率<3‰，在实际中常认为相应的事件是不会发生的，基本上可以把区间（$\mu-3\sigma$，$\mu+3\sigma$）看作随机变量 X 实际可能的取值区间，这称之为正态分布的"3σ"原则。也就是说，实际的测量结果 $\mu \pm 3\sigma$，必须落在 $\mu \pm 5\%$ 的范围之内。

但是实际的数据分布结果中，却常出现两种情况，一种如图 C-2 所示，也就是上例中的第一种数据分布特征，分布图的分布趋势与标准的分布趋势没有差异，但是中心点（即预期的测量结果标称值）产生了明显的偏移，这种误差是稳态误差，一般是由设计原理中的元器件参数没选对而造成的，通过工程计算查找到影响这个结果的具体参数，调整过来，即可将分布图平移成如图 C-1 所示的趋势图，那就是理想的设计了。

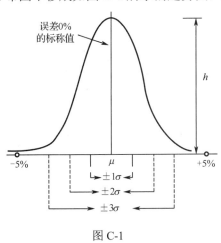

图 C-1

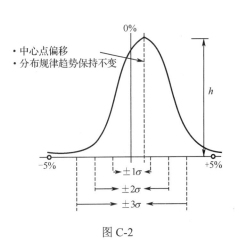

图 C-2

另一种问题的现象如图 C-3 所示，也就是上例中的第二种数据分布特征，中心点虽然没漂移，但数据分布明显发散了，出现这种情况的产品是由随机误差的影响而导致的，一般是来自于布线，例如传感器的信号线离电源模块较近，电源的开关频率干扰串扰进信号线，就会形成测量结果的随机误差；或者放大电路的模拟信号采用单点串联接地，也会发生类似现象。把引入随机干扰的原因排除了，测量数据分布图也会收缩变成图 C-1 中的形状。

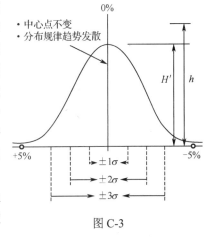

图 C-3

以上示例解释的是单台产品多次测量后的分布图及其变异特性的工程含义。这种分析可以帮助验收人员发现潜在的设计问题。

2. 批次产品测试数据统计分析

在批量设备生产中，也会有同样的规律，而且除了以上的三种趋势图之外，还会产生其他的分布趋势，如图 C-4 所示，从中发掘出其工程含义来，又可以帮助我们在验收设备时发现生产单位的过程质控问题。

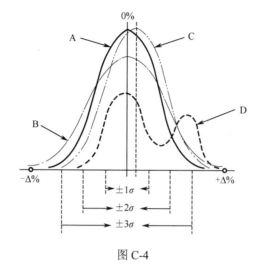

图 C-4

图 C-4 所示的是批次交货产品的参数分布图，针对某一个可测参数，将测试结果描出（图 C-4 中的曲线），图中曲线含义如下。

- A 曲线为产品正常，质量控制的一致性佳，偏移量在合理控制范围内。
- B 曲线明显分布发散，质量控制水平较差，对生产厂家的来料检验、过程工艺要进行改善提升。
- C 曲线的"胖瘦"程度与 A 曲线类同，但中心点明显漂移，表明该生产企业的质控水平没有问题，很可能是由加工设备/工装、测试检验设备/工装抑或某批次元器件供货参数有误造成的，不是生产体系的问题，找到设备或原材料问题的根源，该问题就可迎刃而解。
- D 曲线则说明该批次设备为两家生产或两条生产线生产，或者影响该被测参数指标的部件零件为两家供应商供货，且该两家供应商的货品不一致。

以上从单台产品多次测量数据的统计分析和批次多台产品的单台每次测量数据的统计分析，给出了正态分布规律所表征的产品工程技术含义和批次制造质控含义。在实际工作中，验收设备时，无论是单台还是批次产品，即使在具体参数上与标准的要求对比没有问题，但通过这种数据统计分析方法，仍可以从中发现问题的隐患点，并能指导提出具体的改进措施。

3. 统计分析应用实例

某电控产品，其输出控制参数要求<450 mΩ，实际产品在焊接完成后要做参数检测，参数应该全部合格；然后做环境应力筛选实验，实验步骤为"随机扫频振动实验—温度冲击循环实验—随机扫频振动实验"，实验后的数据也应该全部合格。

但该批次产品交付后的 17 个月，甲方取出产品进行复验，发现其中有两台产品参数超标（编号 X-55、X-56 产品，表 C-1 中的灰色背景数据）。说明时间应力对产品的特性还是会有影响的。但如何通过生产环节的实验方法发现隐患问题或者找到质量控制手段，就成了一个技术难题。调阅历史数据，做统计分析，以期找到数据的规律，看通过制造和试验检验环节能否解决问题。

该批次产品在应力筛选前的测试数据见表 C-1，分布趋势图如图 C-5 所示。由图可以看出，刚焊接装配完的产品，两个故障产品的负偏差较大，但是 X-49 偏差更大，却未表现出问题，所以由此不能很肯定地得出"筛选前负偏差较大的产品，长时间静置后漂移也会变大"的结论，但是对负偏差大的产品进行特殊关注还是有必要的。

表 C-1

编号	初始值	均值	偏差值	数量	编号	初始值	均值	偏差值	数量
X-49	291.3	283.9	-7.4	1	X-09	283.5	283.9	0.4	
X-56	289.6	283.9	-5.7	1	X-15	283.5	283.9	0.4	
X-55	288.7	283.9	-4.8	1	X-53	283.5	283.9	0.4	
X-28	287.3	283.9	-3.4		X-45	283.4	283.9	0.5	
X-08	287.2	283.9	-3.3	3	X-23	283.3	283.9	0.6	
X-24	287.2	283.9	-3.3		X-43	283	283.9	0.9	
X-01	286.4	283.9	-2.5	2	X-10	282.9	283.9	1	
X-32	286.4	283.9	-2.5		X-17	282.9	283.9	1	
X-40	285.8	283.9	-1.9		X-35	282.9	283.9	1	
X-57	285.8	283.9	-1.9		X-39	282.9	283.9	1	
X-05	285.5	283.9	-1.6		X-26	282.8	283.9	1.1	
X-31	285.5	283.9	-1.6		X-02	282.6	283.9	1.3	
X-54	285.3	283.9	-1.4	8	X-21	282.5	283.9	1.4	
X-12	285.2	283.9	-1.3		X-13	282.4	283.9	1.5	
X-33	285.2	283.9	-1.3		X-16	282.3	283.9	1.6	9
X-50	285	283.9	-1.1		X-58	282.3	283.9	1.6	
X-48	284.8	283.9	-0.9		X-27	282.2	283.9	1.7	
X-22	284.7	283.9	-0.8		X-46	282.2	283.9	1.7	
X-03	284.6	283.9	-0.7		X-36	282	283.9	1.9	
X-06	284.5	283.9	-0.6		X-60	281.8	283.9	2.1	
X-11	284.4	283.9	-0.5	9	X-04	281.7	283.9	2.2	
X-14	284.3	283.9	-0.4		X-37	281.7	283.9	2.2	
X-59	284.3	283.9	-0.4		X-51	281.6	283.9	2.3	6
X-52	284.2	283.9	-0.3		X-47	281.1	283.9	2.8	
X-20	284.1	283.9	-0.2		X-30	281	283.9	2.9	
X-42	283.8	283.9	0.1		X-19	280.8	283.9	3.1	
X-29	283.7	283.9	0.2		X-38	280.8	283.9	3.1	
X-07	283.6	283.9	0.3	14	X-34	280.6	283.9	3.3	4
X-41	283.6	283.9	0.3		X-44	280.2	283.9	3.7	

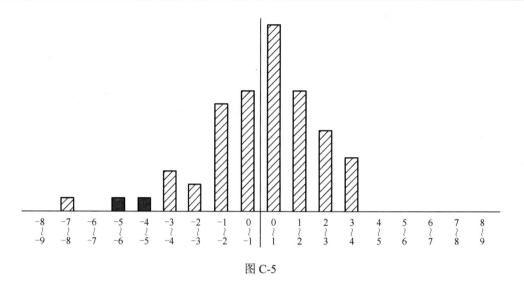

图 C-5

然后分析应力筛选后的数据，可以看出故障产品 X-55 为负偏差最大，而 X-56 偏差很小，由分布趋势图（见图 C-6）也不能得出"筛选试验后负偏差大的产品，长时间静置后偏差也会变大"的结论。

表 C-2

编号	终检值	均值	变化值	结论	编号	终检值	均值	变化值	结论
X-55	298.3	283.3	−15	1	X-11	283	283.3	0.3	
X-49	288.9	283.3	−5.6	1	X-07	282.9	283.3	0.4	
X-24	286.6	283.3	−3.3	2	X-33	282.9	283.3	0.4	
X-50	286.5	283.3	−3.2		X-60	282.8	283.3	0.5	
X-05	286.1	283.3	−2.8	6	X-36	282.7	283.3	0.6	
X-31	286	283.3	−2.7		X-29	282.4	283.3	0.9	
X-40	285.8	283.3	−2.5		X-41	282.4	283.3	0.9	
X-48	285.8	283.3	−2.5		X-37	282.3	283.3	1	
X-32	285.7	283.3	−2.4		X-52	282.3	283.3	1	
X-22	285.5	283.3	−2.2		X-35	282	283.3	1.3	
X-57	285.1	283.3	−1.8	5	X-21	281.9	283.3	1.4	
X-06	284.7	283.3	−1.4		X-02	281.8	283.3	1.5	10
X-59	284.7	283.3	−1.4		X-16	281.6	283.3	1.7	
X-23	284.6	283.3	−1.3		X-26	281.6	283.3	1.7	
X-45	284.6	283.3	−1.3		X-38	281.6	283.3	1.7	
X-14	283.9	283.3	−0.6	11	X-43	281.6	283.3	1.7	
X-42	283.9	283.3	−0.6		X-09	281.5	283.3	1.8	
X-01	283.8	283.3	−0.5		X-30	281.4	283.3	1.9	
X-08	283.8	283.3	−0.5		X-13	281.3	283.3	2	

续表

编号	终检值	均值	变化值	结论	编号	终检值	均值	变化值	结论
X-28	283.8	283.3	−0.5	11	X-20	281	283.3	2.3	6
X-46	283.8	283.3	−0.5		X-12	280.9	283.3	2.4	
X-54	283.7	283.3	−0.4		X-47	280.9	283.3	2.4	
X-56	283.6	283.3	−0.3		X-51	280.9	283.3	2.4	
X-19	283.5	283.3	−0.2		X-27	280.8	283.3	2.5	
X-10	283.4	283.3	−0.1		X-04	280.5	283.3	2.8	
X-53	283.3	283.3	0	13	X-34	279.8	283.3	3.5	2
X-58	283.2	283.3	0.1		X-44	279.8	283.3	3.5	
X-39	283.1	283.3	0.2		X-17	279	283.3	4.3	2
X-03	283	283.3	0.3		X-15	278.4	283.3	4.9	

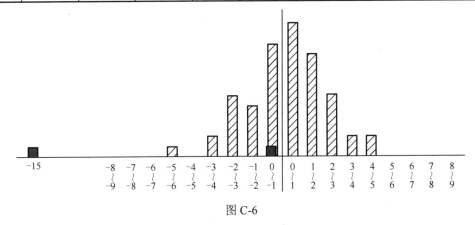

图 C-6

最后，对筛选试验前后的参数变化量做了趋势图分析，得出了表 C-3 和图 C-7，由图中可以看出，X-56 为最大的负偏差，X-55 为最大的正偏差，而恰恰是这两款产品长时间静置后发生了参数超标的故障。由此可以得出初步结论，"应力筛选前后变化量大的产品，长期静置后的参数超标风险较大"。并建议质量和生产部门，由此次事件后，对该类型后续批次产品做持续数据观察记录和分析，一是对应力筛选前后变化量大的产品不能交货，二是通过长时间静置试验后持续验证是否具有该规律。

表 C-3

编号	初检值	终检值	变化值	数量	编号	初检值	终检值	变化值	数量
X-56	289.6	283.6	−6	1	X-01	286.4	283.8	−2.6	4
X-15	283.5	278.4	−5.1	1	X-49	291.3	288.9	−2.4	
X-12	285.2	280.9	−4.3	1	X-33	285.2	282.9	−2.3	
X-17	282.9	279	−3.9	4	X-09	283.5	281.5	−2	
X-28	287.3	283.8	−3.5		X-52	284.2	282.3	−1.9	11
X-08	287.2	283.8	−3.4		X-03	284.6	283	−1.6	
X-20	284.1	281	−3.1		X-54	285.3	283.7	−1.6	

续表

编号	初检值	终检值	变化值	数量	编号	初检值	终检值	变化值	数量
X-11	284.4	283	-1.4		X-40	285.8	285.8	0	
X-27	282.2	280.8	-1.4		X-42	283.8	283.9	0.1	
X-43	283	281.6	-1.4		X-06	284.5	284.7	0.2	
X-29	283.7	282.4	-1.3		X-39	282.9	283.1	0.2	
X-41	283.6	282.4	-1.2	11	X-30	281	281.4	0.4	
X-04	281.7	280.5	-1.2		X-59	284.3	284.7	0.4	
X-26	282.8	281.6	-1.2		X-10	282.9	283.4	0.5	
X-13	282.4	281.3	-1.1		X-31	285.5	286	0.5	16
X-35	282.9	282	-0.9		X-05	285.5	286.1	0.6	
X-02	282.6	281.8	-0.8		X-37	281.7	282.3	0.6	
X-34	280.6	279.8	-0.8		X-36	282	282.7	0.7	
X-07	283.6	282.9	-0.7	14	X-22	284.7	285.5	0.8	
X-51	281.6	280.9	-0.7		X-38	280.8	281.6	0.8	
X-16	282.3	281.6	-0.7		X-58	282.3	283.2	0.9	
X-32	286.4	285.7	-0.7		X-48	284.8	285.8	1	
X-57	285.8	285.1	-0.7		X-60	281.8	282.8	1	
X-21	282.5	281.9	-0.6		X-45	283.4	284.6	1.2	
X-24	287.2	286.6	-0.6		X-23	283.3	284.6	1.3	
X-14	284.3	283.9	-0.4		X-50	285	286.5	1.5	4
X-44	280.2	279.8	-0.4		X-46	282.2	283.8	1.6	
X-47	281.1	280.9	-0.2		X-19	280.8	283.5	2.7	1
X-53	283.5	283.3	-0.2		X-55	288.7	298.3	9.6	1

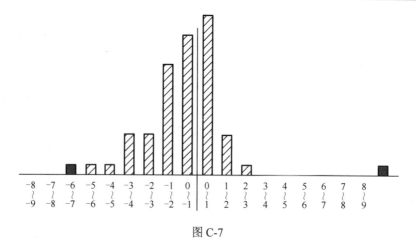

图 C-7

经过几个批次的持续跟踪，发现产品确实具有此规律，但为什么会这样，其机理还未彻底搞清楚，但也说明了一个问题，就是"随机扫频振动-温度冲击循环-随机扫频振动实验"的应力筛选手段，与产品长期静置导致参数漂移具有很强的相关性。虽然筛选实验前后，产品测试结果都是合格的，但通过数据分析，却能发现潜在的隐患规律，可以提早将隐患产品剔除出来。此方法可以避免不少的非显性问题，以便更好地保证机电系统的长期可靠性。

C.2　结论

正态分布是电子产品测试数据分布趋势的一个客观存在，通过将统计数据与标准正态分布进行对比分析，可以发现貌似正常的产品中潜在的设计缺陷和工艺技术隐患。通过统计分析，将潜在的隐患暴露出来，找到原因，并进行针对性改进，是将统计学与电子产品质量控制很好结合的一种实用方法。

数理统计和概率论学科与工程实践的结合，可以很好地帮助我们发现不少问题，提供很好的技术决策思路和管理手段。由此也佐证了一句话，"数学是最美丽的语言，其与工程实践相结合，将会带来电子产品质的提升"，这项研究非常值得持续挖掘下去。

反侵权盗版声明

电子工业出版社依法对本作品享有专有出版权。任何未经权利人书面许可,复制、销售或通过信息网络传播本作品的行为,歪曲、篡改、剽窃本作品的行为,均违反《中华人民共和国著作权法》,其行为人应承担相应的民事责任和行政责任,构成犯罪的,将被依法追究刑事责任。

为了维护市场秩序,保护权利人的合法权益,我社将依法查处和打击侵权盗版的单位和个人。欢迎社会各界人士积极举报侵权盗版行为,本社将奖励举报有功人员,并保证举报人的信息不被泄露。

举报电话:(010)88254396;(010)88258888

传　　真:(010)88254397

E-mail: dbqq@phei.com.cn

通信地址:北京市海淀区万寿路 173 信箱
　　　　　电子工业出版社总编办公室

邮　　编:100036